网站开发案例课堂

JavaScript+jQuery 动态网页设计案例课堂(第 2 版)

刘春茂　编著

清华大学出版社
北京

内 容 简 介

本书以零基础讲解为宗旨,用实例引导读者深入学习,采取"JavaScript 基础入门→JavaScript 核心技术→jQuery 高级应用→综合案例实战"的讲解模式,深入浅出地讲解 HTML 5 的各项技术及实战技能。

本书第 1 篇"JavaScript 基础入门"主要内容包括:必须了解的 JavaScript 知识、JavaScript 编程基础、程序控制结构和语句;第 2 篇"JavaScript 核心技术"主要内容包括:JavaScript 中的函数、对象与数组、日期与字符串对象、数值与数学对象、文档对象模型与事件驱动、处理窗口和文档对象、JavaScript 的调试和错误处理、JavaScript 和 Ajax 技术;第 3 篇"jQuery 高级应用"主要内容包括:jQuery 的基础知识、jQuery 的选择器、用 jQuery 控制页面、jQuery 的动画特效、jQuery 的事件处理、jQuery 的功能函数、jQuery 插件的开发与使用;第 4 篇"综合案例实战"主要内容包括:开发图片堆叠系统和开发商品信息展示系统。

本书适合任何想学习 JavaScript+jQuery 网页设计的人员,无论您是否从事计算机相关行业,无论您是否接触过 JavaScript+jQuery,通过学习均可快速掌握 JavaScript+jQuery 网页设计的方法和技巧。

本书封面贴有清华大学出版社防伪标签,无标签者不得销售。
版权所有,侵权必究。侵权举报电话:010-62782989 13701121933

图书在版编目(CIP)数据

JavaScript+jQuery 动态网页设计案例课堂/刘春茂编著. —2 版. —北京:清华大学出版社,2018(2018.10重印)
(网站开发案例课堂)
ISBN 978-7-302-48917-7

Ⅰ. ①J… Ⅱ. ①刘… Ⅲ. ①JAVA 语言—网页制作工具 Ⅳ. ①TP312 ②TP393.092

中国版本图书馆 CIP 数据核字(2017)第 287708 号

责任编辑:张彦青
装帧设计:杨玉兰
责任校对:王明明
责任印制:沈　露

出版发行:清华大学出版社
网　　址:http://www.tup.com.cn, http://www.wqbook.com
地　　址:北京清华大学学研大厦 A 座　　邮　编:100084
社 总 机:010-62770175　　邮　购:010-62786544
投稿与读者服务:010-62776969, c-service@tup.tsinghua.edu.cn
质量反馈:010-62772015, zhiliang@tup.tsinghua.edu.cn

印 装 者:三河市铭诚印务有限公司
经　　销:全国新华书店
开　　本:190mm×260mm　　印　张:31.5　　字　数:770 千字
版　　次:2015 年 1 月第 1 版　2018 年 1 月第 2 版　印　次:2018 年 10 月第 2 次印刷
定　　价:79.00 元

产品编号:076546-01

前　　言

"网站开发案例课堂"系列图书是专门为办公技能和网页设计初学者量身定制的一套学习用书。整套书涵盖网页设计、网站开发、数据库设计等方面。整套书具有以下特点。

前沿科技

无论是网站建设、数据库设计还是 HTML 5、CSS 3、JavaScript，我们都精选较为前沿或者用户群较大的领域进行讲解，帮助读者认识和了解最新动态。

权威的作者团队

组织国家重点实验室和资深应用专家联手编著该套图书，融合丰富的教学经验与优秀的管理理念。

学习型案例设计

以技术的实际应用过程为主线，全程采用图解和同步多媒体结合的教学方式，生动、直观、全面地剖析使用过程中的各种应用技能，降低难度，提升学习效率。

为什么要写这样一本书

随着网页对用户页面体验要求的提高，JavaScript 再度受到广大技术人员的重视。jQuery 是继 prototype 之后又一个优秀的 JavaScript 框架。本书将全面介绍 JavaScript + jQuery 动态网页设计的知识，主要针对学习动态网页设计的初学者，让读者能够快速入门和上手。通过本书的案例实训，读者可以很快地上手流行的工具，提高职业化能力，从而帮助解决公司与求职者的双重需求问题。

本书特色

- 零基础、入门级的讲解

无论您是否从事计算机相关行业，无论您是否接触过 JavaScript + jQuery 动态网页设计，都能从本书中找到最佳起点。

- 超多、实用、专业的范例和项目

本书在编排上紧密结合深入学习网页制作技术的先后过程，从 JavaScript 的基本概念开始，带领读者逐步深入地学习各种应用技巧，侧重实战技能，使用简单易懂的实际案例进行分析和操作指导，让读者读起来简明轻松，操作起来有章可循。

- 随时检测自己的学习成果

大部分章后的"疑难解惑"板块，均根据本章内容精选而成，可以帮助读者解决自学过程中常见的疑难问题。

- 细致入微、贴心提示

本书在讲解过程中，在各章中使用了"注意""提示""技巧"等小贴士，使读者在学习过程中更清楚地了解相关操作、理解相关概念，并轻松掌握各种操作技巧。

- 专业创作团队和技术支持

您在学习过程中遇到任何问题，可加入 QQ 群(案例课堂 VIP)451102631 进行提问，会有专家在线答疑。

超值资源大放送

- 全程同步教学录像

涵盖本书所有知识点，详细讲解每个实例及项目的过程及技术关键点。使读者比看书更轻松地掌握书中所有的网页制作和设计知识，而且扩展的讲解部分能使读者获得比书中讲解更多的收获。

- 超多容量王牌资源

赠送大量王牌资源，包括实例源代码、教学幻灯片、本书精品教学视频、88 个实用类网页模板、12 部网页开发必备参考手册、jQuery 参考手册、JavaScript 函数速查手册、精选的 JavaScript 实例、CSS 3 属性速查表、CSS+DIV 布局赏析案例、精彩网站配色方案赏析、网页样式与布局案例赏析、Web 前端工程师常见面试题等。读者可以通过 QQ 群(案例课堂 VIP)451102631 获取赠送资源，也可以扫描二维码，下载本书资源。

读者对象

- 没有任何网页设计基础的初学者。
- 有一定的 JavaScript 基础，想精通 JavaScript+jQuery 网页设计的人员。
- 有一定的 JavaScript+jQuery 网页设计基础，没有项目经验的人员。
- 正在进行毕业设计的学生。
- 大专院校及培训学校的老师和学生。

创作团队

本书由刘春茂编著，参加编写的人员还有刘玉萍、张金伟、蒲娟、周佳、付红、李园、郭广新、侯永岗、王攀登、刘海松、孙若淞、王月娇、包慧利、陈伟光、胡同夫、王伟、展娜娜、李琪、梁云梁和周浩浩。在编写过程中，我们竭尽所能地将最好的讲解呈现给读者，但也难免有疏漏和不妥之处，敬请不吝指正。若您在学习中遇到困难或疑问，或有任何建议，可写信至信箱 357975357@qq.com。

编　者

目　　录

第 1 篇　JavaScript 基础入门

第 1 章　必须了解的 JavaScript 知识 3
- 1.1 认识 JavaScript 4
  - 1.1.1 什么是 JavaScript 4
  - 1.1.2 JavaScript 的特点 4
  - 1.1.3 JavaScript 与 Java 的区别 5
  - 1.1.4 JavaScript 版本 6
- 1.2 JavaScript 的编写工具 7
  - 1.2.1 记事本 7
  - 1.2.2 UltraEdit-32 8
  - 1.2.3 Dreamweaver CC 9
- 1.3 JavaScript 在 HTML 5 中的使用 10
  - 1.3.1 在 HTML 5 网页头中嵌入 JavaScript 代码 10
  - 1.3.2 在 HTML 5 网页中嵌入 JavaScript 代码 11
  - 1.3.3 在 HTML 5 网页的元素事件中嵌入 JavaScript 代码 12
  - 1.3.4 在 HTML 5 中调用已有的 JavaScript 文件 13
  - 1.3.5 通过 JavaScript 伪 URL 引入 JavaScript 脚本代码 14
- 1.4 JavaScript 和浏览器 15
  - 1.4.1 在 Internet Explorer 中调用 JavaScript 代码 15
  - 1.4.2 在 Firefox 中调用 JavaScript 代码 16
  - 1.4.3 在 Opera 中调用 JavaScript 代码 16
  - 1.4.4 浏览器中的文档对象类型 (DOM) 16
- 1.5 实战演练——一个简单的 JavaScript 示例 17
- 1.6 疑难解惑 18

第 2 章　JavaScript 编程基础 19
- 2.1 JavaScript 的基本语法 20
  - 2.1.1 执行顺序 20
  - 2.1.2 区分大小写 20
  - 2.1.3 分号与空格 20
  - 2.1.4 对代码进行换行 21
  - 2.1.5 注释 21
  - 2.1.6 语句 23
  - 2.1.7 语句块 24
- 2.2 JavaScript 的数据结构 25
  - 2.2.1 标识符 25
  - 2.2.2 关键字 26
  - 2.2.3 保留字 26
  - 2.2.4 常量 27
  - 2.2.5 变量 27
- 2.3 看透代码中的数据类型 29
  - 2.3.1 typeof 运算符 29
  - 2.3.2 Undefined 类型 31
  - 2.3.3 Null 类型 31
  - 2.3.4 Boolean 类型 32
  - 2.3.5 Number 类型 32
  - 2.3.6 String 类型 33
  - 2.3.7 Object 类型 34
- 2.4 明白数据间的计算法则——运算符 34
  - 2.4.1 算术运算符 34
  - 2.4.2 比较运算符 35
  - 2.4.3 位运算符 36
  - 2.4.4 逻辑运算符 38
  - 2.4.5 条件运算符 39
  - 2.4.6 赋值运算符 40

2.4.7 运算符的优先级 42
2.5 JavaScript 的表达式 43
  2.5.1 赋值表达式 43
  2.5.2 算术表达式 44
  2.5.3 布尔表达式 44
  2.5.4 字符串表达式 46
  2.5.5 类型转换 47
2.6 实战演练——局部变量和全局变量的优先级 48
2.7 疑难解惑 49

第 3 章 程序控制结构和语句 51

3.1 基本处理流程 52
3.2 赋值语句 53
3.3 条件判断语句 53
  3.3.1 if 语句 53
  3.3.2 if-else 语句 54
  3.3.3 if-else-if 语句 55
  3.3.4 if 语句的嵌套 56
  3.3.5 switch 语句 57
3.4 循环控制语句 59
  3.4.1 while 语句 59
  3.4.2 do-while 语句 60
  3.4.3 for 循环 61
3.5 跳转语句 62
  3.5.1 break 语句 62
  3.5.2 continue 语句 63
3.6 使用对话框 64
3.7 实战演练——显示距离 2018 年元旦的天数 66
3.8 疑难解惑 68

第 2 篇　JavaScript 核心技术

第 4 章 JavaScript 中的函数 71

4.1 函数的简介 72
4.2 调用函数 72
  4.2.1 函数的简单调用 72
  4.2.2 在表达式中调用 73
  4.2.3 在事件响应中调用函数 74
  4.2.4 通过链接调用函数 75
4.3 JavaScript 中常用的函数 76
  4.3.1 嵌套函数 76
  4.3.2 递归函数 77
  4.3.3 内置函数 78
4.4 实战演练 1——购物简易计算器 86
4.5 实战演练 2——制作闪烁图片 89
4.6 疑难解惑 90

第 5 章 对象与数组 91

5.1 了解对象 92
  5.1.1 什么是对象 92
  5.1.2 面向对象编程 93
  5.1.3 JavaScript 的内部对象 94
5.2 对象访问语句 95
  5.2.1 for-in 循环语句 95
  5.2.2 with 语句 96
5.3 JavaScript 中的数组 97
  5.3.1 结构化数据 97
  5.3.2 创建和访问数组对象 97
  5.3.3 使用 for-in 语句 100
  5.3.4 Array 对象的常用属性和方法 100
5.4 详解常用的数组对象方法 109
  5.4.1 连接其他数组到当前数组 109
  5.4.2 将数组元素连接为字符串 110
  5.4.3 移除数组中的最后一个元素 ... 110
  5.4.4 将指定的数值添加到数组中 ... 111
  5.4.5 反序排列数组中的元素 112
  5.4.6 删除数组中的第一个元素 112
  5.4.7 获取数组中的一部分数据 113
  5.4.8 对数组中的元素进行排序 114

5.4.9　将数组转换成字符串................. 115
　　5.4.10　将数组转换成本地字符串...... 116
　　5.4.11　在数组开头插入数据............. 116
5.5　创建和使用自定义对象........................ 117
　　5.5.1　通过定义对象的构造函数的
　　　　　方法... 117
　　5.5.2　通过对象直接初始化的方法..... 120
　　5.5.3　修改和删除对象实例的属性..... 120
　　5.5.4　通过原型为对象添加新属性和
　　　　　新方法... 121
　　5.5.5　自定义对象的嵌套..................... 123
　　5.5.6　内存的分配和释放..................... 125
5.6　实战演练——利用二维数组创建动态
　　下拉菜单... 126
5.7　疑难解惑... 128

第6章　日期与字符串对象................ 129

6.1　日期对象... 130
　　6.1.1　创建日期对象............................. 130
　　6.1.2　Date 对象的属性......................... 131
　　6.1.3　日期对象的常用方法................. 131
6.2　详解日期对象的常用方法..................... 134
　　6.2.1　返回当前日期和时间................. 135
　　6.2.2　以不同的格式显示当前日期..... 135
　　6.2.3　返回日期所对应的是星期几..... 136
　　6.2.4　显示当前时间............................. 137
　　6.2.5　返回距 1970 年 1 月 1 日午夜的
　　　　　时间差... 138
　　6.2.6　以不同的格式来显示 UTC
　　　　　日期... 139
　　6.2.7　根据世界时返回日期对应的是
　　　　　星期几... 140
　　6.2.8　以不同的格式来显示 UTC
　　　　　时间... 141
　　6.2.9　设置日期对象中的年份、月份
　　　　　和日期值... 142
　　6.2.10　设置日期对象中的小时、分钟
　　　　　　和秒钟值..................................... 143

　　6.2.11　以 UTC 日期对 Date 对象进行
　　　　　　设置... 144
　　6.2.12　返回当地时间与 UTC 时间的
　　　　　　差值... 145
　　6.2.13　将 Date 对象中的日期转化为
　　　　　　字符串格式................................. 146
　　6.2.14　返回一个以 UTC 时间表示的
　　　　　　日期字符串................................. 147
　　6.2.15　将日期对象转化为本地日期..... 147
　　6.2.16　日期间的运算............................. 148
6.3　字符串对象... 149
　　6.3.1　创建字符串对象......................... 149
　　6.3.2　字符串对象的常用属性............. 150
　　6.3.3　字符串对象的常用方法............. 151
6.4　详解字符串对象的常用方法................. 152
　　6.4.1　设置字符串字体属性................. 152
　　6.4.2　以闪烁方式显示字符串............. 153
　　6.4.3　转换字符串的大小写................. 154
　　6.4.4　连接字符串................................. 155
　　6.4.5　比较两个字符串的大小............. 156
　　6.4.6　分割字符串................................. 156
　　6.4.7　从字符串中提取字符串............. 157
6.5　实战演练 1——制作网页随机
　　验证码... 158
6.6　实战演练 2——制作动态时钟............. 159
6.7　疑难解惑... 161

第7章　数值与数学对象.................... 163

7.1　Number 对象... 164
　　7.1.1　创建 Number 对象....................... 164
　　7.1.2　Number 对象的属性................... 164
　　7.1.3　Number 对象的方法................... 168
7.2　详解 Number 对象常用的方法............. 168
　　7.2.1　把 Number 对象转换为
　　　　　字符串... 168
　　7.2.2　把 Number 对象转换为本地格式
　　　　　字符串... 169
　　7.2.3　四舍五入时指定小数位数......... 170

	7.2.4	返回以指数记数法表示的数值	170
	7.2.5	以指数记数法指定小数位	171
7.3	Math 对象		171
	7.3.1	创建 Math 对象	171
	7.3.2	Math 对象的属性	172
	7.3.3	Math 对象的方法	173
7.4	详解 Math 对象常用的方法		174
	7.4.1	返回数的绝对值	174
	7.4.2	返回数的正弦值、余弦值和正切值	175
	7.4.3	返回数的反正弦值、反正切值和反余弦值	177
	7.4.4	返回两个或多个参数中的最大值或最小值	179
	7.4.5	计算指定数值的平方根	180
	7.4.6	数值的幂运算	180
	7.4.7	计算指定数值的对数	181
	7.4.8	取整运算	182
	7.4.9	生成 0 到 1 之间的随机数	183
	7.4.10	根据指定的坐标返回一个弧度值	183
	7.4.11	返回大于或等于指定参数的最小整数	184
	7.4.12	返回小于或等于指定参数的最大整数	185
	7.4.13	返回以 e 为基数的幂	185
7.5	实战演练——使用 Math 对象设计程序		186
7.6	疑难解惑		187

第 8 章 文档对象模型与事件驱动 189

8.1	文档对象模型		190
	8.1.1	认识文档对象模型	191
	8.1.2	文档对象的产生过程	192
8.2	访问节点		193
	8.2.1	节点的基本概念	193
	8.2.2	节点的基本操作	194
8.3	文档对象模型的属性和方法		206

8.4	事件处理		207
	8.4.1	常见的事件驱动	208
	8.4.2	JavaScript 的常用事件	210
	8.4.3	JavaScript 处理事件的方式	212
	8.4.4	使用 event 对象	216
8.5	实战演练 1——通过事件控制文本框的背景颜色		217
8.6	实战演练 2——在 DOM 模型中获得对象		219
8.7	实战演练 3——超级链接的事件驱动		221
8.8	疑难解惑		222

第 9 章 处理窗口和文档对象 225

9.1	窗口(window)对象		226
	9.1.1	窗口(window)简介	226
	9.1.2	window 对象的属性	228
	9.1.3	对话框	235
	9.1.4	窗口操作	241
9.2	文档(document)对象		244
	9.2.1	文档的属性	244
	9.2.2	document 对象的方法	252
	9.2.3	文档中的表单和图片	254
	9.2.4	文档中的超链接	256
9.3	实战演练 1——综合使用各种对话框		258
9.4	实战演练 2——设置弹出的窗口		259
9.5	疑难解惑		261

第 10 章 JavaScript 的调试和错误处理 263

10.1	常见的错误和异常		264
10.2	处理异常的方法		265
	10.2.1	用 onerror 事件处理异常	265
	10.2.2	用 try-catch-finally 语句处理异常	267
	10.2.3	使用 throw 语句抛出异常	268
10.3	使用调试器		269
	10.3.1	IE 浏览器内建的错误报告	269

10.3.2	用 Firefox 错误控制台调试 270	11.1.3	CSS 在 Ajax 应用中的地位 277
10.4	JavaScript 语言调试技巧 270	11.2	Ajax 的核心技术 278
	10.4.1 用 alert()语句进行调试 271		11.2.1 全面剖析 XMLHttpRequest
	10.4.2 用 write()语句进行调试 271		对象 278
10.5	疑难解惑 272		11.2.2 发出 Ajax 请求 280
			11.2.3 处理服务器响应 282
第 11 章	JavaScript 和 Ajax 技术 273	11.3	实战演练 1——制作自由拖放的
11.1	Ajax 快速入门 274		网页 283
	11.1.1 什么是 Ajax 274	11.4	实战演练 2——制作加载条 288
	11.1.2 Ajax 的关键元素 277	11.5	疑难解惑 290

第 3 篇　jQuery 高级应用

第 12 章	jQuery 的基础知识 293	12.7	疑难解惑 311
12.1	jQuery 概述 294	第 13 章	jQuery 的选择器 313
	12.1.1 jQuery 能做什么 294	13.1	jQuery 的$ 314
	12.1.2 jQuery 的特点 294		13.1.1 $符号的应用 314
	12.1.3 jQuery 的技术优势 295		13.1.2 功能函数的前缀 315
12.2	下载并配置 jQuery 297		13.1.3 创建 DOM 元素 315
	12.2.1 下载 jQuery 298	13.2	基本选择器 316
	12.2.2 配置 jQuery 299		13.2.1 通配符选择器(*) 316
12.3	jQuery 的开发工具 299		13.2.2 ID 选择器(#id) 317
	12.3.1 JavaScript Editor Pro 299		13.2.3 类名选择器(.class) 318
	12.3.2 Dreamweaver 300		13.2.4 元素选择器(element) 319
	12.3.3 UltraEdit 301		13.2.5 复合选择器 320
	12.3.4 记事本工具 301	13.3	层级选择器 321
12.4	jQuery 的调试小工具 302		13.3.1 祖先后代选择器(ancestor
	12.4.1 Firebug 302		descendant) 321
	12.4.2 Blackbird 305		13.3.2 父子选择器(parent>child) 323
	12.4.3 jQueryPad 306		13.3.3 相邻元素选择器(prev+next) 324
12.5	jQuery 与 CSS 3 307		13.3.4 兄弟选择器(prev~siblings) 326
	12.5.1 CSS 3 构造规则 307	13.4	过滤选择器 327
	12.5.2 浏览器的兼容性 308		13.4.1 简单过滤选择器 327
	12.5.3 jQuery 的引入 309		13.4.2 内容过滤选择器 334
12.6	实战演练——我的第一个 jQuery		13.4.3 可见性过滤选择器 340
	程序 310		13.4.4 表单过滤选择器 344
	12.6.1 开发前的一些准备工作 310	13.5	表单选择器 345
	12.6.2 具体的程序开发 311		13.5.1 :input 346

13.5.2	:text	346
13.5.3	:password	347
13.5.4	:radio	348
13.5.5	:checkbox	349
13.5.6	:submit	350
13.5.7	:reset	351
13.5.8	:button	352
13.5.9	:image	353
13.5.10	:file	354

13.6 属性选择器 355
　　13.6.1 [attribute] 355
　　13.6.2 [attribute=value] 356
　　13.6.3 [attribute!=value] 358
　　13.6.4 [attribute$=value] 359
13.7 实战演练——匹配表单中的元素并
　　 实现不同的操作 360
13.8 疑难解惑 361

第 14 章 用 jQuery 控制页面 363

14.1 对页面的内容进行操作 364
　　14.1.1 对文本内容进行操作 364
　　14.1.2 对 HTML 内容进行操作 366
　　14.1.3 移动和复制页面内容 367
　　14.1.4 删除页面内容 368
　　14.1.5 克隆页面内容 369
14.2 对标记的属性进行操作 370
　　14.2.1 获取属性的值 370
　　14.2.2 设置属性的值 371
　　14.2.3 删除属性的值 372
14.3 对表单元素进行操作 373
　　14.3.1 获取表单元素的值 373
　　14.3.2 设置表单元素的值 374
14.4 对元素的 CSS 样式进行操作 375
　　14.4.1 添加 CSS 类 375
　　14.4.2 删除 CSS 类 377
　　14.4.3 动态切换 CSS 类 378
　　14.4.4 获取和设置 CSS 样式 379
14.5 实战演练——制作奇偶变色的表格 ... 381
14.6 疑难解惑 383

第 15 章 jQuery 的动画特效 385

15.1 jQuery 的基本动画效果 386
　　15.1.1 隐藏元素 386
　　15.1.2 显示元素 389
　　15.1.3 状态切换 391
15.2 淡入淡出的动画效果 392
　　15.2.1 淡入隐藏元素 392
　　15.2.2 淡出可见元素 394
　　15.2.3 切换淡入淡出元素 395
　　15.2.4 淡入淡出元素至指定
　　　　　 参数值 396
15.3 滑动效果 397
　　15.3.1 滑动显示匹配的元素 397
　　15.3.2 滑动隐藏匹配的元素 398
　　15.3.3 通过高度的变化动态切换
　　　　　 元素的可见性 400
15.4 自定义的动画效果 401
　　15.4.1 创建自定义动画 401
　　15.4.2 停止动画 402
15.5 疑难解惑 404

第 16 章 jQuery 的事件处理 405

16.1 jQuery 的事件机制概述 406
　　16.1.1 什么是 jQuery 的事件机制 406
　　16.1.2 切换事件 406
　　16.1.3 事件冒泡 408
16.2 页面加载响应事件 409
16.3 jQuery 中的事件函数 410
　　16.3.1 键盘操作事件 410
　　16.3.2 鼠标操作事件 412
　　16.3.3 其他常用事件 415
16.4 事件的基本操作 417
　　16.4.1 绑定事件 417
　　16.4.2 触发事件 418
　　16.4.3 移除事件 419
16.5 实战演练——制作绚丽的多级动画
　　 菜单 420
16.6 疑难解惑 425

第 17 章　jQuery 的功能函数 427

- 17.1　功能函数概述 428
- 17.2　常用的功能函数 429
  - 17.2.1　操作数组和对象 429
  - 17.2.2　操作字符串 432
  - 17.2.3　序列化操作 434
- 17.3　调用外部代码 435
- 17.4　疑难解惑 436

第 18 章　jQuery 插件的开发与使用 437

- 18.1　理解插件 438
  - 18.1.1　什么是插件 438
  - 18.1.2　如何使用插件 438
- 18.2　流行的插件 439
  - 18.2.1　jQueryUI 插件 440
  - 18.2.2　Form 插件 442
  - 18.2.3　提示信息插件 443
  - 18.2.4　jcarousel 插件 444
- 18.3　定义自己的插件 444
  - 18.3.1　插件的工作原理 444
  - 18.3.2　自定义一个简单的插件 445
- 18.4　实战演练——创建拖曳购物车效果 ... 448
- 18.5　疑难解惑 449

第 4 篇　综合案例实战

第 19 章　项目演练 1——开发图片堆叠系统 453

- 19.1　项目需求分析 454
- 19.2　项目技术分析 455
- 19.3　系统的代码实现 455
  - 19.3.1　设计首页 456
  - 19.3.2　图片堆叠核心功能 461
  - 19.3.3　封装 jQuery 插件 468
  - 19.3.4　合并 js 文件和编译 CSS 文件 469
  - 19.3.5　合并 ImgPile.js 和 jquery.imgpile.js 文件 470

第 20 章　项目演练 2——开发商品信息展示系统 479

- 20.1　项目需求分析 480
- 20.2　项目技术分析 482
- 20.3　系统的代码实现 482
  - 20.3.1　设计首页 482
  - 20.3.2　开发控制器类的文件 484
  - 20.3.3　开发数据模型类文件 486
  - 20.3.4　开发视图抽象类的文件 488
  - 20.3.5　项目中的其他 js 文件说明 491

第 1 篇

JavaScript 基础入门

- 第 1 章　必须了解的 JavaScript 知识
- 第 2 章　JavaScript 编程基础
- 第 3 章　程序控制结构和语句

第 1 章

必须了解的 JavaScript 知识

JavaScript 是目前 Web 应用程序开发者使用最为广泛的客户端脚本编程语言，不仅可以用来开发交互式的 Web 页面，还可以将 HTML、XML 和 Java Applet、Flash 等 Web 对象有机地结合起来，使开发人员能快速生成 Internet 上使用的分布式应用程序。本章主要讲述 JavaScript 的基本入门知识。

1.1 认识 JavaScript

JavaScript 作为一种可以给网页增加交互性的脚本语言，拥有近 20 年的发展历史。它的简单、易学易用特性，使其立于不败之地。

1.1.1 什么是 JavaScript

JavaScript 最初由网景公司的 Brendan Eich 设计，是一种动态、弱类型、基于原型的语言，内置支持类。

经过近 20 年的发展，JavaScript 已经成为健壮的基于对象和事件驱动的有相对安全性的客户端脚本语言，同时也是一种广泛用于客户端 Web 开发的脚本语言，常用来给 HTML 5 网页添加动态功能，比如响应用户的各种操作。JavaScript 可以弥补 HTML 语言的缺陷，实现 Web 页面客户端动态效果，其主要作用如下。

1. 动态改变网页的内容

HTML 语言是静态的，一旦编写，内容是无法改变的。JavaScript 可以弥补这种不足，可以将内容动态地显示在网页中。

2. 动态改变网页的外观

JavaScript 通过修改网页元素的 CSS 样式，可以动态地改变网页的外观。例如，修改文本的颜色、大小等属性，使图片的位置动态地改变等。

3. 验证表单数据

为了提高网页的效率，用户在编写表单时，可以在客户端对数据进行合法性验证，验证成功之后才能提交给服务器，这样就能减少服务器的负担和降低网络带宽的压力。

4. 响应事件

JavaScript 是基于事件的语言，因此可以响应用户或浏览器产生的事件。只有事件产生时才会执行某段 JavaScript 代码，如用户单击"计算"按钮时，程序显示运行结果。

几乎所有的浏览器都支持 JavaScript，如 Internet Explorer(IE)、Firefox、Netscape、Mozilla、Opera 等。

1.1.2 JavaScript 的特点

JavaScript 的主要特点有以下几个方面。

1. 语法简单，易学易用

JavaScript 的语法简单、结构松散，可以使用任何一种文本编辑器来进行编写。JavaScript

程序运行时不需要编译成二进制代码，只需要支持 JavaScript 的浏览器进行解释。

2. 解释型语言

非脚本语言编写的程序通常需要经过"编写→编译→链接→运行"四个步骤，而脚本语言 JavaScript 是解释型语言，只需要经过"编写→运行"两个步骤。

3. 跨平台

由于 JavaScript 程序的运行仅依赖于浏览器，所以只要操作系统中安装有支持 JavaScript 的浏览器即可，即 JavaScript 与平台(操作系统)无关。例如，无论是 Windows、UNIX、Linux 操作系统还是用于手机的 Android、iPhone 操作系统，都可以运行 JavaScript。

4. 基于对象和事件驱动

JavaScript 把 HTML 页面中的每个元素都当作一个对象来处理，并且这些对象都具有层次关系，像一棵倒立的树，这种关系被称为"文档对象模型(DOM)"。在编写 JavaScript 代码时会接触到大量的对象及对象的方法和属性。可以说学习 JavaScript 的过程，就是了解 JavaScript 对象及其方法和属性的过程。因为基于事件驱动，所以 JavaScript 可以捕捉到用户在浏览器中的操作，可以将原来静态的 HTML 页面变成可以与用户交互的动态页面。

5. 用于客户端

尽管 JavaScript 分为服务器端和客户端两种，但目前应用得最多的还是客户端。

1.1.3　JavaScript 与 Java 的区别

JavaScript 是一种嵌入式脚本文件，直接插入网页，由浏览器一边解释一边执行。而 Java 语言必须在 Java 虚拟机上运行，而且事先需要进行编译。另外，Java 的语法规则比 JavaScript 的语法规则要严格得多，功能也要强大得多。下面来分析 JavaScript 与 Java 的主要区别。

1. 基于对象和面向对象

JavaScript 是基于对象的，它是一种脚本语言，是一种基于对象和事件驱动的编程语言，因而它本身提供了非常丰富的内部对象供设计人员使用。

而 Java 是面向对象的，即 Java 是一种真正的面向对象的语言，即使是开发简单的程序，也必须设计对象。

2. 强变量和弱变量

Java 采用强类型变量检查，即所有变量在编译之前必须声明。如下面这段代码：

```
Integer x;
String y;
x = 123456;
y = "654321";
```

其中 x=123456，说明是一个整数；y="654321"，说明是一个字符串。

而在 JavaScript 中，变量声明采用弱类型，即变量在使用前不需要声明，而是解释器在运行时检查其数据类型。如下面这段代码：

```
x = 123456;
y = "654321";
```

在上述代码中，前者说明 x 为数值型变量，而后者说明 y 为字符型变量。

3. 代码格式不同

JavaScript 与 Java 的代码格式不一样。JavaScript 的代码是一种文本字符格式，可以直接嵌入 HTML 文档中，并且可动态装载。编写 HTML 文档就像编辑文本文件一样方便，其独立文件的格式为"*.js"。

而 Java 是一种与 HTML 无关的格式，必须通过像在 HTML 中引用外部媒体那样进行装载，其代码以字节代码的形式保存在独立的文档中，其独立文件的格式为"*.class"。

4. 嵌入方式不同

JavaScript 与 Java 的嵌入方式不一样。在 HTML 文档中，两种编程语言的标识不同，JavaScript 使用<script>...</script>来标识，而 Java 使用<applet>…</applet>来标识。

5. 静态联编和动态联编

JavaScript 采用动态联编，即 JavaScript 的对象引用在运行时进行检查。
Java 则采用静态联编，即 Java 的对象引用必须在编译时进行，以使编译器能够实现强类型检查。

6. 浏览器执行方式不同

JavaScript 与 Java 在浏览器中执行的方式不一样。JavaScript 是一种解释型编程语言，其源代码在发往客户端执行之前无须经过编译，而是将文本格式的字符代码发送给客户，即 JavaScript 语句本身随 Web 页面一起被下载，由浏览器解释执行。

而 Java 的源代码在传递到客户端执行之前，必须经过编译，因而客户端上必须有相应平台的仿真器或者解释器，可以通过编译器或解释器实现独立于某个特定平台的编译代码。

1.1.4 JavaScript 版本

1995 年，Netscape 公司开发了 LiveScript 语言，与 Sun 公司合作后，于 1996 年更名为 JavaScript，版本为 1.0。随着网络和网络技术的不断发展，JavaScript 的功能越来越强大和完善，至今已经经历了若干个版本，各个版本的发布日期及功能如表 1-1 所示。

表 1-1 JavaScript 的版本及其说明

版　　本	发布日期	新增功能
1.0	1996 年 3 月	目前已经不用
1.1	1996 年 8 月	修正了 1.0 版中的部分错误，并加入了对数组的支持
1.2	1997 年 6 月	加入了对 switch 选择语句和正则表达式的支持

续表

版　本	发布日期	新增功能
1.3	1998 年 10 月	修正了 JavaScript 1.2 与 ECMA 1.0 中不兼容的部分
1.4	1999 年 8 月	加入了服务器端功能
1.5	2000 年 11 月	在 JavaScript 1.3 的基础上增加了异常处理程序，并与 ECMA 3.0 完全兼容
1.6	2005 年 11 月	加入对 E4X、字符串泛型的支持以及新的数组、数据方法等新特性
1.7	2006 年 10 月	在 JavaScript 1.6 的基础上加入了生成器、声明器、分配符变化、let 表达式等新特性
1.8	2008 年 6 月	更新很小，但包含了一些向 ECMAScript 4 / JavaScript 2 进化的痕迹
1.8.1	2009 年 6 月	该版本只有很少的更新，主要集中在添加实时编译跟踪
1.8.5	2010 年 7 月	—
2.0	制定中	—

JavaScript 尽管版本很多，但是并不是所有版本的 JavaScript 都受浏览器支持。常用浏览器对 JavaScript 版本的支持如表 1-2 所示。

表 1-2　浏览器支持 JavaScript 的情况

浏　览　器	对 JavaScript 的支持情况
Internet Explorer 9	JavaScript 1.1 ~ JavaScript 1.3
Firefox 43	JavaScript 1.1 ~ JavaScript 1.8
Opera 119	JavaScript 1.1 ~ JavaScript 1.5

1.2　JavaScript 的编写工具

JavaScript 是一种脚本语言，代码不需要编译成二进制形式，而是以文本的形式存在，因此任何文本编辑器都可以作为其开发环境。

通常使用的 JavaScript 编辑器有记事本、UltraEdit-32 和 Dreamweaver 等。

1.2.1　记事本

记事本是 Windows 系统自带的文本编辑器，也是最简洁方便的文本编辑器。由于记事本的功能过于单一，所以要求开发者必须熟练掌握 JavaScript 语言的语法、对象、方法和属性等。这对于初学者是个极大的挑战，因此，不建议初学者使用记事本。但是由于记事本简单方便、打开速度快，所以常用来做局部修改。

记事本窗口如图 1-1 所示。

图 1-1　记事本窗口

在记事本中编写 JavaScript 程序的方法很简单，只需要在记事本中打开程序文件，然后在打开的记事本程序窗口中输入相关的 JavaScript 代码即可。

【例 1.1】(示例文件 ch01\1.1.html)

在记事本中编写 JavaScript 脚本。打开记事本文件，在窗口中输入代码，如图 1-1 所示。输入的代码如下：

```
<!DOCTYPE html>
<html>
<head>
<title>使用记事本编写JavaScript</title>
<body>
<script type="text/javascript">
document.write("Hello JavaScript!")
</script>
</head>
</body>
</html>
```

将记事本文件保存为.html 格式的文件，然后使用 IE 11.0 打开，效果如图 1-2 所示。

图 1-2　最终效果

1.2.2　UltraEdit-32

UltraEdit 是一款功能强大的文本编辑器，可以编辑文本、十六进制数据、ASCII 码，可以取代记事本，内建英文单词检查、C++ 及 VB 指令突显，可同时编辑多个文件，而且即使开启很大的文件，速度也不会慢。软件附有 HTML 标签颜色显示、搜寻替换及无限制的还原功能。人们一般都喜欢用它来代替记事本文本编辑器。UltraEdit 的窗口如图 1-3 所示。

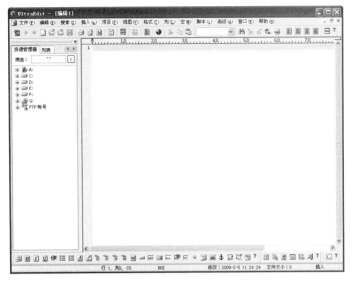

图 1-3　UltraEdit 的窗口

1.2.3　Dreamweaver CC

Adobe 公司的 Dreamweaver CC 用户界面非常友好，是一个非常优秀的网页开发工具，深受广大用户的喜爱。Dreamweaver CC 的主界面如图 1-4 所示。

图 1-4　Dreamweaver CC 的主界面

　　　除了上述编辑器外，还有很多种编辑器可以用来编写 JavaScript 程序，如 Aptana、1st JavaScript Editor、JavaScript Menu Master、Platypus JavaScript Editor、SurfMap JavaScript Editor 等。"工欲善其事，必先利其器"，选择一款适合自己的 JavaScript 编辑器，可以让程序员的工作事半功倍。

1.3 JavaScript 在 HTML 5 中的使用

创建好 JavaScript 脚本后，就可以在 HTML 5 中使用了。把 JavaScript 嵌入 HTML 5 中有多种方式：在 HTML 5 网页头中嵌入、在 HTML 5 网页中嵌入、在 HTML 5 网页的元素事件中嵌入、在 HTML 5 中调用已有的 JavaScript 文件等。

1.3.1 在 HTML 5 网页头中嵌入 JavaScript 代码

如果不是通过 JavaScript 脚本生成 HTML 5 网页的内容，JavaScript 脚本一般放在 HTML 5 网页头部的<head></head>标签对之间。这样不会因为 JavaScript 影响整个网页的显示结果。

在 HTML 5 网页头部的<head></head>标签对之间嵌入 JavaScript 的格式如下：

```
<!DOCTYPE html>
<html>
<head>
<title>在 HTML 5 网页头中嵌入 JavaScript 代码<title>
<script language="JavaScript">
<!--
...
JavaScript 脚本内容
...
//-->
</script>
</head>
<body>
...
</body>
</html>
```

在<script></script>标签对中添加相应的 JavaScript 脚本，这样可以直接在 HTML 文件中调用 JavaScript 代码，以实现相应的效果。

【例 1.2】(示例文件 ch01\1.2.html)

在 HTML 5 网页头中嵌入 JavaScript 代码：

```
<!DOCTYPE html>
<html>
<head>
    <script language="javascript">
        document.write("欢迎来到 JavaScript 动态世界");
    </script>
</head>
<body>
    <p>学习 JavaScript！！！
</body>
</html>
```

该示例的功能是在 HTML 5 文档里输出一个字符串，即"欢迎来到 JavaScript 动态世界"；在 IE 11.0 中的浏览效果如图 1-5 所示，可以看到网页中输出了两句话，其中第一句就是从 JavaScript 中输出的。

图 1-5　使用 head 中嵌入的 JavaScript 代码

　　在 JavaScript 的语法中，句末的分号";"是 JavaScript 程序中一条语句结束的标识符。

1.3.2　在 HTML 5 网页中嵌入 JavaScript 代码

当需要使用 JavaScript 脚本生成 HTML 5 网页内容时，如某些用 JavaScript 实现的动态树，就需要把 JavaScript 放在 HTML 5 网页主体部分的<body></body>标签对中。

具体的代码格式如下：

```
<!DOCTYPE html>
<html>
<head>
<title>在 HTML 5 网页中嵌入 JavaScript 代码<title>
</head>
<body>
<script language="JavaScript">
<!--
...
JavaScript 脚本内容
...
//-->
</script>
</body>
</html>
```

另外，JavaScript 代码可以在同一个 HTML 5 网页的头部与主体部分同时嵌入，并且在同一个网页中可以多次嵌入 JavaScript 代码。

【例 1.3】(示例文件 ch01\1.3.html)

在 HTML 5 网页中嵌入 JavaScript 代码：

```
<!DOCTYPE html>
<html>
```

```
<head>
</head>
<body>
   <p>学习JavaScript！！！</p>
   <script language="javascript">
      document.write("欢迎来到JavaScript动态世界");
   </script>
</body>
</html>
```

该示例的功能是在 HTML 文档里输出一个字符串，即"欢迎来到 JavaScript 动态世界"；在 IE 11.0 中的浏览效果如图 1-6 所示，可以看到网页中输出了两句话，其中第二句就是从 JavaScript 中输出的。

图 1-6　使用 body 中嵌入的 JavaScript 代码

1.3.3　在 HTML 5 网页的元素事件中嵌入 JavaScript 代码

在开发 Web 应用程序的过程中，开发者可以给 HTML 文档设置不同的事件处理器，一般是设置某个 HTML 元素的属性来引用一个脚本，如可以是一个简单的动作。该属性一般以 on 开头，如单击鼠标事件 OnClick()等。这样，当需要对 HTML 5 网页中的该元素进行事件处理时(验证用户输入的值是否有效)，如果事件处理的 JavaScript 代码量较少，就可以直接在对应的 HTML 5 网页的元素事件中嵌入 JavaScript 代码。

【例 1.4】(示例文件 ch01\1.4.html)

在 HTML 5 网页的元素事件中嵌入 JavaScript 代码。

下面的 HTML 文档的作用是对文本框是否为空进行判断，如果为空，则弹出提示信息。其具体代码如下：

```
<!DOCTYPE html>
<html>
<head>
<title>判断文本框是否为空</title>
<script language="JavaScript">
function validate()
{
 var _txtNameObj = document.all.txtName;
 var _txtNameValue = _txtNameObj.value;
```

```
  if((_txtNameValue == null) || (_txtNameValue.length < 1))
  {
    window.alert("文本框内容为空，请输入内容");
    _txtNameObj.focus();
    return;
  }
}
</script>
</head>
<body>
<form method=post action="#">
<input type="text" name="txtName">
<input type="button" value="确定" onclick="validate()">
</form>
</body>
</html>
```

在上述 HTML 文档中使用 JavaScript 脚本，其作用是当文本框失去焦点时，就会对文本框的值进行长度检验，如果值为空，即可弹出"文本框内容为空，请输入内容"的提示信息。该 HTML 文档在 IE 11.0 中的显示结果如图 1-7 所示。直接单击其中的"确定"按钮，即可看到相应的提示信息，如图 1-8 所示。

图 1-7　显示结果

图 1-8　提示信息

1.3.4　在 HTML 5 中调用已有的 JavaScript 文件

如果 JavaScript 的内容较长，或者多个 HTML 5 网页中都调用相同的 JavaScript 程序，可以将较长的 JavaScript 或者通用的 JavaScript 写成独立的.js 文件，直接在 HTML 5 网页中调用。

【例 1.5】(示例文件 ch01\1.5.html)

在 HTML 中调用已有的 JavaScript 文件。

下面的 HTML 代码就是使用 JavaScript 脚本来调用外部的 JavaScript 文件：

```
<!DOCTYPE html>
<html>
<head>
<title>使用外部文件</title>
<script src = "hello.js"></script>
</head>
```

```
<body>
<p>此处引用了一个JavaScript文件
</body>
</html>
```

在 IE 11.0 中的浏览效果如图 1-9 所示，可以看到网页上会弹出一个对话框，显示提示信息。单击"确定"按钮即可关闭对话框。

可见通过这种外部引用 JavaScript 文件的方式，也可以实现相应的功能。这种功能具有如下两个优点。

(1) 将脚本程序同现有页面的逻辑结合。通过外部脚本，可以轻易实现用多个页面完成同一功能的脚本文件，可以很方便地通过更新一个脚本内容实现批量更新。

图 1-9 使用导入的 JavaScript 文件

(2) 浏览器可以实现对目标脚本文件的高速缓存。这样可以避免引用同样功能的脚本代码而导致下载时间增加。

与 C 语言使用外部头文件(.h 文件等)相似，引入 JavaScript 脚本代码时，使用外部脚本文件的方式符合结构化编程思想，但也有一些缺点，具体表现在以下两个方面。

(1) 并不是所有支持 JavaScript 脚本的浏览器都支持外部脚本，如 Netscape 2 和 Internet Explorer 3 及以下版本都不支持外部脚本。

(2) 外部脚本文件的功能过于复杂，或其他原因导致的加载时间过长，则可能导致页面事件得不到处理或得不到正确的处理。程序员必须小心使用并确保脚本加载完成后，其中定义的函数才被页面事件调用，否则浏览器会报错。

综上所述，引入外部 JavaScript 脚本文件的方法是效果与风险并存的。设计人员应该权衡其优缺点，以决定是将脚本代码嵌入目标 HTML 文件中，还是通过引用外部脚本的方式来实现相同的功能。一般情况下，将实现通用功能的 JavaScript 脚本代码作为外部脚本文件引用，而实现特有功能的 JavaScript 代码则直接嵌入到 HTML 文件中的<head></head>标记对之间载入，使其能及时并正确地响应页面事件。

1.3.5 通过 JavaScript 伪 URL 引入 JavaScript 脚本代码

在多数支持 JavaScript 脚本的浏览器中，可以通过 JavaScript 伪 URL 地址调用语句来引入 JavaScript 脚本代码。伪 URL 地址的一般格式举例如下：

```
JavaScript:alert("已点击文本框！");
```

由上可知，伪 URL 地址语句一般以 JavaScript 开始，后面就是要执行的操作。

【例 1.6】(示例文件 ch01\1.6.html)

使用伪 URL 地址来引入 JavaScript 代码：

```
<!DOCTYPE html>
<html>
<head>
<meta http-equiv=content-type content="text/html; charset=gb2312">
<title>伪 URL 地址引入 JavaScript 脚本代码</title>
</head>
<body>
<center>
<p>使用伪 URL 地址引入 JavaScript 脚本代码</p>
<form name="Form1">
  <input type=text name="Text1" value="点击"
         onclick="JavaScript:alert('已经用鼠标点击文本框!')">
</form>
</center>
</body>
</html>
```

在 IE 11.0 中预览上面的 HTML 文件，然后用鼠标点击其中的文本框，就会看到"已经用鼠标点击文本框!"的提示信息，如图 1-10 所示。

伪 URL 地址可用于文档中的任何地方，同时触发任意数量的 JavaScript 函数或对象固有的方法。由于这种方式的代码短而精，且效果好，所以在表单数据合法性验证上，如验证某些字段是否符合要求等方面应用非常广泛。

图 1-10　使用伪 URL 地址引入 JavaScript 脚本代码

1.4　JavaScript 和浏览器

与 HTML 一样，JavaScript 也需要用 Web 浏览器来显示，但不同浏览器的显示效果可能会有所不同。与 HTML 相比，区别在于：JavaScript 在不兼容的浏览器上的显示效果会有很大的差别，可能不仅文本显示不正确，而且脚本程序根本无法运行，还可能会显示错误信息，甚至可能导致浏览器崩溃。

1.4.1　在 Internet Explorer 中调用 JavaScript 代码

Internet Explorer 内部采用了许多微软的专利技术，如 ActiveX 等技术。这些技术的应用提高了 JavaScript 的使用范围(用户甚至可以使用 ActiveX 控件操作本地文件)，但是降低了安全性，而且这些技术有很多不符合 W3C 规范，使得在 Internet Explorer 下开发的页面在其他 Web 浏览器中无法正常显示，甚至无法使用。

下面演示如何在 Internet Explorer 中得到页面中 id 为 txtId、name 为 txtName、type 为 text 的对象。首先在页面中定义 text 对象的代码：

```
<input type="text" id="txtId" name="txtName" value="">
```

在 Internet Explorer 中使用 JavaScript 得到这个 text 对象的代码如下：

```
var _txtNameObj1 = document.forms[0].elements("txtName");
var _txtNameObj2 = document.getElementById("txtId");
var _txtNameObj3 = document.frmTxt.elements("txtName");
var _txtNameObj4 = document.all.txtName;
```

1.4.2 在 Firefox 中调用 JavaScript 代码

Mozilla Firefox，中文俗称"火狐"，是一个自由及开放源代码的网页浏览器，使用 Gecko 排版引擎，支持多种操作系统。

在 Firefox 下使用 JavaScript 得到前面的 text 对象的代码如下：

```
var _txtNameObj2 = document.getElementById("txtId");
var _txtNameObj4 = document.all.txtName;
```

1.4.3 在 Opera 中调用 JavaScript 代码

Opera 是一个小巧而功能强大的跨平台互联网套件，包括网页浏览、下载管理、邮件客户端、RSS 阅读器、IRC 聊天、新闻组阅读、快速笔记、幻灯显示(Operashow)等功能。Opera 支持多种操作系统，如 Windows、Linux、Mac、FreeBSD、Solaris、BeOS、OS/2、QNX 等。此外，Opera 还有手机用的版本；也支持多种语言，包括简体中文和繁体中文。

在 Opera 中使用 JavaScript 得到前面 text 对象的代码如下：

```
var _txtNameObj1 = document.form[0].elements("txtName");
var _txtNameObj2 = document.getElementById("txtId");
var _txtNameObj3 = document.frmTxt.elements("txtName");
var _txtNameObj4 = document.all.txtName;
```

在不同的浏览器下，提示信息的显示效果会有所不同。对于一些经常用到的页面中关于尺寸的属性，如 scrollTop、scrollLeft、scrollWidth、scrollHeight 等属性，只有 Internet Explorer 与 Firefox 支持，Opera 不支持。

1.4.4 浏览器中的文档对象类型(DOM)

不同浏览器使用 JavaScript 操作同一个页面中同一个对象的方法不同，这会造成页面无法跨平台。DOM 正是为解决不同浏览器下使用 JavaScript 操作对象的方法不同的问题而出现的。DOM 可以访问页面其他的标准组件，解决了 Netscape 的 JavaScript 和 Microsoft 的 JScript 之间的冲突，为 Web 设计师和开发者提供了一个标准的方法，让他们来访问站点中的数据、脚本和表现层对象。document.getElementById()可根据 ID 得到页面中的对象，这个方法就是 DOM 的标准方法，在三种浏览器(Internet Explorer、Firefox、Opera)中都适用。

DOM 是以层次结构组织的节点或信息片段的集合。这个层次结构允许开发人员在树中导航寻找特定信息。分析该结构通常需要加载整个文档和构造层次结构，才能做其他工作。由于它是基于信息层次的，因而 DOM 被认为是基于树或基于对象的。

1.5 实战演练——一个简单的 JavaScript 示例

本例是一个简单的 JavaScript 程序，主要用来说明如何编写 JavaScript 程序以及在 HTML 中如何使用。本例主要实现的功能为：页面打开时显示"尊敬的客户，欢迎您光临本网站"对话框，关闭页面时弹出"欢迎下次光临！"对话框，效果如图 1-11 和图 1-12 所示。

图 1-11 页面加载时的效果

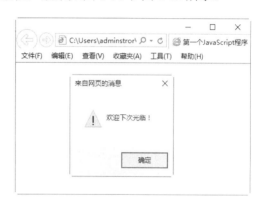

图 1-12 页面关闭时的效果

具体操作步骤如下。

step 01 新建 HTML 5 文档，输入以下代码：

```
<!DOCTYPE html>
<html>
<head>
<title>第一个 JavaScript 程序</title>
</head>
<body>
</body>
</html>
```

step 02 保存 HTML 5 文件，选择相应的保存位置，文件名为 welcome.html。

step 03 在 HTML 文档的 head 部分键入如下代码：

```
<script>
    //页面加载时执行的函数
    function showEnter(){
        alert("尊敬的客户，欢迎您光临本网站");
    }
    //页面关闭时执行的函数
    function showLeave(){
        alert("欢迎下次光临！");
    }
    //页面加载事件触发时调用函数
```

```
    window.onload=showEnter;
    //页面关闭事件触发时调用函数
    window.onbeforeunload=showLeave;
</script>
```

step 04 保存网页，浏览最终效果。

1.6 疑难解惑

疑问1：什么是脚本语言？

答：脚本语言是由传统编程语言简化而来的语言，它与传统编程语言有很多相似之处，也有不同之处。脚本语言的最显著特点如下。

(1) 它不需要编译成二进制形式，而是以文本形式存在。

(2) 脚本语言一般都需要用其他语言调用，不能独立运行。

疑问2：JavaScript 是 Java 的变种吗？

答：JavaScript 最初的确是受 Java 启发而开始设计的，而且设计的目的之一就是"看上去像 Java"，因此语法上有很多类似之处，许多名称和命名规范也借用了 Java 的。但是实际上，JavaScript 的主要设计原则源自 Self 和 Scheme，它与 Java 在本质上是不同的。之所以与 Java 在名称上近似，是因为当时网景为了营销上的考虑与 Sun 公司达成协议的结果。其实从本质上讲，JavaScript 更像是一种函数式编程语言，而非面向对象的语言，它使用一些智能的语法和语义来仿真高度复杂的行为。其对象模型极为灵活、开放和强大，具有全部的反射性。

疑问3：JavaScript 与 JScript 相同吗？

答：为了取得技术优势，微软推出了 JScript 来迎战 JavaScript 脚本语言。为了加强互用性，ECMA 国际协会(前身为欧洲计算机制造商协会)建立了 ECMA-262 标准(ECMAScript)。现在 JavaScript 与 JScript 两者都属于 ECMAScript 的实现。

疑问4：JavaScript 是一门简单的语言吗？

答：尽管 JavaScript 是作为给非编程人员的脚本语言，而不是作为给编程人员的编程语言来推广和宣传的，但是，JavaScript 是一种具有非常丰富特性的语言，它有着与其他编程语言一样的复杂性，甚至更加复杂。实际上，我们必须对 JavaScript 有深入的理解，才能用它来编写比较复杂的程序。

第 2 章

JavaScript 编程基础

无论是传统编程语言，还是脚本语言，都具有数据类型、常量和变量、运算符、表达式、注释语句、流程控制语句等基本构成元素，了解这些基本元素是学会编程的第一步。本章主要讲述 JavaScript 编程的基本知识。

2.1 JavaScript 的基本语法

JavaScript 可以直接用记事本编写，其中包括语句、相关的语句块及注释。在一条语句内可以使用变量、表达式等。下面介绍相关的编程语法基础。

2.1.1 执行顺序

JavaScript 程序按照在 HTML 文件中出现的顺序逐行执行。如果需要在整个 HTML 文件中执行，最好将其放在 HTML 文件的<head></head>标记对中。某些代码，如函数体内的代码，不会被立即执行，只有当所在的函数被其他程序调用时，该代码才会被执行。

2.1.2 区分大小写

JavaScript 对字母大小写敏感，也就是说，在输入语言的关键字、函数、变量及其他标识符时，一定要严格区分字母的大小写。例如，username 和 userName 是两个不同的变量。

HTML 不区分大小写。由于 JavaScript 与 HTML 紧密相关，这一点很容易混淆。许多 JavaScript 对象和属性都与其代表的 HTML 标签或属性同名，在 HTML 中，这些名称可以以任意的大小写方式输入，而不会引起混乱，但在 JavaScript 中，这些名称通常都是小写的。例如，在 HTML 中的单击事件处理器属性通常被声明为 onClick 或 Onclick，而在 JavaScript 中只能使用 onclick。

2.1.3 分号与空格

在 JavaScript 语句中，分号是可有可无的，这一点与 Java 语言不同，JavaScript 并不要求每行必须以分号作为语句的结束标志。如果语句的结束处没有分号，JavaScript 会自动地将该代码的结尾作为语句的结尾。

例如，下面两行代码的书写方式都是正确的：

```
Alert("hello,JavaScript")
Alert("hello,JavaScript");
```

鉴于需要养成良好的编程习惯，最好在每行的最后都加上一个分号，这样能保证每行代码都是正确的、易读的。

另外，JavaScript 会忽略多余的空格，用户可以向脚本中添加空格，来提高其可读性。例如，下面的两行代码是等效的：

```
var name="Hello";
var name = "Hello";
```

2.1.4 对代码进行换行

当一段代码比较长时,用户可以在文本字符串中使用反斜杠对代码进行换行。

例如,下面的代码会正确地运行:

```
document.write("Hello \
World!");
```

不过,用户不能像下面这样换行:

```
document.write \
("Hello World!");
```

2.1.5 注释

注释通常用来解释程序代码的功能(增加代码的可读性)或阻止代码的执行(调试程序时),不参与程序的执行。在 JavaScript 中,注释分为单行注释和多行注释两种。

1. 单行注释语句

在 JavaScript 中,单行注释以双斜杠"//"开始,直到这一行结束。单行注释"//"可以放在行的开头或行的末尾,无论放在哪里,凡是从"//"符号开始到本行结束为止的所有内容,就都不会执行。在一般情况下,如果"//"位于一行的开头,则用来解释下一行或一段代码的功能;如果"//"位于一行的末尾,则用来解释当前行代码的功能。如果用来阻止一行代码的执行,也常将"//"放在这一行的开头。

【例 2.1】(示例文件 ch02\2.1.html)

使用单行注释语句:

```
<!DOCTYPE html>
<html>
<head>
<title>date 对象</title>
<script type="text/javascript">
function disptime()
{
  //创建日期对象 now,并实现当前日期的输出
  var now = new Date();
  //document.write("<h1>河南旅游网</h1>");
  document.write("<H2>今天日期:" + now.getFullYear() + "年"
    + (now.getMonth()+1) + "月"
    + now.getDate() + "日</H2>");   //在页面上显示当前年月日
}
</script>
</head>
<body onload="disptime()">
</body>
</html>
```

上述代码中，共使用了 3 个注释语句。第一个注释语句将"//"符号放在了行首，通常用来解释下面代码的功能与作用。第二个注释语句将"//"符号放在了代码的行首，阻止了该代码的执行。第三个注释语句放在了代码行的末尾，主要是对该行相关的代码进行解释说明。

在 IE 11.0 中浏览，效果如图 2-1 所示，可以看到代码中的注释没有被执行。

图 2-1 使用单行注释语句

2. 多行注释

单行注释语句只能注释一行代码，假设在调试程序时，希望有一段代码(若干行)不被浏览器执行或者对代码的功能说明一行书写不完，那么就可以使用多行注释语句。多行注释语句以"/*"开始，以"*/"结束，可以注释一段代码。

【例 2.2】(示例文件 ch02\2.2.html)

使用多行注释语句：

```
<!DOCTYPE html>
<html>
<head>
</head>
<body>
<h1 id="myH1"></h1>
<p id="myP"></p>

<script type="text/javascript">
/*
下面的这些代码会输出
一个标题和一个段落
并将代表主页的开始
*/
document.getElementById("myH1").innerHTML="Welcome to my Homepage";
document.getElementById("myP").innerHTML="This is my first paragraph.";
</script>

<p><b>注释：</b>注释块不会被执行。</p>
</body>
</html>
```

在 IE 11.0 中浏览，效果如图 2-2 所示，可以看到代码中的注释没有被执行。

图 2-2 使用多行注释语句

2.1.6 语句

JavaScript 程序是语句的集合,一条 JavaScript 语句相当于英语中的一个完整句子。JavaScript 语句将表达式组合起来,完成一定的任务。一条 JavaScript 语句由一个或多个表达式、关键字或运算符组合而成,语句之间用分号(;)隔开,即分号是 JavaScript 语句的结束符号。

下面给出 JavaScript 语句的分隔示例,其中一行就是一条 JavaScript 语句:

```
Name = "张三";                //将"张三"赋值给 name
Var today = new Date();       //将今天的日期赋值给 today
```

【例 2.3】(示例文件 ch02\2.3.html)

操作两个 HTML 元素:

```
<!DOCTYPE html>
<html>
<head>
</head>
<body>
<h1>我的网站</h1>
<p id="demo">一个段落.</p>
<div id="myDIV">一个 div 块.</div>
<script type="text/javascript">
  document.getElementById("demo").innerHTML="Hello JavaScript";
  document.getElementById("myDIV").innerHTML="How are you?";
</script>
</body>
</html>
```

在 IE 11.0 中浏览,效果如图 2-3 所示。

图 2-3　操作两个 HTML 元素

2.1.7　语句块

语句块是一些语句的组合，通常语句块都会用一对大括号包围起来。在调用语句块时，JavaScript 会按书写次序执行语句块中的语句。JavaScript 会把语句块中的语句看成是一个整体全部执行。

语句块通常用在函数中或流程控制语句中，下面的代码就包含一个语句块：

```
if (Fee < 2)
{
    Fee = 2;      //小于 2 元时，手续费为 2 元
}
```

语句块的作用是使语句序列一起执行。JavaScript 函数是将语句组合在块中的典型例子。

【例 2.4】(示例文件 ch02\2.4.html)

运行可操作两个 HTML 元素的函数：

```
<!DOCTYPE html>
<html>
<head>
</head>
<body>
<h1>我的网站</h1>
<p id="myPar">我是一个段落.</p>
<div id="myDiv">我是一个 div 块.</div>
<p>
<button type="button" onclick="myFunction()">点击这里</button>
</p>
<script type="text/javascript">
function myFunction()
{
  document.getElementById("myPar").innerHTML="Hello JavaScript";
  document.getElementById("myDiv").innerHTML="How are you?";
}
</script>
<p>当您点击上面的按钮时，两个元素会改变.</p>
</body>
</html>
```

在 IE 11.0 中浏览，效果如图 2-4 所示。单击其中的"点击这里"按钮，可以看到两个元素发生了变化，如图 2-5 所示。

图 2-4　初始效果

图 2-5　单击按钮后

2.2　JavaScript 的数据结构

每一种计算机编程语言都有自己的数据结构。JavaScript 脚本语言的数据结构包括标识符、常量、变量、关键字等。

2.2.1　标识符

用 JavaScript 编写程序时，很多地方都要求用户给定名称。例如，JavaScript 中的变量、函数等要素定义时都要求给定名称。可以将定义要素时使用的字符序列称为标识符。这些标识符必须遵循如下命名规则。

(1) 标识符只能由字母、数字、下划线和中文组成，而不能包含空格、标点符号、运算符等其他符号。

(2) 标识符的第一个字符必须是字母、下划线或者中文。

(3) 标识符不能与 JavaScript 中的关键字名称相同，即不能是 if、else 等。

例如，下面为合法的标识符：

```
UserName
Int2
_File_Open
Sex
```

又如，下面为不合法的标识符：

```
99BottlesofBeer
Namespace
It's-All-Over
```

2.2.2 关键字

关键字标识了 JavaScript 语句的开头或结尾。根据规定，关键字是保留的，不能用作变量名或函数名。JavaScript 中的关键字如表 2-1 所示。

表 2-1　JavaScript 中的关键字

break	case	catch	continue
default	delete	do	else
finally	for	function	if
in	instanceof	new	return
switch	this	throw	try
typeof	var	void	while
with			

JavaScript 关键字是不能作为变量名和函数名使用的。

2.2.3 保留字

保留字在某种意义上是为将来的关键字而保留的单词。因此，保留字不能被用作变量名或函数名。

JavaScript 中的保留字如表 2-2 所示。

表 2-2　JavaScript 中的保留字

abstract	boolean	byte	char
class	const	debugger	double
enum	export	extends	final
float	goto	implements	import
int	interface	long	native
package	private	protected	public
short	static	super	synchronized
throws	transient	volatile	

如果将保留字用作变量名或函数名，那么除非将来的浏览器实现了该保留字，否则很可能收不到任何错误消息。当浏览器将其实现后，该单词将被看作关键字，如此将出现关键字错误。

2.2.4 常量

简单地说,常量是字面变量,是固化在程序代码中的信息,常量的值从定义开始就是固定的。常量主要用于为程序提供固定和精确的值,如数值、字符串、逻辑值真(true)、逻辑值假(false)等都是常量。

常量通常使用 const 来声明。其语法格式如下:

```
const 常量名:数据类型 = 值;
```

2.2.5 变量

变量,顾名思义,在程序运行过程中,其值可以改变。变量是存储信息的单元,它对应于某个内存空间。变量用于存储特定数据类型的数据,用变量名代表其存储空间。程序能在变量中存储值和取出值,可以把变量比作超市的货架(内存),货架上摆放着商品(变量),可以把商品从货架上取出来(读取),也可以把商品放入货架(赋值)。

1. 变量的命名

实际上,变量的名称是一个标识符。在 JavaScript 中,用标识符来命名变量和函数,变量的名称可以是任意长度。创建变量名称时,应该遵循以下规则。

(1) 第一个字符必须是一个 ASCII 字符(大小写均可)或一个下划线(_),但不能是文字。
(2) 后续的字符必须是字母、数字或下划线。
(3) 变量名称不能是 JavaScript 中的保留字。
(4) JavaScript 的变量名是严格区分大小写的。例如,变量名称 myCounter 与变量名称 MyCounter 是不同的。

下面给出一些合法的变量命名示例:

```
_pagecount
Part9
Numer
```

下面给出一些错误的变量命名示例:

```
12balloon           //不能以数字开头
Summary&Went        //"与"符号不能用在变量名称中
```

2. 变量的声明与赋值

JavaScript 是一种弱类型的程序设计语言,变量可以不声明直接使用。所谓声明变量,就是为变量指定一个名称。声明变量后,就可以把它用作存储单元。

JavaScript 中使用关键字 var 来声明变量,在这个关键字之后的字符串将代表一个变量名。声明格式如下:

```
var 标识符;
```

例如，声明变量 username，用来表示用户名，代码如下：

```
var username;
```

另外，一个关键字 var 也可以同时声明多个变量名，多个变量名之间必须用逗号","分隔。例如，同时声明变量 username、pwd、age，分别表示用户名、密码和年龄，代码如下：

```
var username,pwd,age;
```

要给变量赋值，可以使用 JavaScript 中的赋值运算符，即等于号(=)。

声明变量名时可以同时赋值，例如，声明变量 username 并赋值为"张三"，代码如下：

```
var username = "张三";
```

声明变量之后，对变量赋值，或者对未声明的变量直接赋值。例如，声明变量 age，然后再为它赋值，以及直接对变量 count 赋值：

```
var age;          //声明变量
age = 18;         //对已声明的变量赋值
count = 4;        //对未声明的变量直接赋值
```

JavaScript 中的变量如果未初始化(赋值)，默认值为 undefind。

3. 变量的作用范围

所谓变量的作用范围，是指可以访问该变量的代码区域。JavaScript 中，变量按其作用范围分为全局变量和局部变量。

(1) 全局变量。可以在整个 HTML 文档范围内使用的变量，这种变量通常都是在函数体外定义的变量。

(2) 局部变量。只能在局部范围内使用的变量，这种变量通常都是在函数体内定义的变量，所以只能在函数体中有效。

省略关键字 var 声明的变量，无论是在函数体内还是函数体外，都是全局变量。

【例 2.5】(示例文件 ch02\2.5.html)

创建名为 carname 的变量，并向其赋值 Volvo，然后把它放入 id="demo"的 HTML 段落中。代码如下：

```
<!DOCTYPE html>
<html><head></head>
<body>
  <p>点击这里来创建变量，并显示结果。</p>
  <button onclick="myFunction()">点击这里</button>
  <p id="demo"></p>
<script type="text/javascript">
function myFunction()
{
```

```
    var carname="Volvo";
    document.getElementById("demo").innerHTML=carname;
}
</script>
</body>
</html>
```

在 IE 11.0 中浏览，效果如图 2-6 所示。单击"点击这里"按钮，可以看到元素发生了变化，如图 2-7 所示。

图 2-6　初始效果

图 2-7　单击按钮后

好的编程习惯是，在代码开始处，统一对需要的变量进行声明。

2.3　看透代码中的数据类型

计算机语言除了有自己的数据结构外，还具有自己所支持的数据类型。在 JavaScript 脚本语言中，采用的是弱类型方式，即变量不必先做声明，可以在使用或赋值时再确定其数据类型，当然也可以先声明该变量的类型。

2.3.1　typeof 运算符

typeof 运算符有一个参数，即要检查的变量或值。例如：

```
var sTemp = "test string";
alert(typeof sTemp);    //输出"string"
alert(typeof 86);       //输出"number"
```

对变量或值调用 typeof 运算符将返回下列值之一。
- undefined：如果变量是 Undefined 类型的。
- boolean：如果变量是 Boolean 类型的。
- number：如果变量是 Number 类型的。
- string：如果变量是 String 类型的。
- object：如果变量是一种引用类型或 Null 类型的。

【例 2.6】(示例文件 ch02\2.6.html)

typeof 运算符的使用：

```
<!DOCTYPE html>
<html>
<head>
</head>
<body>
<script type="text/javascript">
  typeof(1);
  typeof(NaN);
  typeof(Number.MIN_VALUE);
  typeof(Infinity);
  typeof("123");
  typeof(true);
  typeof(window);
  typeof(document);
  typeof(null);
  typeof(eval);
  typeof(Date);
  typeof(sss);
  typeof(undefined);
  document.write("typeof(1): "+typeof(1)+"<br>");
  document.write("typeof(NaN): "+typeof(NaN)+"<br>");
  document.write("typeof(Number.MIN_VALUE): "
    + typeof(Number.MIN_VALUE)+"<br>")
  document.write("typeof(Infinity): "+typeof(Infinity)+"<br>")
  document.write("typeof(\"123\"): "+typeof("123")+"<br>")
  document.write("typeof(true): "+typeof(true)+"<br>")
  document.write("typeof(window): "+typeof(window)+"<br>")
  document.write("typeof(document): "+typeof(document)+"<br>")
  document.write("typeof(null): "+typeof(null)+"<br>")
  document.write("typeof(eval): "+typeof(eval)+"<br>")
  document.write("typeof(Date): "+typeof(Date)+"<br>")
  document.write("typeof(sss): "+typeof(sss)+"<br>")
  document.write("typeof(undefined): "+typeof(undefined)+"<br>")
</script>
</body>
</html>
```

在 IE 11.0 中浏览，效果如图 2-8 所示。

图 2-8　使用 type of 运算符

2.3.2 Undefined 类型

Undefined 是未定义类型的变量，表示变量还没有赋值，如"var a;"，或者赋予一个不存在的属性值，例如"var a = String.notProperty;"。

此外，JavaScript 中有一种特殊类型的常量 NaN，表示"非数字"，当在程序中由于某种原因发生计算错误后，将产生一个没有意义的值，此时 JavaScript 返回的就是 NaN。

【例 2.7】(示例文件 ch02\2.7.html)

使用 Undefined 类型：

```
<!DOCTYPE html>
<html>
<head>
</head>
<body>
<script type="text/javascript">
  var person;
  document.write(person + "<br />");
</script>
</body>
</html>
```

在 IE 11.0 中浏览，效果如图 2-9 所示。

2.3.3 Null 类型

JavaScript 中的关键字 null 是一个特殊的值，表示空值，用于定义空的或不存在的引用。不过，null 不等同于空的字符串或 0。由此可见，null 与 undefined 的区别是：null 表示一个变量被赋予了一个空值，而 undefined 则表示该变量还未被赋值。

图 2-9 使用 Undefined 变量

【例 2.8】(示例文件 ch02\2.8.html)

使用 null 类型：

```
<!DOCTYPE html>
<html>
<head>
</head>
<body>
<script type="text/javascript">
  var person;
  document.write(person + "<br />");
  var car = null;
  document.write(car + "<br />");
</script>
</body>
</html>
```

在 IE 11.0 中浏览，效果如图 2-10 所示。

2.3.4 Boolean 类型

布尔类型 Boolean 表示一个逻辑数值，用于表示两种可能的情况。逻辑真，用 true 表示；逻辑假，用 false 来表示。通常，我们使用 1 表示真，0 表示假。

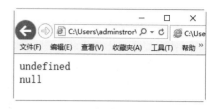

图 2-10　使用 null 变量

【例 2.9】(示例文件 ch02\2.9.html)

使用 Boolean 类型：

```
<!DOCTYPE html>
<html>
<head>
</head>
<body>
<script type="text/javascript">
  var b1 = Boolean("");              //返回 false, 空字符串
  var b2 = Boolean("s");             //返回 true, 非空字符串
  var b3 = Boolean(0);               //返回 false, 数字 0
  var b4 = Boolean(1);               //返回 true, 非 0 数字
  var b5 = Boolean(-1);              //返回 true, 非 0 数字
  var b6 = Boolean(null);            //返回 false
  var b7 = Boolean(undefined);       //返回 false
  var b8 = Boolean(new Object());    //返回 true, 对象
  document.write(b1 + "<br>")
  document.write(b2 + "<br>")
  document.write(b3 + "<br>")
  document.write(b4 + "<br>")
  document.write(b5 + "<br>")
  document.write(b6 + "<br>")
  document.write(b7 + "<br>")
  document.write(b8 + "<br>")
</script>
</body>
</html>
```

在 IE 11.0 中浏览，效果如图 2-11 所示。

2.3.5 Number 类型

JavaScript 的数值类型可以分为 4 类，即整数、浮点数、内部常量和特殊值。整数可以为正数、0 或者负数；浮点数可以包含小数点、也可以包含一个 e(大小写均可，在科学记数法中表示"10 的幂")，或者同时包含这两项。整数可以以 10(十进制)、8(八进制)和 16(十六进制)作为基数来表示。

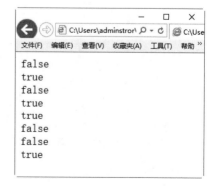

图 2-11　使用 Boolean 类型

【例 2.10】(示例文件 ch02\2.10.html)

输出数值：

```
<!DOCTYPE html>
<html><head></head>
<body>
<script type="text/javascript">
  var x1 = 36.00;
  var x2 = 36;
  var y = 123e5;
  var z = 123e-5;
  document.write(x1 + "<br />")
  document.write(x2 + "<br />")
  document.write(y + "<br />")
  document.write(z + "<br />")
</script>
</body>
</html>
```

在 IE 11.0 中浏览，效果如图 2-12 所示。

图 2-12　输出数值

2.3.6　String 类型

字符串是由一对单引号('')或双引号("")和引号中的内容构成的。字符串也是 JavaScript 中的一种对象，有专门的属性。引号中间的部分可以是任意多的字符，如果没有，则是一个空字符串。

如果要在字符串中使用双引号，则应该将其包含在使用单引号的字符串中，使用单引号时则反之。

【例 2.11】(示例文件 ch02\2.11.html)

输出字符串：

```
<!DOCTYPE html>
<html><head></head>
<body>
<script type="text/javascript">
  var string1 = "Bill Gates";
  var string2 = 'Bill Gates';
  var string3 = "Nice to meet you!";
  var string4 = "He is called 'Bill'";
  var string5 = 'He is called "Bill"';
  document.write(string1 + "<br>")
  document.write(string2 + "<br>")
  document.write(string3 + "<br>")
  document.write(string4 + "<br>")
  document.write(string5 + "<br>")
</script>
</body>
</html>
```

在 IE 11.0 中浏览，效果如图 2-13 所示。

2.3.7 Object 类型

前面介绍的 5 种数据类型是 JavaScript 的原始数据类型，而 Object 是对象类型。该数据类型中包括 Object、Function、String、Number、Boolean、Array、Regexp、Date、Global、Math、Error，以及宿主环境提供的 object 类型。

图 2-13　输出字符串

【例 2.12】(示例文件 ch02\2.12.html)
Object 数据类型的使用：

```
<!DOCTYPE html>
<html>
<head>
</head>
<body>
<script type="text/javascript">
 person = new Object();
 person.firstname = "Bill";
 person.lastname = "Gates";
 person.age = 56;
 person.eyecolor = "blue";
 document.write(person.firstname +
" is " + person.age + " years old.");
</script>
</body>
</html>
```

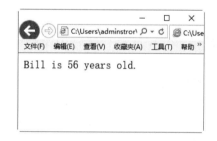

图 2-14　使用 Object 数据类型

在 IE 11.0 中浏览，效果如图 2-14 所示。

2.4　明白数据间的计算法则——运算符

在 JavaScript 程序中，要完成各种各样的运算，是离不开运算符的。运算符用于将一个或几个值进行运算，而得出所需要的结果值。在 JavaScript 中，按运算符类型，可以分为算术运算符、比较运算符、赋值运算符、逻辑运算符、条件运算符等。

2.4.1 算术运算符

算术运算符是最简单、最常用的运算符，所以有时也称为简单运算符，可以使用算术运算符进行通用的数学计算。

JavaScript 语言中提供的算术运算符有+、-、*、/、%、++、--七种，分别表示加、减、乘、除、求余数、自增和自减。其中，+、-、*、/、%五种运算符为二元运算符，表示对运算符左右两边的操作数做算术运算，其运算规则与数学中的运算规则相同，即先乘除后加减。

而++、--两种运算符都是一元运算符，其结合性为自右向左，在默认情况下表示对运算符右边的变量的值增 1 或减 1，而且它们的优先级比其他算术运算符的优先级高。

算术运算符的说明和示例如表 2-3 所示。

表 2-3　算术运算符

运算符	说　明	示　例
+	加法运算符，用于实现对两个数字进行求和	x+100、100+1000、+100
-	减法运算符或负值运算符	100-60、-100
*	乘法运算符	100*6
/	除法运算符	100/50
%	求模运算符，也就是算术中的求余	100%30
++	将变量值加 1 后再将结果赋值给该变量	x++：在参与其他运算之前先将自己加 1 后，再用新的值参与其他运算；++x：先用原值运算后，再将自己加 1
--	将变量值减 1 后再将结果赋值给该变量	x--、--x，与++的用法相同

【例 2.13】(示例文件 ch02\2.13.html)

通过 JavaScript 在页面中定义变量，再通过运算符计算变量的运行结果：

```
<!DOCTYPE html>
<html>
<head>
<title>运用 JavaScript 运算符</title>
</head>
<body>
<script type="text/javascript">
  var num1=120,num2 = 25;                                //定义两个变量
  document.write("120+25="+(num1+num2)+"<br>");          //计算两个变量的和
  document.write("120-25="+(num1-num2)+"<br>");          //计算两个变量的差
  document.write("120*25="+(num1*num2)+"<br>");          //计算两个变量的积
  document.write("120/25="+(num1/num2)+"<br>");          //计算两个变量的商
  document.write("(120++)="+(num1++)+"<br>");            //自增运算
  document.write("++120="+(++num1)+"<br>");
</script>
</body>
</html>
```

在 IE 11.0 中浏览，效果如图 2-15 所示。

2.4.2　比较运算符

比较运算符用于对运算符的两个表达式进行比较，然后根据比较结果返回布尔类型的值 true 或 false。

表 2-4 列出了 JavaScript 支持的比较运算符。

图 2-15　使用算术运算符

表 2-4 比较运算符

运算符	说明	示例
==	判断左右两边表达式是否相等，当左边表达式等于右边表达式时返回 true，否则返回 false	Number == 100 Number1 == Number2
!=	判断左边表达式是否不等于右边表达式，当左边表达式不等于右边表达式时返回 true，否则返回 false	Number != 100 Number1 != Number2
>	判断左边表达式是否大于右边表达式，当左边表达式大于右边表达式时返回 true，否则返回 false	Number > 100 Number1 > Number2
>=	判断左边表达式是否大于等于右边表达式，当左边表达式大于等于右边表达式时返回 true，否则返回 false	Number >= 100 Number1 >= Number2
<	判断左边表达式是否小于右边表达式，当左边表达式小于右边表达式时返回 true，否则返回 false	Number < 100 Number1 < Number2
<=	判断左边表达式是否小于等于右边表达式，当左边表达式小于等于右边表达式时返回 true，否则返回 false	Number <= 100 Number <= Number2

【例 2.14】(示例文件 ch02\2.14.html)

使用比较运算符比较两个数值的大小：

```
<!DOCTYPE html>
<html>
<head>
<title>比较运算符的使用</title>
</head>
<body>
<script type="text/javascript">
  var age = 25;                                          //定义变量
  document.write("age 变量的值为："+age+"<br>");          //输出变量值
  document.write("age>=20: "+(age>=20)+"<br>");          //实现变量值比较
  document.write("age<20: "+(age<20)+"<br>");
  document.write("age!=20: "+(age!=20)+"<br>");
  document.write("age>20: "+(age>20)+"<br>");
</script>
</body>
</html>
```

在 IE 11.0 中浏览，效果如图 2-16 所示。

2.4.3 位运算符

任何信息在计算机中都是以二进制的形式保存的。位运算符就是对数据按二进制位进行运算的运算符。JavaScript 语言中的位运算符有：&(与)、|(或)、^(异或)、~(取补)、<<(左移)、>>(右移)(见表 2-5)。其中，取补运算符为

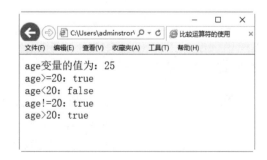

图 2-16 使用比较运算符

一元运算符，而其他的位运算符都是二元运算符。这些运算都不会产生溢出。位运算符的操作数为整型或者是可以转换为整型的任何其他类型。

表 2-5 位运算符

运 算 符	描　　述
&	与运算。操作数中的两个位都为 1，结果为 1；两个位中有一个为 0，结果为 0
|	或运算。操作数中的两个位都为 0，结果为 0；否则，结果为 1
^	异或运算。两个操作位相同时，结果为 0；不相同时，结果为 1
~	取补运算。操作数的各个位取反，即 1 变为 0，0 变为 1
<<	左移位。操作数按位左移，高位被丢弃，低位顺序补 0
>>	右移位。操作数按位右移，低位被丢弃，其他各位顺序依次右移

【例 2.15】(示例文件 ch02\2.15.html)

输出十进制数 18 对应的二进制数：

```
<!DOCTYPE html>
<html>
<head>
</head>
<body>
<h1>输出十进制数 18 的二进制数</h1>
<script type="text/javascript">
    var iNum = 18;
    alert(iNum.toString(2));
</script>
</body>
</html>
```

在 IE 11.0 中浏览，效果如图 2-17 所示。18 的二进制数只用了前 5 位，它们是这个数字的有效位。把数字转换成二进制字符串，就能看到有效位。这段代码只输出"10010"，而不是 18 的 32 位表示。这是因为其他的数位并不重要，仅使用前 5 位即可确定这个十进制数值。

图 2-17 输出十进制数 18 的二进制数

2.4.4 逻辑运算符

逻辑运算符通常用于执行布尔运算。它们常与比较运算符一起使用，来表示复杂的比较运算。这些运算涉及的变量通常不止一个，而且常用于 if、while 和 for 语句中。

表 2-6 列出了 JavaScript 支持的逻辑运算符。

表 2-6 逻辑运算符

运算符	说 明	示 例
&&	逻辑与。若两边表达式的值都为 true，则返回 true；任意一个值为 false，则返回 false	100>60 &&100<200　返回 true 100>50&&10>100　返回 false
||	逻辑或。只有表达式的值都为 false 时，才返回 false	100>60||10>100　返回 true 100>600||50>60　返回 false
!	逻辑非。若表达式的值为 true，则返回 false，否则返回 true	!(100>60)　返回 false !(100>600)　返回 true

【例 2.16】(示例文件 ch02\2.16.html)

逻辑运算符的使用：

```html
<!DOCTYPE html>
<html>
<head>
</head>
<body>
<h1>逻辑运算符的使用</h1>
<script type="text/javascript">
  var a=true,b=false;
  document.write(!a);
  document.write("<br />");
  document.write(!b);
  document.write("<br />");
  a=true,b=true;
  document.write(a&&b);
  document.write("<br />");
  document.write(a||b);
  document.write("<br />");
  a=true,b=false;
  document.write(a&&b);
  document.write("<br />");
  document.write(a||b);
  document.write("<br />");
  a=false,b=false;
  document.write(a&&b);
  document.write("<br />");
  document.write(a||b);
  document.write("<br />");
  a=false,b=true;
```

```
    document.write(a&&b);
    document.write("<br />");
    document.write(a||b);
</script>
</body>
</html>
```

在 IE 11.0 中浏览，效果如图 2-18 所示。

图 2-18　逻辑运算符的使用

从运行结果可以看出逻辑运算的规律，具体如下。

(1) true 的!为 false，false 的!为 true。

(2) a&&b——a、b 全为 true 时表达式为 true，否则表达式为 false。

(3) a||b——a、b 全为 false 时表达式为 false，否则表达式为 true。

2.4.5　条件运算符

除了上面介绍的常用运算符外，JavaScript 还支持条件表达式运算符"？:"，这个运算符是个三元运算符，它有 3 个部分：一个计算值的条件和两个根据条件返回的真假值。

语法格式如下：

条件? 表示式 1 : 表达式 2

在使用条件运算符时，如果条件为真，则表达式使用表达式 1 的值，否则使用表达式 2 的值。示例如下：

(x>y)? 100*3 : 11

这里，如果 x 的值大于 y 值，则表达式的值为 300；x 的值小于或等于 y 值时，表达式的值为 11。

【例 2.17】(示例文件 ch02\2.17.html)

使用条件运算符：

```
<!DOCTYPE html>
<html>
<head>
</head>
<body>
<h1>条件运算符的使用</h1>
<script type="text/javascript">
    var a = 3;
    var b = 5;
    var c = b - a;
    document.write(c+"<br>");
    if(a>b)
    { document.write("a 大于 b<br>");}
    else
    { document.write("a 小于 b<br>");}
    document.write(a>b? "2" : "3");
</script>
</body>
</html>
```

上述代码创建了两个变量 a 和 b，变量 c 的值是 b 和 a 的差。然后使用 if 语句判断 a 和 b 的大小，并输出结果。最后使用了一个三元运算符，如果 a>b，则输出 2，否则输出 3。
表示在网页中换行，"+"是一个连接字符串。

在 IE 11.0 中浏览，效果如图 2-19 所示，即网页中输出了 JavaScript 语句的执行结果。

图 2-19　条件运算符的使用

2.4.6　赋值运算符

赋值就是把一个数据赋值给一个变量。例如，myName="张三"，其作用是执行一次赋值操作，把常量"张三"赋值给变量 myName。赋值运算符为二元运算符，要求运算符两侧的操作数类型必须一致。

JavaScript 中提供了简单赋值运算符和复合赋值运算符两种，如表 2-7 所示。

表 2-7　赋值运算符

运算符	说明	示例
=	将右边表达式的值赋值给左边的变量	Username="Bill"
+=	将运算符左边的变量加上右边表达式的值赋值给左边的变量	a+=b　　//相当于 a=a+b
-=	将运算符左边的变量减去右边表达式的值赋值给左边的变量	a-=b　　//相当于 a=a-b
*=	将运算符左边的变量乘以右边表达式的值赋值给左边的变量	a*=b　　//相当于 a=a*b

续表

运算符	说　明	示　例
/=	将运算符左边的变量除以右边表达式的值赋值给左边的变量	a/=b　//相当于 a=a/b
%=	将运算符左边的变量用右边表达式的值求模，并将结果赋给左边的变量	a%=b　//相当于 a=a%b
&=	将运算符左边的变量与右边表达式的变量进行逻辑与运算，将结果赋给左边的变量	a&=b　//相当于 a=a&b
|=	将运算符左边的变量与右边表达式的变量进行逻辑或运算，将结果赋给左边的变量	a|=b　//相当于 a=a||b
^=	将运算符左边的变量与右边表达式的变量进行逻辑异或运算，将结果赋给左边的变量	a^=b　//相当于 a=a^b

 在书写复合赋值运算符时，两个符号之间一定不能有空格，否则将会出错。

【例 2.18】(示例文件 ch02\2.18.html)

赋值运算符的使用：

```
<!DOCTYPE html>
<html><head></head>
<body>
  <h3>赋值运算符的使用规则</h3>
  <p><strong>如果把数字与字符串相加,
结果将成为字符串。</strong></p>
   <script type="text/javascript">
    x=5+5;
    document.write(x);
    document.write("<br />");
    x="5"+"5";
    document.write(x);
    document.write("<br />");
    x=5+"5";
    document.write(x);
    document.write("<br />");
    x="5"+5;
    document.write(x);
    document.write("<br />");
  </script>
</body>
</html>
```

在 IE 11.0 中浏览，效果如图 2-20 所示。

图 2-20　赋值运算符的使用

2.4.7 运算符的优先级

运算符的种类非常多，通常不同的运算符又构成了不同的表达式，甚至一个表达中又包含多种运算符。因此，它们的运算方法应该有一定的规律性。JavaScript 语言规定了各类运算符的运算级别及结合性等，如表 2-8 所示。

表 2-8 运算符的优先级

优先级(1 最高)	说 明	运 算 符	结 合 性
1	括号	( )	从左到右
2	自加/自减运算符	++ --	从右到左
3	乘法运算符、除法运算符、取模运算符	* / %	从左到右
4	加法运算符、减法运算符	+ -	从左到右
5	小于、小于等于、大于、大于等于	< <= > >=	从左到右
6	等于、不等于	== !=	从左到右
7	逻辑与	&&	从左到右
8	逻辑或	||	从左到右
9	赋值运算符和快捷运算符	= += *= /= %= -=	从右到左

建议在写表达式的时候，如果无法确定运算符的有效顺序，应尽量采用括号来保证运算的顺序，这样也使得程序一目了然，而且自己在编程时能够做到思路清晰。

【例 2.19】(示例文件 ch02\2.19.html)

演示运算符的优先级：

```
<!DOCTYPE html>
<html>
<head>
<title>运算符的优先级</title>
</head>
<body>
<script language="javascript">
    var a = 1+2*3;
         //按自动优先级计算
    var b = (1+2)*3;
         //使用()改变运算优先级
    alert("a="+a+"\nb="+b);
         //分行输出结果
</script>
</body>
</html>
```

在 IE 11.0 中浏览，效果如图 2-21 所示。

图 2-21 演示运算符的优先级

2.5 JavaScript 的表达式

表达式是一个语句的集合，像一个组一样，计算结果是单一值，然后该结果被 JavaScript 归入下列数据类型之一：布尔、数值、字符串、对象等。

一个表达式本身可以是一个数值或者变量，或者它可以包含许多连接在一起的变量关键字以及运算符。

例如，表达式 x/y，若分别使自变量 x 和 y 的值为 10 和 5，其输出为数值 2；但在 y 值为 0 时则没有定义。一个表达式的赋值和运算符的定义以及数值的定义域是有关联的。

2.5.1 赋值表达式

在 JavaScript 中，赋值表达式的一般语法形式为"变量 赋值运算符 表达式"，在计算过程中是按照自右向左结合的。其中有简单的赋值表达式，如 i=1；也有定义变量时，给变量赋初始值的赋值表达式，如 var str = "Happy World！"；还有比较复杂的赋值运算符连接的赋值表达式，如 k+=18。

【例 2.20】(示例文件 ch02\2.20.html)

赋值表达式的用法：

```
<!DOCTYPE html>
<html>
<head>
<title>赋值表达式</title>
</head>
<body>
 <script language="javascript">
 <!--
    var x = 15;
    document.write("<p>目前变量 x 的值为：x="+ x);
    x+=x-=x*x;
    document.write("<p>执行语句"x+=x-=x*x"后，变量 x 的值为：x=" + x);
    var y = 15;
    document.write("<p>目前变量 y 的值为：y="+ y);
    y+=(y-=y*y);
    document.write("<p>执行语句"y+=(y-=y*y)"后，变量 y 的值为：y=" + y);
 //-->
 </script>
</body>
</html>
```

在上述代码中，表达式 x+=x-=x*x 的运算流程如下：先计算 x=x-(x*x)，得到 x=-210，再计算 x=x+(x-=x*x)，得到 x=-195。同理，表达式 y+=(y-=y*y)的结果为 x=-195，如图 2-22 所示。

提示 　　由于运算符的优先级规定较多并且容易混淆，为提高程序的可读性，在使用多操作符的运算时，应该尽量使用括号"( )"来保证程序的正常运行。

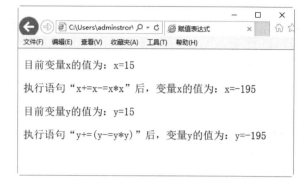

图 2-22　使用赋值表达式

2.5.2　算术表达式

算术表达式就是用算术运算符连接的 JavaScript 语句元素。如"i+j+k、20-x、a*b、j/k、sum%2"等即为合法的算术运算符的表达式。

算术运算符的两边必须都是数值，若在"+"运算中存在字符或字符串，则该表达式将是字符串表达式，因为 JavaScript 会自动地将数值型数据转换成字符串型数据。例如，下面的表达式将被看作是字符串表达式：

```
"好好学习" + i + "天天向上" + j
```

2.5.3　布尔表达式

布尔表达式一般用来判断某个条件或者表达式是否成立，其结果只能为 true 或 false。

【例 2.21】(示例文件 ch02\2.21.html)

使用布尔表达式：

```
<!DOCTYPE html>
<html>
<head>
<title>布尔表达式</title>
</head>
<body>
<script language="javascript" type="text/javaScript">
<!--
function checkYear()
{
  var txtYearObj = document.all.txtYear;  //文本框对象
  var txtYear = txtYearObj.value;
  if((txtYear==null) || (txtYear.length<1) || (txtYear<0))  //文本框值为空
  {
      window.alert("请在文本框中输入正确的年份！");
      txtYearObj.focus();
      return;
  }
  if(isNaN(txtYear))    //用户输入不是数值
  {
```

```
        window.alert("年份必须为整型数字！");
        txtYearObj.focus();
        return;
    }
    if(isLeapYear(txtYear))
        window.alert(txtYear + "年是闰年！");
    else
        window.alert(txtYear + "年不是闰年！");
}
function isLeapYear(yearVal)    //判断是否为闰年
{
    if((yearVal%100==0) && (yearVal%400==0))
        return true;
    if(yearVal%4 == 0) return true;
    return false;
}
//-->
</script>
<form action="#" name="frmYear">
请输入当前年份：
    <input type="text" name="txtYear">
    <p>请单击按钮以判断是否为闰年：
    <input type="button" value="按钮" onclick="checkYear()">
</form>
</body>
</html>
```

在上述代码中多次使用布尔表达式进行数值的判断。运行该段代码，在显示的文本框中输入 2016，单击"确定"按钮后，系统先判断文本框是否为空，再判断文本框输入的数值是否合法，最后判断其是否为闰年，并弹出相应的提示框，如图 2-23 所示。

同理，如果输入值为 2018，具体的显示效果则如图 2-24 所示。

图 2-23 输入 2016 的运行结果

图 2-24 输入 2018 的运行结果

2.5.4 字符串表达式

字符串表达式是操作字符串的 JavaScript 语句。JavaScript 的字符串表达式只能使用"+"与"+="两个字符串运算符。如果在同一个表达式中既有数值又有字符串，同时还没有将字符串转换成数值的方法，则返回值一定是字符串型。

【例 2.22】(示例文件 ch02\2.22.html)

使用字符串表达式：

```
<!DOCTYPE html>
<html>
<head>
<title>字符串表达式</title>
</head>
<body>
<script language="javascript">
<!--
  var x=10;
  document.write("<p>目前变量 x 的值为：x=" + x);
  x=1+4+8;
  document.write("<p>执行语句"x=1+4+8"后，变量 x 的值为：x=" + x);
  document.write("<p>此时，变量 x 的数据类型为：" + (typeof x));
  x=1+4+'8';
  document.write("<p>执行语句"x=1+4+'8'"后，变量 x 的值为：x=" + x);
  document.write("<p>此时，变量 x 的数据类型为：" + (typeof x));
//-->
</script>
</body>
</html>
```

运行上述代码，对于一般表达式"1+4+8"，将三者相加的和为 13；而在表达式"1+4+'8'"中，表达式按照从左至右的运算顺序，先计算数值 1、4 的和，结果为 5；再把它们的和转换成字符串型，与最后的字符串连接；得到的结果是字符串"58"，如图 2-25 所示。

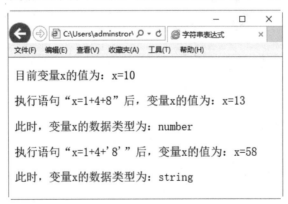

图 2-25　使用字符串表达式

2.5.5 类型转换

相对于强类型语言，JavaScript 的变量没有预定类型，其类型相应于包含值的类型。当对不同类型的值进行运算时，JavaScript 解释器将自动把数据类型之一改变(强制转换)为另一种数据类型，再执行相应的运算。除自动类型转换外，为避免自动转换或不转换产生的不良后果，有时需要手动进行显式的类型转换，此时可利用 JavaScript 中提供的进行类型转换的工具，如 parseInt()方法和 parseFloat()方法等。

【例 2.23】(示例文件 ch02\2.23.html)

字符串型转换为逻辑型数据：

```
<!DOCTYPE html>
<html>
<head>
<title>类型转换</title>
</head>
<body>
<script language="javascript">
<!--
var x = "happy";  // x值为非空字符串
if (x)
{
    alert("字符串型变量x 转换为逻辑型后，结果为true");
}
else
{
    alert("字符串型变量x 转换为逻辑型后，结果为false");
}
//-->
</script>
</body>
</html>
```

上述代码的运行结果如图 2-26 所示。对于非空字符串变量 x，按照数据类型转换规则，自动转换为逻辑型后的结果为 true。

图 2-26 字符串型转换为逻辑型

2.6 实战演练——局部变量和全局变量的优先级

在函数内部，局部变量的优先级高于同名的全局变量。也就是说，如果存在与全局变量名称相同的局部变量，或者在函数内部声明了与全局变量同名的参数，则该全局变量将不再起作用。

【例 2.24】(示例文件 ch02\2.24.html)

变量的优先级：

```
<!DOCTYPE html>
<html>
<head><title>变量的优先级</title></head>
<body>
<script language="javascript">
<!--
  var scope = "全局变量";      //声明一个全局变量
  function checkscope()
  {
    var scope = "局部变量";    //声明一个同名的局部变量
    document.write(scope);    //使用的是局部变量，而不是全局变量
  }
  checkscope(); //调用函数，输出结果
//-->
</script>
</body>
</html>
```

在 IE 11.0 中浏览，效果如图 2-27 所示，将输出"局部变量"。

注意　虽然在全局作用域中可以不使用 var 声明变量，但声明局部变量时，一定要使用 var 语句。

图 2-27　使用变量的优先级

JavaScript 没有块级作用域，函数中的所有变量无论是在哪里声明的，在整个函数中都有意义。

【例 2.25】(示例文件 ch02\2.25.html)

JavaScript 无块级作用域：

```
<!DOCTYPE html>
<html>
<head>
<title>变量的优先级</title>
</head>
<body>
<script language="javascript">
<!--
```

```
    var scope = "全局变量";        //声明一个全局变量
    function checkscope()
    {
       alert(scope);               //调用局部变量，将显示undefined而不是"局部变量"
       var scope = "局部变量";      //声明一个同名的局部变量
       alert(scope);               //使用的是局部变量，将显示"局部变量"
    }
     checkscope();                 //调用函数，输出结果
//-->
</script>
</body>
</html>
```

程序运行结果如图 2-28 所示。单击"确定"按钮，弹出的结果如图 2-29 所示。

图 2-28　程序运行结果

图 2-29　弹出的结果

本例中，用户可能认为因为声明局部变量的 var 语句还没有执行而调用全局变量 scope，但由于"无块级作用域"的限制，局部变量在整个函数体内是有定义的。这就意味着在整个函数体中都隐藏了同名的全局变量，因此，输出的并不是"全局变量"。虽然局部变量在整个函数体中都是有定义的，但在执行 var 语句之前不会被初始化。

2.7　疑 难 解 惑

疑问 1：变量名有哪些命名规则？

答：变量名以字母、下划线或美元符号($)开头。例如，txtName 与_txtName 都是合法的变量名，而 1txtName 和&txtName 都是非法的变量名。变量名只能由字母、数字、下划线和美元符号($)组成，其中不能包含标点和运算符，不能用汉字做变量名。例如，txt%Name、名称文本、txt-Name 都是非法变量名。不能用 JavaScript 保留字作为变量名。例如，var、enum、const 都是非法变量名。JavaScript 对大小写敏感。例如，变量 txtName 与 txtname 是两个不同的变量，两个变量不能混用。

疑问 2：声明变量时需要遵循哪几种规则？

答：可以使用一个关键字 var 同时声明多个变量，如语句"var x,y;"就同时声明了 x 和 y 两个变量。可以在声明变量的同时对其赋值(称为初始化)，例如"var president="henan"; var x=5, y=12;"声明了 3 个变量 president、x 和 y，并分别对其进行了初始化。如果出现重复声

明的变量，且该变量已有一个初始值，则此时的声明相当于为变量重新赋值。如果只是声明了变量，并未对其赋值，其值默认为 undefined。var 语句可以用作 for 循环和 for/in 循环的一部分，这样可使得循环变量的声明成为循环语法自身的一部分，使用起来较为方便。

疑问 3：比较运算符"=="与赋值运算符"="的不同之处是什么？

答：在各种运算符中，比较运算符"=="与赋值运算符"="完全不同。运算符"="是用于给操作数赋值的；而运算符"=="则是用于比较两个操作数的值是否相等。如果在需要比较两个表达式的值是否相等的情况下错误地使用了赋值运算符"="，则会将右操作数的值赋给左操作数。

第 3 章

程序控制结构和语句

JavaScript 编程中对程序流程的控制主要是通过条件判断、循环控制语句及 continue、break 来完成的,其中条件判断按预先设定的条件执行程序,包括 if 语句和 switch 语句;而循环控制语句则可以重复完成任务,包括 while 语句、do- while 语句及 for 语句。本章主要讲述 JavaScript 的程序控制结构及相关的语句。

3.1 基本处理流程

对数据结构的处理流程，称为基本处理流程。在 JavaScript 中，基本的处理流程包含三种结构，即顺序结构、选择结构和循环结构。顺序结构是 JavaScript 脚本程序中最基本的结构，它按照语句出现的先后顺序依次执行，如图 3-1 所示。

选择结构按照给定的逻辑条件来决定执行顺序，有单向选择、双向选择和多向选择之分，但程序在执行过程中都只执行其中一条分支。单向选择和双向选择结构如图 3-2 所示。

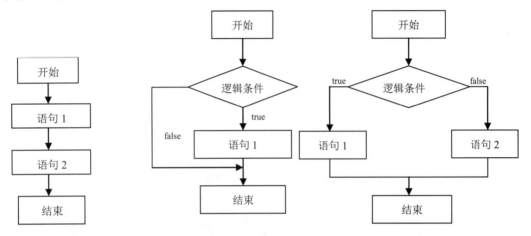

图 3-1　顺序结构　　　　图 3-2　单向选择和双向选择结构

循环结构是根据代码的逻辑条件来判断是否重复执行某一段程序，若逻辑条件为 true，则进入循环重复执行，否则结束循环。循环结构可分为当型循环和直到型循环两种，如图 3-3 所示。

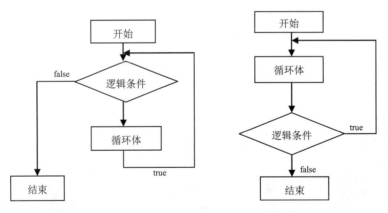

图 3-3　循环结构(左：当型；右：直到型)

一般而言，在 JavaScript 脚本语言中，程序总体是按照顺序结构执行的，而在顺序结构中又可以包含选择结构和循环结构。

3.2 赋值语句

赋值语句是 JavaScript 程序中最常用的语句。在程序中，往往需要大量的变量来存储程序中要用到的数据，所以用来对变量进行赋值的赋值语句也会在程序中大量出现。赋值语句的语法格式如下：

变量名 = 表达式；

当使用关键字 var 声明变量时，可以同时使用赋值语句对声明的变量进行赋值。

例如，声明一些变量，并分别给这些变量赋值，代码如下：

```
var username = "Rose";
var bue = true;
var variable = "开怀大笑，益寿延年";
```

3.3 条件判断语句

条件判断语句就是对语句中不同条件的值进行判断，进而根据不同的条件执行不同的语句。条件判断语句主要包括两大类：if 判断语句和 switch 多分支语句。

3.3.1 if 语句

if 语句是使用最为普遍的条件选择语句。每一种编程语言都有一种或多种形式的 if 语句。

if 语句的语法格式如下：

```
if(条件语句)
{
    执行语句;
}
```

其中的"条件语句"可以是任何一种逻辑表达式，如果"条件语句"的返回结果为 true，则程序先执行后面大括号中的"执行语句"，然后接着执行它后面的其他语句。如果"条件语句"的返回结果为 false，则程序跳过"条件语句"后面的"执行语句"，直接去执行程序后面的其他语句。大括号的作用就是将多条语句组合成一个复合语句，作为一个整体来处理，如果大括号中只有一条语句，这对大括号就可以省略。

【例 3.1】(示例文件 ch03\3.1.html)

if 语句的使用：

```
<!DOCTYPE html>
<html>
<body>
<p>如果时间早于 20:00，会获得问候"Good day"。</p>
```

```
<button onclick="myFunction()">点击这里</button>
<p id="demo"></p>
<script type="text/javascript">
  function myFunction()
  {
    var x = "";
    var time = new Date().getHours();
    if (time<20)
    {
      x = "Good day";
    }
    document.getElementById("demo").innerHTML = x;
  }
</script>
</body>
</html>
```

在 IE 11.0 中浏览，效果如图 3-4 所示。单击"点击这里"按钮，可以看到按钮下方显示出 Good day 问候语，如图 3-5 所示。

图 3-4　初始效果

图 3-5　单击按钮之后

　　请使用小写的 if，如果使用大写字母(IF)，将会出现 JavaScript 错误。另外，在这个语法中没有 else，因此用户已经告诉浏览器只有在指定条件为 true 时才执行代码。

3.3.2　if-else 语句

if-else 语句用于基于不同的条件来执行不同的动作。当条件为 true 时执行代码，当条件为 false 时执行其他代码。if-else 语句的语法格式如下：

```
if (条件)
{
    当条件为true时执行的代码
}
else
{
    当条件不为true时执行的代码
}
```

这种格式是在 if 从句的后面添加了一个 else 从句，这样当条件语句返回结果为 false 时，执行 else 后面部分的从句。

【例 3.2】(示例文件 ch03\3.2.html)

使用 if-else 判断语句：

```
<!DOCTYPE html>
<html>
<head>
<script type="text/javascript">
   var a = "john";
   if(a != "john")
   {
      document.write(
        "<h1 style='text-align:center;color:red;'>欢迎 JOHN 光临</h1>");
   }
   else{
      document.write("<p style='font-size:15px;font-weight:bolder;
                   color:blue'>请重新输入名称</p>");
   }
</script>
</head>
<body>
</body>
</html>
```

在上述代码中，使用 if-else 语句对变量 a 的值进行判断，如果 a 值不等于 john，则输出红色标题，否则输出蓝色信息。

在 IE 11.0 中浏览，效果如图 3-6 所示，可以看到网页输出了"请重新输入名称"信息。

图 3-6　使用 if-else 判断语句

3.3.3　if-else-if 语句

使用 if-else-if 语句选择多个代码块之一来执行。if-else-if 语句的语法格式如下：

```
if (条件 1)
{
    当条件 1 为 true 时执行的代码
}
else if (条件 2)
{
    当条件 2 为 true 时执行的代码
}
else
{
    当条件 1 和 条件 2 都不为 true 时执行的代码
}
```

【例 3.3】(示例文件 ch03\3.3.html)

使用 if-else-if 语句输出问候语：

```
<!DOCTYPE html>
<html>
<body>
<p> if...else if 语句的使用</p>
<script type="text/javascript">
var d = new Date()
var time = d.getHours()
if (time<10){
   document.write("<b>Good morning</b>")}
else if (time>=10 && time<16)
   {document.write("<b>Good day</b>") }
else{document.write("<b>Hello World!</b>")}
</script>
</body>
</html>
```

在 IE 11.0 中浏览，效果如图 3-7 所示。

3.3.4 if 语句的嵌套

if 语句可以嵌套使用。当 if 语句的从句部分(大括号中的部分)是另外一个完整的 if 语句时，外层 if 语句的从句部分的大括号可以省略。但是，if 语句在嵌套使用时，最好借助大括号来确定相互之间的层次关系。由于大括号使用位置的不同，可能会导致程序代码的含义完全不同，从而输出不同的结果。例如下面的两个示例，由于大括号的用法不同，其输出结果也是不同的。

图 3-7 使用 if-else-if 语句

【例 3.4】(示例文件 ch03\3.4.html)

if 语句的嵌套：

```
<!DOCTYPE html>
<html>
<body>
<script type="text/javascript">
    var x=20;y=x;              //x、y 值都为 20
    if(x<1)                    //x 为 20，不满足此条件，故其下面的代码不会执行
    {
      if(y==5)
         alert("x<1&&y==5");
      else
         alert("x<1&&y!==5");
    }
    else if(x>15)              //x 满足条件，继续执行下面的语句
    {
```

```
        if(y==5)                    //y为20,不满足此条件,故其下面的代码不会执行
            alert("x>15&&y==5");
        else                         //y满足条件,继续执行下面的语句
            alert("x>15&&y!==5");    //这里是程序输出的结果
    }
</script>
</body>
</html>
```

在 IE 11.0 中浏览,效果如图 3-8 所示。

图 3-8　if 语句的嵌套

【例 3.5】(示例文件 ch03\3.5.html)
调整嵌套语句中大括号的位置:

```
<!DOCTYPE html>
<html>
<body>
<script type="text/javascript">
    var x=20;y=x;                //x、y值都为20
    if(x<1)                      //x为20,不满足此条件,故其下面的代码不会执行
    {
      if(y==5)
          alert("x<1&&y==5");
      else
          alert("x<1&&y!==5");
    }
    else if(x>15)                //x满足条件,继续执行下面的语句
    {
      if(y==5)                   //y为20,不满足此条件,故其下面的代码不会执行
          alert("x>15&&y==5");
    }
    else                         //x已满足前面的条件,这里的语句不会被执行
        alert("x>50&&y!==1");    //由于没有满足的条件,故无可执行语句,也就没有输出结果
</script>
</body>
</html>
```

运行该程序,则不会出现任何结果,如图 3-9 所示。可以看出,只是由于大括号使用位置的不同,造成了程序代码含义的完全不同。因此,在嵌套使用时,最好使用大括号来明确程序代码的层次关系。

图 3-9　调整大括号位置后的运行结果

3.3.5　switch 语句

switch 选择语句用于将一个表达式的结果与多个值进行比较,并根据比较结果选择执行语句。

switch 语句的语法格式如下:

```
switch (表达式)
{
    case 取值1:
        语句块1; break;
    case 取值2:
        语句块2; break;
    ...
    case 取值n;
        语句块n; break;
    default:
        语句块n+1;
}
```

case 语句只是相当于定义一个标记位置，程序根据 switch 条件表达式的结果，直接跳转到第一个匹配的标记位置处，开始顺序执行后面的所有程序代码，包括后面的其他 case 语句下的代码，直至遇到 break 语句或函数返回语句为止。default 语句是可选的，它匹配上面所有的 case 语句定义的值以外的其他值，也就是当前面所有取值都不满足时，就执行 default 后面的语句块。

【例 3.6】(示例文件 ch03\3.6.html)

应用 switch 语句来判断当前是星期几：

```
<!DOCTYPE html>

<html>
<head>
<title>应用 switch 判断当前是星期几</title>
<script language="javascript">
var now = new Date();              //获取系统日期
var day = now.getDay();            //获取星期
var week;
switch (day){
    case 1:
        week = "星期一";
        break;
    case 2:
        week = "星期二";
        break;
    case 3:
        week = "星期三";
        break;
    case 4:
        week = "星期四";
        break;
    case 5:
        week = "星期五";
        break;
    case 6:
        week = "星期六";
```

```
        break;
    default:
        week = "星期日";
        break;
}
document.write("今天是" + week);     //输出中文的星期
</script>
</head>
<body>
</body>
</html>
```

在 IE 11.0 中浏览，效果如图 3-10 所示。可以看到在页面中显示了当前是星期几。

在程序开发过程中，要根据实际情况选择是使用 if 语句还是 switch 语句，不要因为 switch 语句的效率高而一味地使用，也不要因为 if 语句常用而不使用 switch 语句。一般情况下，对于判断条件较少的，可以使用 if 语句；但是在实现一些多条件判断时，就应该使用 switch 语句。

图 3-10 应用 switch 语句来判断当前是星期几

3.4 循环控制语句

循环语句，顾名思义，是指在满足条件的情况下反复执行某一个操作的语句。循环控制语句主要包括 while 语句、do-while 语句和 for 语句。

3.4.1 while 语句

while 语句是循环语句，也是条件判断语句。while 语句的语法格式如下：

```
while(条件表达式语句)
{
    执行语句块
}
```

当"条件表达式语句"的返回值为 true 时，则执行大括号中的语句块，然后再次检测条件表达式的返回值，如果返回值仍然是 true，则重复执行大括号中的语句块，直到返回值为 false 时，结束整个循环过程，接着往下执行 while 代码段后面的程序代码。

【例 3.7】(示例文件 ch03\3.7.html)
计算 1~100 的所有整数之和：

```
<!DOCTYPE html>
<html>
```

```
<head>
    <title>while 语句的使用</title>
</head>
<body>
    <script type="text/javascript">
    var i = 0;
    var iSum = 0;
    while(i <= 100)
    {
        iSum += i;
        i++;
    }
    document.write("1-100 的所有数之和为" + iSum);
    </script>
</body>
</html>
```

在 IE 11.0 中浏览,效果如图 3-11 所示。

while 语句使用中的注意事项如下:

(1) 应该使用大括号包含多条语句(一条语句也最好使用大括号)。

(2) 在循环体中应包含使循环退出的语句,如例 3.7 中的 i++(否则循环将无休止地运行)。

(3) 注意循环体中语句的顺序,如上例中,如果改变"iSum+=i;"与"i++;"语句的顺序,结果将完全不一样。

图 3-11 使用 while 语句

> **注意** 不要忘记增加条件中所用变量的值,如果不增加变量的值,该循环永远不会结束,可能会导致浏览器崩溃。

3.4.2 do-while 语句

do-while 语句的功能和 while 语句差不多,只不过它是在执行完第一次循环之后才检测条件表达式的值,这意味着包含在大括号中的代码块至少要被执行一次。另外,do-while 语句结尾处的 while 条件语句的括号后有一个分号,该分号一定不能省略。

do-while 语句的语法格式如下:

```
do
{
    执行语句块
} while(条件表达式语句);
```

【例 3.8】(示例文件 ch03\3.8.html)

计算 1~100 的所有整数之和:

```
<!DOCTYPE html>
<html>
```

```
<head>
<title>JavaScript do...while 语句示例</title>
</head>
<body>
  <script type="text/javascript">
  var i = 0;
  var iSum = 0;
  do
  {
     iSum += i;
     i++;
  } while(i<=100)
  document.write("1-100 的所有数之和为" + iSum);
  </script>
</body>
</html>
```

在 IE 11.0 中浏览，效果如图 3-12 所示。

由示例可知，while 与 do-while 的区别是：do-while 将先执行一遍大括号中的语句，再判断表达式的真假。这是它与 while 的本质区别。

图 3-12 使用 do-while 语句

3.4.3 for 循环

for 语句通常由两部分组成：一是条件控制部分；二是循环部分。for 语句的语法格式如下：

```
for(初始化表达式；循环条件表达式；循环后的操作表达式)
{
    执行语句块
}
```

在使用 for 循环前，要先设定一个计数器变量，可以在 for 循环之前预先定义，也可以在使用时直接进行定义。在上述语法格式中，"初始化表达式"表示计数器变量的初始值；"循环条件表达式"是一个计数器变量的表达式，决定了计数器的最大值；"循环后的操作表达式"表示循环的步长，也就是每循环一次，计数器变量值的变化，该变化可以是增大的，也可以是减小的，或进行其他运算。for 循环是可以嵌套的，即在一个循环里还可以有另一个循环。

【例 3.9】(示例文件 ch03\3.9.html)

for 循环语句的使用：

```
<!DOCTYPE html>
<html>
<head>
  <script type="text/javascript">
     for(var i=0; i<5; i++){
         document.write("<p style='font-size:" + i
```

```
                    + "0px'>欢迎学习JavaScript</p>");
        }
    </script>
</head>
<body>
</body>
</html>
```

在上述代码中，用 for 循环输出了不同字体大小的文本。在 IE 11.0 中浏览，效果如图 3-13 所示，可以看到网页中输出了不同大小的文本，这些文本是从小到大排列的。

图 3-13　使用 for 循环

3.5　跳转语句

JavaScript 支持的跳转语句主要有 continue 语句和 break 语句。continue 语句与 break 语句的主要区别是：break 是彻底结束循环，而 continue 是结束本次循环。

3.5.1　break 语句

break 语句用于退出包含在最内层的循环或者退出一个 switch 语句。break 语句通常用在 for、while、do-while 或 switch 语句中。

break 语句的语法格式如下：

```
break;
```

【例 3.10】(示例文件 ch03\3.10.html)

break 语句的使用。在 I have a dream 字符串中找到第一个 d 的位置：

```
<!DOCTYPE html>
<html>
<head>
```

```
<script type="text/javascript">
  var sUrl = "I have a dream";
  var iLength = sUrl.length;
  var iPos = 0;
  for(var i=0; i<iLength; i++)
  {
     if(sUrl.charAt(i)=="d")  //判断表达式 2
     {
        iPos = i + 1;
        break;
     }
  }
  document.write("字符串" + sUrl + "中的第一个d字母的位置为" + iPos);
</script>
</head>
<body>
</body>
</html>
```

在 IE 11.0 中浏览，效果如图 3-14 所示。

图 3-14　使用 break 语句

3.5.2　continue 语句

continue 语句与 break 语句类似，不同之处在于，continue 语句用于中止本次循环，并开始下一次循环，其语法格式如下：

```
continue;
```

continue 语句只能用在 while、for、do-while 和 switch 语句中。

【例 3.11】(示例文件 ch03\3.11.html)
continue 语句的使用。打印出 i have a dream 字符串中小于字母 d 的字符：

```
<!DOCTYPE html>
<html>
<head>
  <script type="text/javascript">
  var sUrl = "i have a dream";
  var iLength = sUrl.length;
  var iCount = 0;
```

```
        for(var i=0; i<iLength; i++)
        {
            if(sUrl.charAt(i) >= "d")
                    //判断表达式 2
            {
                continue;
            }
document.write(sUrl.charAt(i));
        }
    </script>
</head>
<body>
</body>
</html>
```

在 IE 11.0 中浏览,效果如图 3-15 所示。

图 3-15 使用 continue 语句

3.6 使用对话框

在 JavaScript 中有 3 种样式的对话框,可分别用作提示、确认和输入,对应 3 个函数：alert、confirm 和 prompt。

(1) alert。该对话框只用于提醒,不能对脚本产生任何改变。它只有一个参数,就是需要提示的信息,没有返回值。

(2) confirm。该对话框一般用于确认信息。它只有一个参数,返回值为 true 或 false。

(3) prompt。该对话框可以进行输入,并返回用户输入的字符串。它有两个参数,第一个参数显示提示信息；第二个参数显示输入框(和默认值)。

【例 3.12】(示例文件 ch03\3.12.html)

3 种对话框的使用方法：

```
<!DOCTYPE html>
<head>
<title>三种弹出对话框的用法实例</title>
<script language="javascript">
function ale() {  //弹出一个提醒的对话框
    alert("呵呵,演示一完毕");
}
function firm() {  //利用对话框返回 true 或者 false
    if(confirm("你确信要转去百度首页？")) {  //如果是 true,那么就把页面转向百度首页
        location.href = "http://www.baidu.com";
    }
    else {
        alert("按了【取消】按钮后,系统返回 false");
    }
}
function prom() {
```

```
        var name = prompt("请输入您的名字","");  //将输入的内容赋给变量 name
        if(name)  //如果返回有内容
        {
            alert("欢迎您: " + name)
        }
    }
</script>
</head>
<body>
<p>对话框有三种</p>
<p>1：只是提醒，不能对脚本产生任何改变；</p>
<p>2：一般用于确认，返回 true 或者 false </p>
<p>3：一个带输入的对话框,可以返回用户填入的字符串 </p>
<p>下面我们分别演示：</p>
<p>演示一：提醒对话框</p>
<p><input type="submit" name="Submit" value="提交" onclick="ale()" /></p>
<p>演示二：确认对话框 </p>
<p><input type="submit" name="Submit2" value="提交" onclick="firm()" /></p>
<p>演示三：要求用户输入，然后给个结果</p>
<p><input type="submit" name="Submit3" value="提交" onclick="prom()" /></p>
</body>
</html>
```

运行上述代码，结果如图 3-16 所示。单击"演示一"下面的"提交"按钮，系统将弹出如图 3-17 所示的提醒对话框。

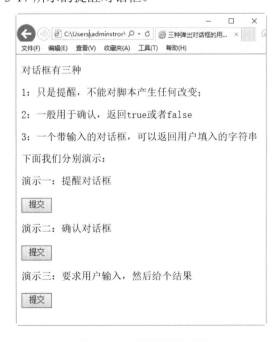

图 3-16 对话框用法示例

图 3-17 提醒对话框

单击"演示二"下面的"提交"按钮，系统将弹出如图 3-18 所示的确认对话框，此时如果单击"确定"按钮，则打开百度首页，如果单击"取消"按钮，则弹出提醒对话框，如图 3-19 所示。

图 3-18　确认对话框

图 3-19　提醒对话框

单击"演示三"下面的"提交"按钮，在弹出的对话框中输入如图 3-20 所示的信息后单击"确定"按钮，则弹出如图 3-21 所示的对话框。

图 3-20　输入信息

图 3-21　单击"确定"按钮后的对话框

3.7　实战演练——显示距离 2018 年元旦的天数

学习了 JavaScript 中的基本语句之后，即可实现多种效果。本例就通过 JavaScript 实现在页面中显示距离 2018 年元旦的天数。

具体操作步骤如下。

step 01 定义 JavaScript 的函数，判断系统当前时间与 2018 年元旦相距的天数。代码如下：

```
function countdown(title,Intime,divId){
    var online = new Date(Intime);              //根据参数定义时间对象
    var now = new Date();                       //定义当前系统时间对象
    var leave = online.getTime() - now.getTime();  //计算时间差
    var day = Math.floor(leave/(1000*60*60*24))+1;
    if (day > 1){
        if(document.all){
            divId.innerHTML =
              "<b>——距" + title + "还有" + day + "天!</b>"; //页面显示信息
        }
    }else{
        if (day == 1) {
```

```
            if(document.all){
                divId.innerHTML = "<b>——明天就是" + title + "啦!</b>";
            }
        }else{
            if (day == 0) {
                divId.innerHTML = "<b>今天就是" + title + "呀！</b>";
            }else{
                if(document.all){
                    divId.innerHTML = "<b>——哎呀！" + title + "已经过了！</b>";
                }
            }
        }
    }
}
```

step 02 在页面中定义相关的表格，用于显示当前时间距离 2018 年元旦的天数。代码如下：

```
<table width="350" height="450" border="0" align="center" cellpadding="0"
  cellspacing="0">
<tr>
   <td valign="bottom">
   <table width="346" height="418" border="0" cellpadding="0"
     cellspacing="0">
   <tr>
       <td width="76"> </td>
       <td width="270">
          <div id="countDown"><b>—</b></div>
<script language="javascript">
countdown("2018年元旦","1/1/2018",countDown);  <!--调用 JavaScript 函数-->
</script>
       </td>
   </tr>
   </table>
   </td>
</tr>
</table>
```

step 03 运行相关程序，即可得到最终的效果，如图 3-22 所示。

图 3-22 显示距离 2018 年元旦的天数

3.8 疑难解惑

疑问 1：为什么会出现死循环？

答：在使用 for 语句时，需要保证循环可以正常结束，也就是保证循环条件的结果存在为 true 的情况，否则循环体会无限地执行下去，从而出现死循环的现象。例如下面的代码：

```
for(i=2; i>=2; i++)    //死循环
{
    alert(i);
}
```

疑问 2：如何计算 200 以内所有整数的和？

答：使用 for 语句可以解决计算整数和的问题。代码如下：

```
<script type="text/javascript">
var sum = 0;
for(i=1; i<200; i++)
{
    sum = sum + i;
}
alert("200 以内所有整数的和为：" + sum);
```

第 2 篇

JavaScript 核心技术

- 第 4 章　JavaScript 中的函数
- 第 5 章　对象与数组
- 第 6 章　日期与字符串对象
- 第 7 章　数值与数学对象
- 第 8 章　文档对象模型与事件驱动
- 第 9 章　处理窗口和文档对象
- 第 10 章　JavaScript 的调试和错误处理
- 第 11 章　JavaScript 和 Ajax 技术

第 4 章

JavaScript 中的函数

函数实质上就是可以作为一个逻辑单元对待的一组 JavaScript 代码。使用函数可以使代码更为简洁，从而提高代码的重用性。在 JavaScript 中，大约有 95%的代码都包含在函数中。可见，函数在 JavaScript 中是非常重要的。

4.1 函数的简介

所谓函数，是指在程序设计中，可以将一段经常使用的代码"封装"起来，在需要时直接调用，这种"封装"叫函数。在 JavaScript 中可以使用函数来响应网页中的事件。

函数有多种分类方法，常用的分类方法有以下几种。
(1) 按参数个数划分：包括有参数函数和无参数函数。
(2) 按返回值划分：包括有返回值函数和无返回值函数。
(3) 按编写函数的对象划分：包括预定义函数(系统函数)和自定义函数。

综上所述，函数具有以下几个优点。
(1) 代码灵活性较强。通过传递不同的参数，可以让函数应用更广泛。例如，在对两个数据进行运算时，运算结果取决于运算符。如果把运算符当作参数，那么不同的用户在使用函数时，只需要给定不同的运算符，都能得到自己想要的结果。
(2) 代码利用性强。函数一旦定义，任何地方都可以调用，而无须再次编写。
(3) 响应网页事件。JavaScript 中的事件模型主要是函数和事件的配合使用。

4.2 调 用 函 数

在 JavaScript 中调用函数的方法有简单调用、在表达式中调用、在事件响应中调用、通过链接调用等。

4.2.1 函数的简单调用

函数的简单调用也被称为直接调用，该方法一般比较适合没有返回值的函数。此时相当于执行函数中的语句集合。直接调用函数的语法格式如下：

```
函数名([实参1, ...])
```

调用函数时的参数取决于定义该函数时的参数。如果定义时有参数，则调用时就应当提供实参。

【例 4.1】(示例文件 ch4\4.1.html)

使用函数：

```
<!DOCTYPE html>
<html>
<head>
<title>计算一元二次方程函数</title>
<script type="text/javascript">
function calcF(x){
    var result;                          //声明变量，存储计算结果
    result = 4*x*x+3*x+2;                //计算一元二次方程值
    alert("计算结果: " + result);        //输出运算结果
```

```
}
var inValue = prompt('请输入一个数值：')
calcF(inValue);
</script>
</head>
<body>
</body>
</html>
```

在 IE 11.0 中浏览，效果如图 4-1 所示。

可以看到，在加载页面的同时，信息提示框就出现了，在其中输入相关的数值，然后单击"确定"按钮，即可得出计算结果，如图 4-2 所示。

图 4-1 使用函数

图 4-2 计算结果

4.2.2 在表达式中调用

在表达式中调用函数的方式，一般比较适合有返回值的函数，函数的返回值参与表达式的计算。通常该方式还会与输出(alert、document 等)语句配合使用。

【例 4.2】(示例文件 ch04\4.2.html)

判断给定的年份是否为闰年：

```
<!DOCTYPE html>
<html>
<head>
<title>在表达式中使用函数</title>
<script type="text/javascript">
//函数 isLeapYear 判断给定的年份是否为闰年,
//如果是，则返回指定年份为闰年的字符串，否则，返回平年字符串
function isLeapYear(year){
    //判断闰年的条件
    if(year%4==0&&year%100!=0||year%400==0)
    {
        return year + "年是闰年";
    }
    else
    {
        return year + "年是平年";
    }
}
document.write(isLeapYear(2018));
```

```
    </script>
</head>
<body>
</body>
</html>
```

在 IE 11.0 中浏览,效果如图 4-3 所示。

图 4-3　在表达式中使用函数

4.2.3　在事件响应中调用函数

JavaScript 是基于事件模型的程序语言,页面加载、用户单击、移动光标都会产生事件。当事件产生时,JavaScript 可以调用某个函数来响应这个事件。

【例 4.3】(示例文件 ch04\4.3.html)

在事件响应中调用函数:

```
<!DOCTYPE html>
<html>
<head>
<title>在事件响应中使用函数</title>
<script type="text/javascript">
function showHello()
{
    var count = document.myForm.txtCount.value ;  //取得在文本框中输入的显示次数
    for(i=0; i<count; i++){
        document.write("<H2>HelloWorld</H2>");     //按指定次数输出 HelloWorld
    }
}
</script>
</head>
<body>
<form name="myForm">
  <input type="text" name="txtCount" />
  <input type="submit" name="Submit" value="显示 HelloWorld"
    onClick="showHello()">
</form>
</body>
</html>
```

在 IE 11.0 中浏览，输入要求显示 HelloWorld 的次数，这里输入 5，如图 4-4 所示。然后单击"显示 HelloWorld"按钮，即可在页面中显示 5 个 HelloWorld，如图 4-5 所示。

图 4-4　输入显示的次数　　　　　　　　图 4-5　显示的结果

4.2.4　通过链接调用函数

函数除了可以在事件响应中调用外，还可以通过链接调用。可以在<a>标签中的 href 标记中使用"JavaScript:关键字"链接来调用函数，当用户单击该链接时，相关的函数就会被执行。

【例 4.4】(示例文件 ch04\4.4.html)

通过链接调用函数：

```
<!DOCTYPE html>
<html>
<head>
<title>通过链接调用函数</title>
<script language="javascript">
function test(){
    alert("HTML5+CSS3+JavaScript 网页设计案例课堂");
}
</script>
</head>
<body>
<a href="javascript:test();">学习网页设计的好书籍</a>
</body>
</html>
```

在 IE 11.0 中浏览，效果如图 4-6 所示。单击页面中的超级链接，即可调用自定义函数。

图 4-6　通过链接调用函数

4.3 JavaScript 中常用的函数

在了解了什么是函数及函数的调用方法后，下面再来介绍 JavaScript 中常用的函数，如嵌套函数、递归函数、内置函数等。

4.3.1 嵌套函数

嵌套函数，顾名思义，就是在函数的内部再定义一个函数，这样定义的优点在于可以使用内部函数轻松获得外部函数的参数及函数的全局变量。嵌套函数的语法格式如下：

```
function 外部函数名(参数1，参数2){
    function 内部函数名(){
        函数体
    }
}
```

【例 4.5】(示例文件 ch04\4.5.html)

嵌套函数的使用：

```
<!DOCTYPE html>
<html>
<head>
<title>嵌套函数的应用</title>
<script type="text/javascript">
var outter = 20;                                    //定义全局变量
function add(number1,number2){                      //定义外部函数
    function innerAdd(){                            //定义内部函数
        alert("参数的和为: " + (number1+number2+outter));  //取参数的和
    }
    return innerAdd();                              //调用内部函数
}
</script>
</head>
<body>
<script type="text/javascript">
    add(20,20);                                     //调用外部函数
</script>
</body>
</html>
```

在 IE 11.0 中浏览，效果如图 4-7 所示。

嵌套函数在 JavaScript 语言中的功能非常强大，但是如果过多地使用嵌套函数，可能会使程序的可读性降低。

图 4-7 嵌套函数的使用

4.3.2 递归函数

递归是一种重要的编程技术，可以让一个函数从其内部调用其自身。但是，如果递归函数处理不当，会使程序进入"死循环"。为了防止"死循环"的出现，可以设计一个做自加运算的变量，用于记录函数自身调用的次数，如果次数太多，就使它自动退出。

递归函数的语法格式如下：

```
function 递归函数名(参数 1){
    递归函数名(参数 2);
}
```

【例 4.6】(示例文件 ch04\4.6.html)

递归函数的使用。在下面的代码中，为了获取 20 以内的偶数和，定义了递归函数 sum(m)，而由函数 Test()对其进行调用，并利用 alert 方法弹出相应的提示信息：

```
<!DOCTYPE html>
<html>
<head>
<title>函数的递归调用</title>
<script type="text/javascript">
<!--
var msg = "\n函数的递归调用 : \n\n";
//响应按钮的onclick事件处理程序
function Test()
{
   var result;
   msg += "调用语句 : \n";
   msg += "        result = sum(20);\n";
   msg += "调用步骤 : \n";
   result = sum(20);
   msg += "计算结果 : \n";
   msg += "        result = "+result+"\n";
   alert(msg);
}
//计算当前步骤加和值
function sum(m)
{
   if(m==0)
      return 0;
   else
   {
      msg += "        语句 : result = " +m+ "+sum(" +(m-2)+"); \n";
      result = m+sum(m-2);
   }
   return result;
}
-->
</script>
```

```
</head>
<body>
<center>
<form>
<input type=button value="测试" onclick="Test()">
</form>
</center>
</body>
</html>
```

在 IE 11.0 中浏览，效果如图 4-8 所示，单击"测试"按钮，即可在弹出的信息提示框中查看递归函数的使用。

图 4-8　递归函数的使用

> **注意**：在定义递归函数时，需要两个必要条件：首先要包括一个结束递归的条件；其次是要包括一个递归调用的语句。

4.3.3　内置函数

JavaScript 中有两种函数：一是语言内部事先定义好的函数，叫内置函数；二是自己定义的函数。使用 JavaScript 的内置函数，可提高编程效率，其中常用的内置函数有 6 种。下面对其分别进行简要介绍。

1．eval 函数

eval(expr)函数可以把一个字符串当作一个 JavaScript 表达式一样去执行，具体地说，就是 eval 接收一个字符串类型的参数，将这个字符串作为代码在上下文环境中执行，并返回执行的结果。其中，expr 参数是包含有效 JavaScript 代码的字符串值，这个字符串将由

JavaScript 分析器进行分析和执行。

在使用 eval 函数时，需要注意以下两点。

（1）它是有返回值的，如果参数字符串是一个表达式，就会返回表达式的值。如果参数字符串不是表达式，没有值，那么返回 undefined。

（2）参数字符串作为代码执行时，是与调用 eval 函数的上下文相关的，即其中出现的变量或函数调用，必须在调用 eval 的上下文环境中可用。

【例 4.7】(示例文件 ch04\4.7.html)

使用 eval 函数：

```
<!DOCTYPE html>
<html>
<head>
<title>eval 函数应用示例</title>
</head>
<script type="text/javascript">
<!--
function computer(num)
{
    return eval(num)+eval(num);
}
document.write("执行语句 return eval(123)+eval(123)后结果为: ");
document.write(computer('123'));
-->
</script>
</html>
```

在 IE 11.0 中浏览，效果如图 4-9 所示。

图 4-9　eval 函数的调用

2. isFinite 函数

isFinite(number)用来确定参数是否为一个有限数值，其中 number 参数是必选项，可以是任意的数值。如果该参数为非数值、正无穷数或负无穷数，则返回 false，否则返回 true；如果是字符串类型的数值，则将会自动转化为数值型。

【例 4.8】(示例文件 ch04\4.8.html)

使用 isFinite 函数：

```
<!DOCTYPE html>
<html>
<head>
```

```
<title>isFinite函数应用示例</title>
</head>
<script type="text/javascript">
<!--
document.write("执行语句 isFinite(123)后，结果为")
document.write(isFinite(123)+ "<br/>")
document.write("执行语句 isFinite(-3.1415)后，结果为")
document.write(isFinite(-3.1415)+ "<br/>")
document.write("执行语句 isFinite(10-4)后，结果为")
document.write(isFinite(10-4)+ "<br/>")
document.write("执行语句 isFinite(0)后，结果为")
document.write(isFinite(0)+ "<br/>")
document.write("执行语句 isFinite(Hello word! )后，结果为")
document.write(isFinite("Hello word! ")+ "<br/>")
document.write("执行语句 isFinite(2009/1/1)后，结果为")
document.write(isFinite("2009/1/1")+ "<br/>")
-->
</script>
</html>
```

在 IE 11.0 中浏览，效果如图 4-10 所示。

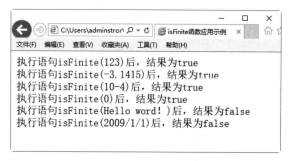

图 4-10　isFinite 函数的调用

3. isNaN 函数

isNaN(num)函数用于指明提供的值是否为保留值 NaN：如果值为 NaN，那么 isNaN 函数返回 true；否则返回 false。

【例 4.9】(示例文件 ch04\4.9.html)

使用 isNaN 函数：

```
<!DOCTYPE>
<html>
<head>
<title>isNaN函数应用示例</title>
</head>
<script type="text/javascript">
<!--
document.write("执行语句 isNaN(123)后，结果为")
document.write(isNaN(123)+ "<br/>")
document.write("执行语句 isNaN(-3.1415)后，结果为")
```

```
document.write(isNaN(-3.1415)+ "<br/>")
document.write("执行语句isNaN(10-4)后，结果为")
document.write(isNaN(10-4)+ "<br/>")
document.write("执行语句isNaN(0)后，结果为")
document.write(isNaN(0)+ "<br/>")
document.write("执行语句isNaN(Hello word! )后，结果为")
document.write(isNaN("Hello word! ")+ "<br/>")
document.write("执行语句isNaN(2009/1/1)后，结果为")
document.write(isNaN("2009/1/1")+ "<br/>")
-->
</script>
</html>
```

在 IE 11.0 中浏览，效果如图 4-11 所示。

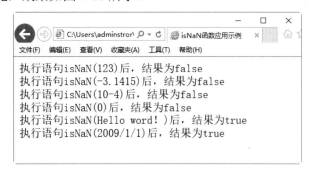

图 4-11 isNaN 函数的调用

4. parseInt 和 parseFloat 函数

parseInt 和 parseFloat 函数都是将数值字符串转化为一个数值，但它们也存在着如下区别：在 parseInt(str[radix])函数中，str 参数是必选项，为要转换成数值的字符串，如 "11"；radix 参数为可选项，用于确定 str 的进制数。如果 radix 参数缺省，则前缀为 0x 的字符串被当作十六进制数；前缀为 0 的字符串被当作八进制数；所有其他字符串都被当作是十进制数；当第一个字符不能转换为基于基数的数值时，则返回 NaN。

【例 4.10】(示例文件 ch04\4.10.html)

使用 parseInt 函数：

```
<!DOCTYPE html>
<html>
<head>
<title>parseInt 函数应用示例</title>
</head>
<body>
<center>
<h3>parseInt 函数应用示例</h3>
<script type="text/javascript">
<!--
document.write("<br/>"+"执行语句parseInt('10')后，结果为：");
document.write(parseInt("10")+"<br/>") ;
```

```
document.write("<br/>"+"执行语句parseInt('21',10)后，结果为：");
document.write(parseInt("21",10)+"<br/>") ;
document.write("<br/>"+"执行语句parseInt('11',2)后，结果为：");
document.write(parseInt("11",2)+"<br/>") ;
document.write("<br/>"+"执行语句parseInt('15',8)后，结果为：");
document.write(parseInt("15",8)+"<br/>");
document.write("<br/>"+"执行语句parseInt('1f',16)后，结果为：");
document.write(parseInt("1f",16)+"<br/>");
document.write("<br/>"+"执行语句parseInt('010')后，结果为：");
document.write(parseInt("010")+"<br/>");
document.write("<br/>"+"执行语句parseInt('abc')后，结果为：");
document.write(parseInt("abc")+"<br/>");
document.write("<br/>"+"执行语句parseInt('12abc')后，结果为：");
document.write(parseInt("12abc")+"<br/>");
-->
</script>
</center>
</body>
</html>
```

在 IE 11.0 中浏览，效果如图 4-12 所示。从结果中可以看出，表达式 parseInt('15',8)将会把八进制的"15"转换为十进制的数值，其计算结果为 13，即按照 radix 这个基数，使字符串转化为十进制数。

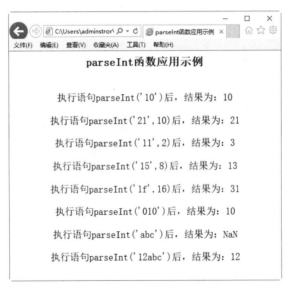

图 4-12　parseInt 函数的调用

parseFloat(str)函数返回由字符串转换得到的浮点数，其中字符串参数是包含浮点数的字符串；即如果 str 的值为'11'，那么计算结果就是 11，而不是 3 或 B。如果处理的字符不是以数字开头，则返回 NaN。当字符后面出现非字符部分时，则只取前面的数字部分。

【例 4.11】(示例文件 ch04\4.11.html)

使用 parseFloat 函数：

```html
<!DOCTYPE html>
<html>
<head>
<title>parseFloat 函数应用示例</title>
</head>
<body>
<center>
<h3>parseFloat 函数应用示例</h3>
<script type="text/javascript">
<!--
document.write("<br/>"+"执行语句 parseFloat('10')后，结果为：");
document.write(parseFloat("10")+"<br/>");
document.write("<br/>"+"执行语句 parseFloat('21.001')后，结果为：");
document.write(parseFloat("21.001")+"<br/>");
document.write("<br/>"+"执行语句 parseFloat('21.999')后，结果为：");
document.write(parseFloat("21.999")+"<br/>");
document.write("<br/>"+"执行语句 parseFloat('314e-2')后，结果为：");
document.write(parseFloat("314e-2")+"<br/>");
document.write("<br/>"+"执行语句 parseFloat('0.0314E+2')后，结果为：");
document.write(parseFloat("0.0314E+2")+"<br/>");
document.write("<br/>"+"执行语句 parseFloat('010')后，结果为：");
document.write(parseFloat("010")+"<br/>");
document.write("<br/>"+"执行语句 parseFloat('abc')后，结果为：");
document.write(parseFloat("abc")+"<br/>");
document.write("<br/>"+"执行语句 parseFloat('1.2abc')后，结果为：");
document.write(parseFloat("1.2abc")+"<br/>");
-->
</script>
</center>
</body>
</html>
```

在 IE 11.0 中浏览，效果如图 4-13 所示。

图 4-13　parseFloat 函数的调用

5. Number 和 String 函数

在 JavaScript 中，Number 和 String 函数主要用来将对象转换为数值或字符串。其中，Number 函数的转换结果为数值型，如 Number('1234')的结果为 1234；String 函数的转换结果为字符型，如 String(1234)的结果为"1234"。

【例 4.12】(示例文件 ch04\4.12.html)

使用 Number 函数和 String 函数：

```
<!DOCTYPE html>
<html>
<head>
<title>Number 和 String 应用示例</title>
</head>
<body>
<center>
<h3>Number 和 String 应用示例</h3>
<script type="text/javascript">
<!--
document.write("<br/>"+"执行语句 Number('1234')+Number('1234')后，结果为: ");
document.write(Number('1234')+Number('1234')+"<br/>");
document.write("<br/>"+"执行语句 String('1234')+String('1234')后，结果为: ");
document.write(String('1234')+String('1234')+"<br/>");
document.write("<br/>"+"执行语句 Number('abc')+Number('abc')后，结果为: ");
document.write(Number('abc')+Number('abc')+"<br/>");
document.write("<br/>"+"执行语句 String('abc')+String('abc')后，结果为: ");
document.write(String('abc')+String('abc')+"<br/>");
-->
</script>
</center>
</body>
</html>
```

运行上述代码，结果如图 4-14 所示。可以看出，语句 Number('1234')+Number('1234')首先将"1234"转换为数值型并进行数值相加，结果为 2468；而语句 String('1234')+ String('1234')则是按照字符串相加的规则将"1234"合并，结果为 12341234。

图 4-14　Number 函数和 String 函数的调用

6. escape 函数和 unescape 函数

escape(charString)函数的主要作用是对 String 对象进行编码,以便它们能在所有计算机上可读。其中 charString 参数为必选项,表示要编码的任意 String 对象或文字。它返回一个包含 charString 内容的字符串值(Unicode 格式)。除了个别如*@之类的符号外,其余所有空格、标点、重音符号及其他非 ASCII 字符均可用%xx 编码代替,其中 xx 等于表示该字符的十六进制数。

【例 4.13】(示例文件 ch04\4.13.html)

使用 escape 函数:

```
<!DOCTYPE html>
<html>
<head>
<title>escape 应用示例</title>
</head>
<body>
<center>
<h3>escape 应用示例</h3>
</center>
<script type="text/javascript">
<!--
document.write("由于空格符对应的编码是%20,感叹号对应的编码符是%21,"+"<br/>");
document.write("<br/>"+"故,执行语句 escape('hello world!')后,"+"<br/>");
document.write("<br/>"+"结果为: "+escape('hello world!'));
-->
</script>
</body>
</html>
```

运行上述代码,结果如图 4-15 所示。

图 4-15　escape 函数的调用

unescape(charString)函数用于返回指定值的 ASCII 字符串,其中 charString 参数为必选项,表示需要解码的 String 对象。与 escape(charString)函数相反,unescape(charString)函数返回一个包含 charString 内容的字符串值,所有以%xx 十六进制形式编码的字符都用 ASCII 字符集中等价的字符代替。

【例 4.14】(示例文件 ch04\4.14.html)

使用 unescape 函数：

```html
<!DOCTYPE html>
<html>
<head>
<title>unescape 函数应用示例</title>
</head>
<body>
<center>
<h3>unescape 函数应用示例</h3>
</center>
<script type="text/javascript">
<!--
document.write("由于空格符对应的编码是%20，感叹号对应的编码符是%21，"+"<br/>");
document.write(
  "<br/>"+"故，执行语句 unescape('hello%20world%21')后，"+"<br/>");
document.write("<br/>"+"结果为："+unescape('hello%20world%21'));
-->
</script>
</body>
</html>
```

在 IE 11.0 中浏览，效果如图 4-16 所示。

图 4-16　unescape 函数的调用

4.4　实战演练 1——购物简易计算器

编写具有能对两个操作数进行加、减、乘、除运算的简易计算器，效果如图 4-17 所示。加法运算效果如图 4-18 所示，减法运算效果如图 4-19 所示，乘法运算效果如图 4-20 所示，除法运算效果如图 4-21 所示。

图 4-17 简易计算器

图 4-18 加法运算

图 4-19 减法运算

图 4-20 乘法运算

图 4-21 除法运算

本例涉及本章所学的数据类型、变量、流程控制语句、函数等知识。注意该示例中还涉及少量后续章节的知识，如事件模型。不过，前面的案例中也有使用，读者可先掌握其用法，详见对象部分。

具体操作步骤如下。

step 01 新建 HTML 文档，输入如下代码：

```
<!DOCTYPE html>
<html>
<head>
<meta charset="utf-8" />
<title>购物简易计算器</title>
<style>
/*定义计算器块信息*/
section{
    background-color:#C9E495;
    width:280px;
    height:320px;
    text-align:center;
    padding-top:1px;
```

```css
}
/*细边框的文本输入框*/
.textBaroder
{
    border-width:1px;
    border-style:solid;
}
</style>
</head>
<body>
<section>
<h1><img src="images/logo.gif" width="260" height="31">欢迎您来淘宝！</h1>
<form action="" method="post" name="myform" id="myform">
<h3><img src="images/shop.gif" width="54" height="54">购物简易计算器</h3>
<p>第一个数<input name="txtNum1" type="text" class="textBaroder"
  id="txtNum1" size="25"></p>
<p>第二个数<input name="txtNum2" type="text" class="textBaroder"
  id="txtNum2" size="25"></p>
<p><input name="addButton2" type="button" id="addButton2" value=" + "
  onClick="compute('+')">
<input name="subButton2" type="button" id="subButton2" value=" - ">
<input name="mulButton2" type="button" id="mulButton2" value=" × ">
<input name="divButton2" type="button" id="divButton2" value=" ÷ ">
<p>计算结果<INPUT name="txtResult" type="text" class="textBaroder"
  id="txtResult" size="25"></p>
</form>
</section>
</body>
</html>
```

step 02 保存 HTML 文件，选择相应的保存位置，文件名为"综合示例——购物简易计算器.html"。

step 03 在 HTML 文档的 head 部分，输入如下代码：

```javascript
<script>
function compute(op)
{
    var num1,num2;
    num1 = parseFloat(document.myform.txtNum1.value);
    num2 = parseFloat(document.myform.txtNum2.value);
    if (op=="+")
        document.myform.txtResult.value = num1+num2;
    if (op=="-")
        document.myform.txtResult.value = num1-num2;
    if (op=="*")
        document.myform.txtResult.value = num1*num2;
    if (op=="/" && num2!=0)
        document.myform.txtResult.value = num1/num2;
}
</script>
```

step 04 修改"+"按钮、"-"按钮、"×"按钮、"÷"按钮,代码如下:

```
<input name="addButton2" type="button" id="addButton2" value=" + "
   onClick="compute('+')">
<input name="subButton2" type="button" id="subButton2" value=" - "
   onClick="compute('-')">
<input name="mulButton2" type="button" id="mulButton2" value=" × "
   onClick="compute('*')">
<input name="divButton2" type="button" id="divButton2" value=" ÷ "
   onClick="compute('/')">
```

step 05 保存网页,然后即可预览效果。

4.5 实战演练 2——制作闪烁图片

闪烁图片是常用的一种特效,用 JavaScript 实现起来非常简单,只是需要注意时间间隔这个参数。数值越大,闪烁越不连续;数值越小,闪烁越厉害。可以随意更改这个值,直到取得满意的效果。

具体操作步骤如下。

step 01 打开记事本文件,输入下述代码:

```
<!DOCTYPE html>
<HTML>
<HEAD>
<TITLE>闪烁图片</TITLE>
</HEAD>
<BODY ONLOAD="soccerOnload()" topmargin="0">
<DIV ID="soccer" STYLE="position:absolute; left:150; top:0">
<a href=""><IMG SRC="01.jpg" border="0"></a>
</DIV>
<SCRIPT LANGUAGE="JavaScript">
var msecs = 500; //改变时间得到不同的闪烁间隔
var counter = 0;
function soccerOnload() {
   setTimeout("blink()", msecs);
}
function blink() {
   soccer.style.visibility =
     (soccer.style.visibility=="hidden")? "visible" : "hidden";
   counter += 1;
   setTimeout("blink()", msecs);
}
</SCRIPT>
</BODY>
</HTML>
```

step 02 保存网页,在 IE 11.0 中预览,效果如图 4-22 所示,图片在指定时间内闪烁。

图 4-22 闪烁图片效果

4.6 疑难解惑

疑问 1：函数 Number 和 parseInt 都可以将字符串转换成整数，二者有何区别？

答：函数 Number 和 parseInt 都可以将字符串转换成整数，它们之间的区别如下。

(1) 函数 Number 不但可以将数字字符串转换成整数，还可以转换成浮点数，其作用是将数字字符串直接转换成数值；而 parseInt 函数只能将数字字符串转换成整数。

(2) 函数 Number 在转换时，如果字符串中包括非数字字符，转换将会失败；而 parseInt 函数只要字符串开头第 1 个字符是数字字符，即可转换成功。

疑问 2：JavaScript 代码的执行顺序如何？

答：JavaScript 代码的执行次序与书写次序相同，先写的 JavaScript 代码先执行，后写的 JavaScript 代码后执行。执行 JavaScript 代码的方式有以下几种。

(1) 直接调用函数。

(2) 在对象事件中使用"javascript:"调用 JavaScript 程序。例如，<input type="button" name="Submit" value="显示 HelloWorld" onClick="javascript:alert('1233')">。

(3) 通过事件激发 JavaScript 程序。

第 5 章

对象与数组

对象是 JavaScript 最基本的数据类型之一，是一种复合的数据类型，它将多种数据类型集中在一个数据单元中，同时允许通过对象名来存取这些数据的值。数组是 JavaScript 中唯一用来存储和操作有序数据集的数据结构。本章主要介绍对象与数组的基本概念和基础知识。

5.1 了解对象

在 JavaScript 中，对象包括内置对象、自定义对象等多种类型，使用这些对象，可以大大简化 JavaScript 程序的设计，并能提供直观、模块化的方式进行脚本程序开发。

5.1.1 什么是对象

对象(Object)是一件事、一个实体、一个名词，是可以获得的东西，是可以想象有自己标识的任何东西。对象是类的实例化。一些对象是活的，一些对象不是。以自然人为例，我们来构造一个对象，其中 Attribute 表示对象属性，Method 表示对象行为，如图 5-1 所示。

在计算机语言中也存在对象，可以定义为相关变量和方法的软件集。对象主要由下面两部分组成。

(1) 一组包含各种类型数据的属性。
(2) 允许对属性中的数据进行的操作，即相关方法。

以 HTML 文档中的 document 为例构造的对象，其中包含各种方法和属性，如图 5-2 所示。

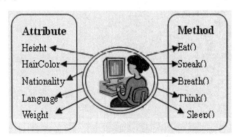 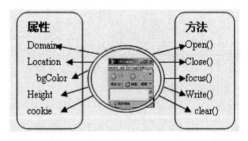

图 5-1　对象的属性和行为　　　　图 5-2　以 HTML 文档中的 document 为例构造的对象

凡是能够提取一定的度量数据，并能通过某种方式对度量数据实施操作的客观存在都可以构成一个对象。可以用属性来描述对象的状态，使用方法和事件来处理对象的各种行为。

(1) 属性。用来描述对象的状态，通过定义属性值来定义对象的状态。在图 5-1 中，定义了字符串 Nationality 来表示人的国籍，所以 Nationality 成为人的某个属性。

(2) 方法。针对对象行为的复杂性，对象的某些行为可以用通用的代码来处理，这些代码就是方法。在图 5-2 中，定义了 Open()方法来处理文件的打开操作。

(3) 事件。由于对象行为的复杂性，对象的某些行为不能使用通用的代码来处理，需要用户根据实际情况来编写处理该行为的代码，该代码称为事件。

JavaScript 是基于对象的编程语言，除循环和关系运算符等语言构造之外，其所有的特征几乎都是按照对象的方法进行处理的。

JavaScript 支持的对象主要包括以下 4 种。

(1) JavaScript 核心对象：包括基本数据类型的相关对象(如 String、Boolean、Number)、允许创建用户自定义和组合类型的对象(如 Object、Array)和其他能简化 JavaScript 操作的对象

(如 Math、Date、RegExp、Function)。

(2) 浏览器对象：包括不属于 JavaScript 语言本身但被绝大多数浏览器所支持的对象，如控制浏览器窗口和用户交互界面的 Window 对象、提供客户端浏览器配置信息的 Navigator 对象。

(3) 用户自定义对象：Web 应用程序开发者用于完成特定任务而创建的自定义对象，可自由设计对象的属性、方法和事件处理程序，编程灵活性较大。

(4) 文本对象：由文本域构成的对象，在 DOM 中定义，同时赋予很多特定的处理方法，如 insertData()、appendData()等。

5.1.2 面向对象编程

面向对象程序设计(Object-Oriented Programming，OOP)是一种起源于 20 世纪 60 年代的 Simula 语言，其自身理论已经十分完善，并被多种面向对象程序设计语言实现。面向对象编程的基本原则是：计算机程序由单个能够起到子程序作用的单元或对象组合而成。面向对象编程具有三个最基本的特点：重用性、灵活性和扩展性。这种方法将软件程序中的每一个元素都作为一个对象看待，同时定义对象的类型、属性和描述对象的方法。为了实现整体操作，每个对象都应该能够接收信息、处理数据和向其他对象发送信息。

面向对象编程主要包含如下三个重要的概念。

1. 继承

继承性是子类自动共享父类数据结构和方法的机制，这是类之间的一种关系。在定义和实现一个类的时候，可以在一个已经存在的类的基础上进行，把这个已经存在的类所定义的内容作为自己的内容，并加入若干新的内容。继承性是面向对象程序设计语言不同于其他语言的最重要的特点，是其他语言所没有的。继承主要分为以下两种类型。

(1) 在类层次中，子类只继承一个父类的数据结构和方法，称为单重继承。
(2) 在类层次中，子类继承多个父类的数据结构和方法，称为多重继承。

在软件开发中，类的继承性使所建立的软件具有开放性、可扩充性，这是信息组织与分类的行之有效的方法，简化了对象、类的创建工作量，增加了代码重用性。

采用继承性，提供了类规范的等级结构。通过类的继承关系，使公共的特性能够共享，提高了软件的重用性。

2. 封装

封装的作用是将对象的实现过程通过函数等方式封装起来，使用户只能通过对象提供的属性、方法、事件等接口去访问对象，而不需要知道对象的具体实现过程。封装的目的是增强安全性和简化编程，使用者不必了解具体的实现细节，而只需要通过外部接口——特定的访问权限来使用类的成员。

封装允许对象运行的代码相对于调用者来说是完全独立的，调用者通过对象及相关接口参数来访问此接口。只要对象的接口不变，而只是对象的内部结构或实现方法发生了改变，程序的其他部分就不用做任何处理。

3. 多态

多态性是指相同的操作或函数、过程可作用于多种类型的对象上并获得不同的结果。不同的对象收到同一消息可以产生不同的结果，这种现象称为多态性。多态性允许每个对象以适合自身的方式去响应共同的消息。多态性增强了软件的灵活性和重用性。

需要说明的是：JavaScript 脚本是基于对象的脚本编程语言，而不是面向对象的编程语言。其原因在于：JavaScript 是以 DOM 和 BOM 中定义的对象模型及操作方法为基础的，但又不具备面向对象编程语言所必须具备的显著特征，如分类、继承、封装、多态、重载等。另外，JavaScript 还支持 DOM 和 BOM 提供的对象模型，用于根据其对象模型层次结构来访问目标对象的属性并对对象施加相应的操作。

在 JavaScript 语言中，之所以任何类型的对象都可以赋予任意类型的数值，是因为 JavaScript 为弱类型的脚本语言，即变量在使用前无需任何声明，在浏览器解释运行其代码时，才检查目标变量的数据类型。

5.1.3 JavaScript 的内部对象

JavaScript 的内部对象按照使用方式可以分为静态对象和动态对象两种。在引用动态对象的属性和方法时，必须使用 new 关键字来创建一个对象实例，然后才能使用"对象实例名.成员"的方式来访问其属性和方法；在引用静态对象的属性和方法时，不需要使用 new 关键字来创建对象实例，直接使用"对象名.成员"的方式来访问其属性和方法即可。

JavaScript 中常见的内部对象如表 5-1 所示。

表 5-1　JavaScript 中常见的内部对象

对 象 名	功　　能	静态/动态
Object	使用该对象可以在程序运行时为 JavaScript 对象随意添加属性	动态对象
String	用于处理或格式化文本字符串以及确定和定位字符串中的子字符串	动态对象
Date	使用 Date 对象执行各种日期和时间的操作	动态对象
Event	用来表示 JavaScript 的事件	静态对象
FileSystemObject	主要用于实现文件操作功能	动态对象
Drive	主要用于收集系统中的物理或逻辑驱动器资源中的内容	动态对象
File	用于获取服务器端指定文件的相关属性	静态对象
Folder	用于获取服务器端指定文件的相关属性	静态对象

5.2 对象访问语句

在 JavaScript 中，用于对象访问的语句有两种：for-in 循环语句和 with 语句。下面详细介绍这两种语句的用法。

5.2.1 for-in 循环语句

for-in 循环语句与 for 语句十分相似，该语句用来遍历对象的每一个属性。每次都会将属性名作为字符串保存在变量中。

for-in 语句的语法格式如下：

```
for(variable in object){
    statement
}
```

其中各项说明如下。

variable：变量名，声明一个变量的 var 语句、数组的一个元素或者对象的一个属性。
object：对象名，或者是计算结果为对象的表达式。
statement：通常是一个原始语句或者语句块，由它构建循环的主体。

【例 5.1】(示例文件 ch05\5.1.html)

for-in 语句的使用：

```html
<!DOCTYPE html>
<html>
<head>
<title>使用 for in 语句</title>
</head>
<body>
<script type="text/javascript">
var myarray = new Array()
myarray[0] = "星期一"
myarray[1] = "星期二"
myarray[2] = "星期三"
myarray[3] = "星期四"
myarray[4] = "星期五"
myarray[5] = "星期六"
myarray[6] = "星期日"
for (var i in myarray)
{
    document.write(myarray[i] + "<br />")
}
</script>
</body>
</html>
```

在 IE 11.0 中浏览，效果如图 5-3 所示。

5.2.2 with 语句

有了 with 语句，在存取对象属性和方法时就不用重复指定参考对象了。在 with 语句块中，凡是 JavaScript 不识别的属性和方法都和该语句块指定的对象有关。

with 语句的语法格式如下：

```
with object {
    statements
}
```

图 5-3 使用 for-in 语句

object 对象指明了当语句组中对象缺省时的参考对象，这里我们用较为熟悉的 document 对象对 with 语句举例。例如，当使用与 document 对象有关的 write()或 writeln()方法时，往往使用如下形式：

```
document.writeln("Hello!");
```

当需要显示大量数据时，就会多次使用同样的 document.writeln()语句，这时就可以像下面的程序那样，把所有以 document 对象为参考对象的语句放到 with 语句块中，从而达到减少语句量的目的。

【例 5.2】(示例文件 ch05\5.2.html)

with 语句的使用：

```
<!DOCTYPE html>
<html>
<head>
<title>with 语句的使用</title>
</head>
<body>
<script type="text/javascript">
var date_time = new Date();
with(date_time){
    var a = getMonth() + 1;
    alert(getFullYear() + "年" + a + "月" + getDate() + "日"
      + getHours() + ":" + getMinutes() + ":" + getSeconds());
}
var date_time = new Date();
alert(date_time.getFullYear() + "年"
+ date_time.getMonth() + 1 + "月"
 + date_time.getDate() + "日"
+ date_time.getHours() + ":"
 + date_time.getMinutes() + ":"
+ date_time.getSeconds());
</script>
</body>
</html>
```

在 IE 11.0 中浏览，效果如图 5-4 所示。

图 5-4 with 语句的使用

5.3　JavaScript 中的数组

数组是有序数据的集合，JavaScript 中的数组元素可以是不同的数据类型。用数组名和下标可以唯一地确定数组中的元素。

5.3.1　结构化数据

在 JavaScript 程序中，Array(数组)被定义为有序的数据集。最好将数组想象成一个表，与电子数据表很类似。在 JavaScript 中，数组被限制为一个只有一列数据的表，但却有许多行，用来容纳所有的数据。JavaScript 浏览器为 HTML 文档和浏览器属性中的对象创建了许多内部数组。例如，如果文档中含有 5 个链接，则浏览器就保留一张链接的表。

可以通过数组语法中的编号(0 是第一个)访问它们：数组名后紧跟着的是方括号中的索引数。例如 Document.links[0]，代表着文档中的第一个链接。在许多 JavaScript 应用程序中，可以靠与表单元素的交互作用，用数组来组织网页使用者所访问的数据。

对于许多 JavaScript 应用程序，可以将数组作为有组织的数据仓库来使用。这些数据是页面的浏览者基于他们与表单元素的交互而访问的数据。数组是 JavaScript 增强页面重新创建服务器端复制 CCI 程序行为的一种方式。当嵌在脚本中的数据集与典型的.gif 文件一样大的时候，用户在载入页面时不会感觉有很长的时间延迟，同时还有充分的权力对小数据库集进行即时查询，而不需要对服务器进行任何回调。这种面向数据库的数组是 JavaScript 的一个重要应用，称为 serverlessCGIs(无服务器 CGI)。

如果有许多对象或者数据点使用同样的方式与脚本进行交互，那么就可以使用数组结构。例如，除 Internet Explorer 外，在每一个浏览器中，可以在一个订货表单中为每列的文本域指定类似的名称，这里，类似名称的对象可以作为数组元素处理。为了重复处理订货表单的行计算，脚本可以在很少的 JavaScript 语句中使用数组语法来完成，而不是对每个域都用代码编写许多语句。

还可以创建类似 Java 哈希表的数组：哈希表是一个查找表，如果知道与表目有关联的名称，就能立刻找到想要的数据点，如果认为数据是一个表的形式，就可以使用数组。

5.3.2　创建和访问数组对象

数组是具有相同数据类型的变量集合，这些变量都可以通过索引进行访问。数组中的变量称为数组的元素，数组能够容纳元素的数量称为数组的长度。数组中的每个元素都具有唯一的索引(或称为下标)与其相对应，在 JavaScript 中，数组的索引从零开始。

Array 对象是常用的内置动作脚本对象，它将数据存储在已编号的属性中，而不是已命名的属性中。数组用于存储和检索特定类型的信息，如学生列表或游戏中的一系列移动。Array 对象类似 String 和 Date 对象，需要使用 new 关键字和构造函数来创建。

可以在创建 Array 对象时进行初始化：

```
myArray = new Array()
myArray = new Array([size])
myArray = new Array([element0[, element1[, ...[, elementN]]]])
```

其中各项的含义如下。

- size：可选，指定一个整数，表示数组的大小。
- element0,...,elementN：可选，为要放到数组中的元素。创建数组后，能够用[]符号访问数组中的单个元素。

由此可知，创建数组对象有三种方法。

(1) 新建一个长度为零的数组：

```
var 数组名 = new Array();
```

例如，声明数组为myArr1，长度为0，代码如下：

```
var myArr1 = new Array();
```

(2) 新建一个长度为n的数组：

```
var 数组名 = new Array(n);
```

例如，声明数组为myArr2，长度为6，代码如下：

```
var myArr2 = new Array(6);
```

(3) 新建一个指定长度的数组，并赋值：

```
var 数组名 = new Array(元素1,元素2,元素3,...);
```

例如，声明数组为myArr3，并且分别赋值为1,2,3,4，代码如下：

```
var myArr3 = new Array(1,2,3,4);
```

上面这行代码创建一个数组 myArr3，并且包含 4 个元素 myArr3[0]、myArr3[1]、myArr3[2]、myArr3[3]，这 4 个元素的值分别为 1、2、3、4。

【例 5.3】(示例文件 ch05\5.3.html)

下列代码是构造一个长度为 5 的数组，为其添加元素后，使用 for 循环语句枚举其元素：

```
<!DOCTYPE html>
<html>
<head>
<script language=JavaScript>
myArray = new Array(5);
myArray[0] = "a";
myArray[1] = "b";
myArray[2] = "c";
myArray[3] = "d";
myArray[4] = "e";
for (i=0; i<5; i++){
    document.write(myArray[i] + "<br>");
}
</script>
<META content="MSHTML 6.00.2900.5726" name=GENERATOR>
```

```
</head>
<body>
</body>
</html>
```

在 IE 11.0 中浏览,效果如图 5-5 所示。

只要构造了一个数组,就可以使用中括号通过索引位置(也是基于 0 的)来访问它的元素。每个数组对象实体也可以看作是一个对象,因为每个数组都是由它所包含的若干个数组元素组成的,每个数组元素都可以看作是这个数组对象的一个属性,可以用表示数组元素位置的数来标识。也就是说,数组对象使用数组元素的下标来进行区分,数组元素的下标从零开始索引,第一个下标为 0,后面依次加 1。访问数据的语法格式如下:

图 5-5 显示构造的数组

```
document.write(mycars[0])
```

【例 5.4】(示例文件 ch05\5.4.html)

使用方括号访问并直接构造数组:

```
<!DOCTYPE html>
<html>
<head>
<META http-equiv=Content-Type content="text/html; charset=gb2312">
<script language=JavaScript>
   myArray = [["a1","b1","c1"],["a2","b2","c2"],["a3","b3","c3"]];
   for (var i=0; i<=2; i++){
       document.write(myArray[i])
       document.write("<br>");
   }
   document.write("<hr>");
   for (i=0; i<3; i++){
       for (j=0; j<3; j++){
           document.write(myArray[i][j] + " ");
       }
       document.write("<br>");
   }
</script>
<META content="MSHTML 6.00.2900.5726" name=GENERATOR>
</head>
<body>
</body>
</html>
```

在 IE 11.0 中浏览,效果如图 5-6 所示。

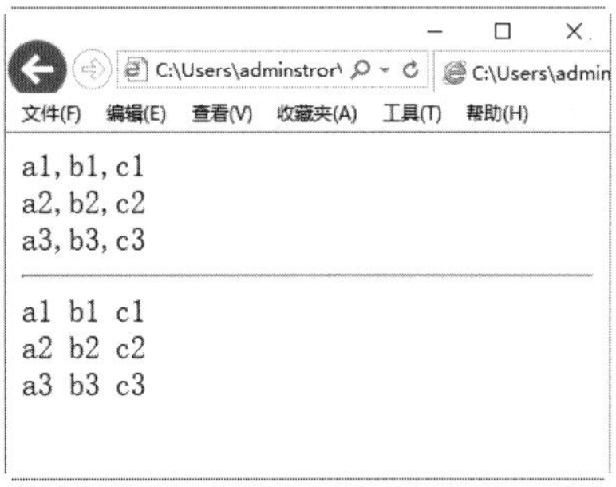

图 5-6 访问构造的数组

5.3.3 使用 for-in 语句

在 JavaScript 中，可以使用 for-in 语句控制循环输出数组中的元素，而不需要事先知道对象属性的个数。具体的语法格式为 for (key in myArray)，其中 myArray 表示数组名。

【例 5.5】(示例文件 ch05\5.5.html)

for-in 语句的具体用法：

```
<!DOCTYPE html>
<html>
<head>
<META http-equiv=Content-Type content="text/html; charset=gb2312">
<script language=JavaScript>
    myArray = new Array(5);
    myArray[0] = "a";
    myArray[1] = "b";
    myArray[2] = "c";
    myArray[3] = "d";
    myArray[4] = "e";
    for (key in myArray){
        document.write(myArray[key] + "<br>");
    }
</script>
<META content="MSHTML 6.00.2900.5726" name=GENERATOR>
</head>
<body>
</body>
</html>
```

在 IE 11.0 中浏览，效果如图 5-7 所示。

5.3.4 Array 对象的常用属性和方法

JavaScript 提供了一个 Array 内部对象来创建数组，通过调用 Array 对象的各种方法，可以方便地对数组进行排序、删除、合并等操作。

图 5-7 循环输出数组中的数据

1. Array 对象常用的属性

Array 对象的属性主要有两个，即 length 属性和 prototype 属性。下面详细介绍这 2 个属性。

1) length

该属性的作用是获取数组中元素数量。当将新元素添加到数组时，此属性会自动更新。其语法格式为：

```
my_array.length
```

【例 5.6】(示例文件 ch05\5.6.html)

下面的示例可以解释 length 属性是如何更新的：

```
<!DOCTYPE html>
<html>
 <head>
 <META http-equiv=Content-Type content="text/html; charset=gb2312">
 <script language=JavaScript>
     my_array = new Array();
     document.write(my_array.length + "<br>"); //初始长度为 0
     my_array[0] = 'a';
     document.write(my_array.length + "<br>"); //将长度更新为 1
     my_array[1] = 'b';
     document.write(my_array.length + "<br>"); //将长度更新为 2
     my_array[9] = 'c';
     document.write(my_array.length + "<br>"); //将长度更新为 10
 </script>
 </head>
 <body>
 </body>
</html>
```

在 IE 11.0 中浏览，效果如图 5-8 所示。

2) prototype

该属性是所有 JavaScript 对象共有的属性，与 Date 对象的 prototype 属性一样，其作用是将新定义的属性或方法添加到 Array 对象中，这样该对象的实例就可以调用该属性或方法了。其语法格式如下：

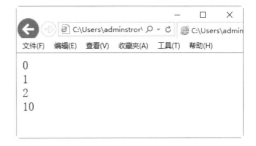

图 5-8 给数组指定相应的整数

```
Array.prototype.methodName = functionName;
```

其中各项的作用说明如下。

- methodName：必选项，新增方法的名称。
- functionName：必选项，要添加到对象中的函数名称。

【例 5.7】(示例文件 ch05\5.7.html)

下面为 Array 对象添加返回数组中最大元素值的方法。必须声明该函数，并将它加入 Array.prototype 且使用它。代码如下：

```
<!DOCTYPE html>
<html>
 <head>
 <META http-equiv=Content-Type content="text/html; charset=gb2312">
 <script>
   //添加一个属性，用于统计删除的元素个数
   Array.prototype.removed = 0;
   //添加一个方法，用于删除指定索引的元素
   Array.prototype.removeAt=function(index)
   {
```

```
        if(isNaN(index) || index<0)
        {return false;}
        if(index>=this.length)
        {index=this.length-1}
        for(var i=index; i<this.length; i++)
        {
           this[i] = this[i+1];
        }
        this.length -= 1
        this.removed++;
    }
    //添加一个方法，输出数组中的全部数据
    Array.prototype.outPut=function(sp)
    {
        for(var i=0; i<this.length; i++)
        {
           document.write(this[i]);
           document.write(sp);
        }
        document.write("<br>");
    }
    //定义数组
    var arr = new Array(1,2,3,4,5,6,7,8,9);
    //测试添加的方法和属性
    arr.outPut(" ");
    document.write("删除一个数据<br>");
    arr.removeAt(2);
    arr.outPut(" ");
    arr.removeAt(4);
    document.write("删除一个数据<br>");
    arr.outPut(" ")
    document.write("一共删除了" + arr.removed + "个数据");
</script>
</head>
<body>
</body>
</html>
```

在 IE 11.0 中浏览，效果如图 5-9 所示。

这段代码利用 prototype 属性分别向 Array 对象中添加了 2 个方法和 1 个属性，分别实现了删除指定索引处的元素、输出数组中的所有元素和统计删除元素个数的功能。

2．Array 对象常用的方法

Array 对象常用的方法有连接方法 concat、分隔方法 join、追加方法 push、倒转方法 reverse、切片方法 slice 等。

图 5-9　删除数组中的数据

1) concat

该方法的作用是把当前数组与指定的数组相连接，返回一个新的数组，该数组中含有前面两个数组的全部元素，其长度为两个数组的长度之和。其基本的语法格式为：

```
array1.concat (array2)
```

其参数说明如下。

- array1：必选项，数组名称。
- array2：必选项，数组名称，该数组中的元素将被添加到数组 array1 中。

【例 5.8】(示例文件 ch05\5.8.html)

定义两个数组 array1 和 array2，然后把这两个数组连接起来，并将值赋给数组 array：

```
<!DOCTYPE html>
<html>
<head>
<META http-equiv=Content-Type content="text/html; charset=gb2312">
<script language=JavaScript>
    var array1 = new Array(1,2,3,4,5,6);
      var array2 = new Array(7,8,9,10);
      var array = array1.concat(array2);
      //自定义函数，输出数组中所有数据
      function writeArr(arrname,sp)
      {
        for(var i=0; i<arrname.length; i++)
        {
          document.write(arrname[i]);
          document.write(sp);
        }
        document.write("<br>");
      }
      document.write("数组 1: ");
      writeArr(array1,",");
      document.write("数组 2: ");
      writeArr(array2,",");
      document.write("数组 3: ");
      writeArr(array,",");
   </script>
</head>
<body>
</body>
</html>
```

在 IE 11.0 中浏览，效果如图 5-10 所示。

2) join

该方法与 String 对象的 split 方法的作用相反，该方法的作用是将数组中的所有元素连接为一个字符串，如果数组中的元素不是字符串，则该元素将首先被转化为字符串，各个元素之间可以以指定的分隔符进行连接。其语法格式为：

```
array.join(separator)
```

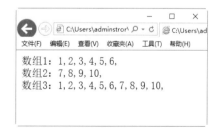

图 5-10 连接数组

其中array必选项为数组的名称,而separator必选项是连接各个元素之间的分隔符。

【例 5.9】(示例文件 ch05\5.9.html)

对比split方法和join方法:

```
<!DOCTYPE html>
<html>
<head>
<META http-equiv=Content-Type content="text/html; charset=gb2312">
<script language=JavaScript>
   var str1 = "this is a test";
   var arr = str1.split(" ");
   var str2 = arr.join(",");
   with(document){
       write(str1);
       write("<br>分割为数组,数组长度" + arr.length + ",重新连接如下: <br>");
       write(str2);
   }
</script>
</head>
<body>
</body>
</html>
```

在 IE 11.0 中浏览,效果如图 5-11 所示。

上述代码首先使用 split 方法以空格为分隔符将字符串分割存储到数组中,再调用 join 方法以逗号为分隔符,将数组中的各个元素重新连接为一个新的字符串。

3) push

该方法可以将所指定的一个或多个数据添加到数组中,该方法的返回值为添加新数据后数组的长度。其语法格式为:

图 5-11 将数组中的所有元素连接为一个字符串

```
array.push([data1[,data2[,...[,datan]]]])
```

其中各参数的说明如下。

- array:必选项,数组名称。
- data1、data2、datan:可选参数,将被添加到数组中的数据。

【例 5.10】(示例文件 ch05\5.10.html)

利用push方法向数组中添加新数据:

```
<!DOCTYPE html>
<html>
<head>
<META http-equiv=Content-Type content="text/html; charset=gb2312">
<script language=JavaScript>
var arr = new Array();
```

```
document.write("向数组中写入数据: ");  //单个数据写入数组
for (var i=1; i<=5; i++)
{
    var data = arr.push(Math.ceil(Math.random()*10));
    document.write(data);
    document.write("个,");
}
document.write("<br>");  //批量写入数组
var data = arr.push("a",4.15,"hello");
document.write("批量写入,数组长度已为" + data + "<br>");
var newarr = new Array(1,2,3,4,5);
document.write("向数组中写入另一个数组<br>");  //写入新数组
arr.push(newarr);
document.write("全部数据如下:<br>");
document.write(arr.join(","));
</script>
</head>
<body>
</body>
</html>
```

在 IE 11.0 中浏览,效果如图 5-12 所示。上述代码分别使用 push 方法,向数组中逐个和批量添加数据。

4) reverse

该方法可以将数组中的元素反序排列,数组中所包含的内容和数组的长度不会改变。其语法格式为:

`array.reverse()`

其中 array 为数组的名称。

图 5-12 使用 push 方法向数组中添加数据

【例 5.11】(示例文件 ch05\5.11.html)

将数组中的元素反序排列:

```
<!DOCTYPE html>
<html>
<head>
<META http-equiv=Content-Type content="text/html; charset=gb2312">
<script>
    var arr = new Array(1,2,3,4,5,6);
    with (document)
    {
        write("数组为:");
        write(arr.join(","));
        arr.reverse();
        write("<br>反序后的数组为:")
        write(arr.join("-"));
    }
```

```
</script>
</head>
<body>
</body>
</html>
```

在 IE 11.0 中浏览，效果如图 5-13 所示。

5) slice

该方法将提取数组中的一个片段或子字符串，并将其作为新数组返回，而不修改原始数组。返回的数组包括 start 元素到 end 元素(但不包括该元素)的所有元素。

图 5-13 将数组中的元素反序排列

其语法格式如下：

```
my_array.slice([start[, end]])
```

其中各项的含义如下。
- start：指定片段起始点索引的数值。
- end：指定片段终点索引的数值。如果省略此参数，则片段包括数组中从开头 start 到结尾的所有元素。

【例 5.12】(示例文件 ch05\5.12.html)

将数组中的一个片段或子字符串作为新数组返回，而不修改原始数组：

```
<!DOCTYPE html>
<html>
<head>
<META http-equiv=Content-Type content="text/html; charset=gb2312">
<Script language="JavaScript">
    var myArray = [1, 2, 3, 4, 5, 6,7];
    newArray = myArray.slice(1, 6);
    document.write(newArray);
    document.write("<br>");
    newArray = myArray.slice(1);
    document.write(newArray);
</Script>
</head>
<body>
</body>
</html>
```

在 IE 11.0 中浏览，效果如图 5-14 所示。

6) sort

该方法对数组中的所有元素按 Unicode 编码进行排序，并返回经过排序后的数组。sort 方法默认按升序进行排列，但也可以通过指定对比函数来实现特殊的排序要求，对比函数的格式为 comparefunction(arg1,arg2)。其中，comparefunction 为排序函数的名称，该函数必须

图 5-14 作为新数组返回

包含两个参数：arg1 和 arg2，分别代表两个将要进行对比的字符。该函数的返回值决定了如何对 arg1 和 arg2 进行排序。如果返回值为负，则 arg2 将排在 arg1 的后面；返回值为 0，arg1、arg2 视为相等；返回值为正，则 arg2 将排在 arg1 的前面。

sort 方法的语法格式如下：

```
array.sort([cmpfun(arg1,arg2)])
```

各项说明如下。

- array：必选项，数组名称。
- cmpfun：可选项，比较函数。
- arg1、arg2：可选项，比较函数的两个参数。

【例 5.13】(示例文件 ch05\5.13.html)

使用 sort 方法对数组中的数据进行排序：

```
<!DOCTYPE html>
<html>
<head>
<META http-equiv=Content-Type content="text/html; charset=gb2312">
<Script language="JavaScript">
  var arr = new Array(1,6,3,40,1,"a","b","A","B");
  writeArr("排序前",arr);
  writeArr("升序排列",arr.sort());
  writeArr("降序排列,字母不分大小写",arr.sort(desc));
  writeArr("严格降序排列",arr.sort(desc1));
  //自定义函数输出提示信息和数组元素
  function writeArr(str,array)
  {
    document.write(str + ":");
    document.write(array.join(","));
    document.write("<br>");
  }
  //按降序排列，字母不区分大小写
  function desc(a,b)
  {
    var a = new String(a);
    var b = new String(b);
    //如果a大于b，则返回-1，所以a排在前b排在后
    return -1*a.localeCompare(b);
  }
  //严格降序
  function desc1(a,b)
  {
    var stra = new String(a);
    var strb = new String(b);
    var ai = stra.charCodeAt(0);
    var bi = strb.charCodeAt(0);
    if(ai>bi)
      return -1;
```

```
        else
          return 1;
    }
</script>
</head>
<body>
</body>
</html>
```

在 IE 11.0 中浏览，效果如图 5-15 所示。这段代码中定义了两个对比函数，其中 desc 进行降序排列，但字母不区分大小写；desc1 进行严格降序排列。

7) splice

该方法可以通过指定起始索引和数据个数的方式，删除或替换数组中的部分数据。该方法的返回值为被删除或替换掉的数据。其语法格式如下：

图 5-15 对数组进行排序

```
array.splice(start,count[,data1[,data2,[,...[,datacount]]]])
```

其中，array 必选项是数组名称；start 必选项为整数起始索引；count 必选项为要删除或替换的数组的个数；data 是可选项，是用于替换指定数据的新数据。

如果没有指定 data 参数，则该指定的数据将被删除；如果指定了 data 参数，则数组中的数据将被替换。

【例 5.14】(示例文件 ch05\5.14.html)

splice 方法的具体使用过程：

```
<!DOCTYPE html>
<html>
<head>
<META http-equiv=Content-Type content="text/html; charset=gb2312">
<Script language="JavaScript">
    var arr = new Array(0,1,2,3,4,5,6,7,8,9,10);
    var rewith = new Array("a","b","c");
    var tmp1 = arr.splice(2,5,rewith);
    with(document)
    {
        writeArr("替换了 5 个数据",tmp1);
        writeArr("替换为: ",rewith);
        writeArr("替换后",arr);
        var tmp2=arr.splice(5,2);
        writeArr("删除 2 个数据",tmp2);
        writeArr("替换后",arr);
    }
    //自定义函数输出提示信息和数组元素
    function writeArr(str,array)
```

```
        {
            document.write(str + ":");
            document.write(array.join(","));
            document.write("<br>");
        }
    </script>
</head>
<body>
</body>
</html>
```

在 IE 11.0 中浏览,效果如图 5-16 所示。上述代码分别演示了如何使用 splice 方法替换和删除数组中指定数目的数据。

图 5-16　替换和删除数组中指定数目的数据

5.4　详解常用的数组对象方法

在 JavaScript 中,数组对象的方法有 14 种。下面详细介绍常用的数组对象方法的使用。

5.4.1　连接其他数组到当前数组

使用 concat()方法可以连接两个或多个数组。该方法不会改变现有的数组,而仅仅会返回被连接数组的一个副本。

其语法格式如下:

```
arrayObject.concat(array1,array2,...,arrayN)
```

其中,arrayN 是必选项,该参数可以是具体的值,也可以是数组对象,可以是任意多个。

【例 5.15】(示例文件 ch05\5.15.html)

使用 concat()方法连接 3 个数组:

```
<!DOCTYPE html>
<html>
<body>
<script type="text/javascript">
    var arr = new Array(3)
    arr[0] = "北京"
    arr[1] = "上海"
    arr[2] = "广州"
    var arr2 = new Array(3)
    arr2[0] = "西安"
    arr2[1] = "天津"
    arr2[2] = "杭州"
    var arr3 = new Array(2)
    arr3[0] = "长沙"
    arr3[1] = "温州"
    document.write(arr.concat(arr2,arr3))
</script>
```

```
</body>
</html>
```

在 IE 11.0 中浏览,效果如图 5-17 所示。

5.4.2 将数组元素连接为字符串

使用 join()方法可以把数组中的所有元素放入一个字符串中。其语法格式如下:

```
arrayObject.join(separator)
```

其中,separator 是可选项,用于指定要使用的分隔符,如果省略该参数,则使用逗号作为分隔符。

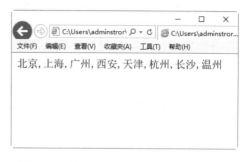

图 5-17　使用 concat()方法连接 3 个数组

【例 5.16】(示例文件 ch05\5.16.html)

使用 join()方法将数组元素连接为字符串:

```
<!DOCTYPE html>
<html>
<body>
<script type="text/javascript">
   var arr = new Array(3);
   arr[0] = "河北";
   arr[1] = "石家庄";
   arr[2] = "廊坊";
   document.write(arr.join());
   document.write("<br />");
   document.write(arr.join("."));
</script>
</body>
</html>
```

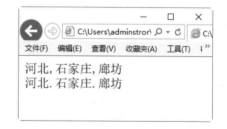

图 5-18　使用 join()方法将数组元素连接为字符串

在 IE 11.0 中浏览,效果如图 5-18 所示。

5.4.3 移除数组中的最后一个元素

使用 pop()方法可以移除并返回数组中的最后一个元素。其语法格式如下:

```
arrayObject.pop()
```

pop()方法将移除 arrayObject 的最后一个元素,把数组长度减 1,并且返回它移除的元素的值。如果数组已经为空,则 pop()不改变数组,并返回 undefined 值。

【例 5.17】(示例文件 ch05\5.17.html)

使用 pop()方法移除数组的最后一个元素:

```
<!DOCTYPE html>
<html>
```

```
<body>
<script type="text/javascript">
   var arr = new Array(3)
   arr[0] = "河南"
   arr[1] = "郑州"
   arr[2] = "洛阳"
   document.write("数组中原有元素：" + arr)
   document.write("<br />")
   document.write("被移除的元素：" + arr.pop())
   document.write("<br />")
   document.write("移除元素后的数组元素：" + arr)
</script>
</body>
</html>
```

在 IE 11.0 中浏览，效果如图 5-19 所示。

5.4.4 将指定的数值添加到数组中

使用 push()方法可以向数组的末尾添加一个或多个元素，并返回新的长度。

其语法格式如下：

```
arrayObject.push(newelement1,
newelement2,...,newelementN)
```

图 5-19 使用 pop()方法移除数组最后一个元素

其中，arrayObject 为必选项，是数组对象。newelement1 为可选项，表示添加到数组中的元素。

push() 方法可以把其参数顺序添加到 arrayObject 的尾部。它直接修改 arrayObject，而不是创建一个新的数组。

push()方法和 pop()方法使用数组提供的先进后出的栈功能。

【例 5.18】(示例文件 ch05\5.18.html)

使用 push()方法将指定数值添加到数组中：

```
<!DOCTYPE html>
<html>
<body>
<script type="text/javascript">
   var arr = new Array(3)
   arr[0] = "河南"
   arr[1] = "河北"
   arr[2] = "江苏"
   document.write("原有的数组元素：" + arr)
   document.write("<br />")
   document.write("添加元素后数组的长度：" + arr.push("吉林"))
   document.write("<br />")
   document.write("添加数值后的数组：" + arr)
</script>
```

```
</body>
</html>
```

在 IE 11.0 中浏览，效果如图 5-20 所示。

5.4.5 反序排列数组中的元素

使用 reverse()方法可以颠倒数组中元素的顺序。其语法格式如下：

```
arrayObject.reverse()
```

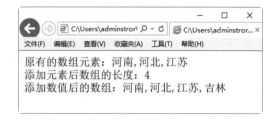

图 5-20 使用 push()方法将指定数值添加到数组中

 该方法会改变原来的数组，而不会创建新的数组。

【例 5.19】(示例文件 ch05\5.19.html)

使用 reverse()方法颠倒数组中的元素顺序：

```
<!DOCTYPE html>
<html>
<body>
<script type="text/javascript">
   var arr = new Array(3);
   arr[0] = "张三";
   arr[1] = "李四";
   arr[2] = "王五";
   document.write(arr + "<br />");
   document.write(arr.reverse());
</script>
</body>
</html>
```

在 IE 11.0 中浏览，效果如图 5-21 所示。

5.4.6 删除数组中的第一个元素

使用 shift()方法可以把数组中的第一个元素删除，并返回第一个元素的值。其语法格式如下：

```
arrayObject.shift()
```

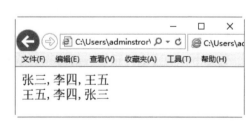

图 5-21 使用 reverse()方法颠倒数组中的元素顺序

其中，arrayObject 为必选项，是数组对象。

 如果数组是空的，那么 shift()方法将不进行任何操作，返回 undefined 值。请注意，该方法不创建新数组，而是直接修改原来的数组。

【例 5.20】(示例文件 ch05\5.20.html)

使用 shift()方法删除数组中的第一个元素：

```
<!DOCTYPE html>
<html>
<body>
<script type="text/javascript">
   var arr = new Array(4)
   arr[0] = "北京"
   arr[1] = "上海"
   arr[2] = "广州"
   arr[3] = "天津"
   document.write("原有数组元素为: " + arr)
   document.write("<br />")
   document.write("删除数组中的第一个元素为: " + arr.shift())
   document.write("<br />")
   document.write("删除元素后的数组为: " + arr)
</script>
</body>
</html>
```

在 IE 11.0 中浏览，效果如图 5-22 所示。

5.4.7 获取数组中的一部分数据

使用 slice()方法可以从已有的数组中返回选定的元素。

其语法格式如下：

`arrayObject.slice(start,end)`

图 5-22 使用 shift()方法删除数组中的第一个元素

其中，arrayObject 为必选项，是数组对象；start 为必选项，表示开始元素的位置，是从 0 开始计算的索引；end 为可选项，表示结束元素的位置，也是从 0 开始计算的索引。

【例 5.21】(示例文件 ch05\5.21.html)

使用 slice()方法获取数组中的一部分数据：

```
<!DOCTYPE html>
<html>
<body>
<script type="text/javascript">
   var arr = new Array(6)
   arr[0] = "黑龙江"
   arr[1] = "吉林"
   arr[2] = "辽宁"
   arr[3] = "内蒙古"
   arr[4] = "河北"
   arr[5] = "山东"
   document.write("原有数组元素: " + arr)
   document.write("<br />")
   document.write("获取的部分数组元素: " + arr.slice(2,3))
```

```
        document.write("<br />")
        document.write("获取部分元素后的数据：" + arr)
</script>
</body>
</html>
```

在 IE 11.0 中浏览，效果如图 5-23 所示，可以看出，获取部分数组元素后的数组其前后是不变的。

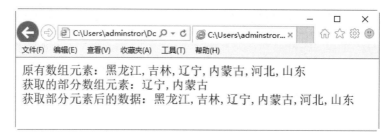

图 5-23　使用 slice()方法获取数组中的一部分数据

5.4.8　对数组中的元素进行排序

使用 sort()方法可以对数组中的元素进行排序。其语法格式如下：

```
arrayObject.sort(sortby)
```

其中，arrayObject 为必选项，是数组对象；sortby 为可选项，用来确定元素顺序的函数的名称，如果这个参数被省略，那么元素将按照 ASCII 字符顺序进行升序排序。

【例 5.22】(示例文件 ch05\5.22.html)

新建数组 x，并赋值 1,20,8,12,6,7，使用 sort()方法排序数组，并输出 x 数组到页面：

```
<!DOCTYPE html>
<html>
<head>
<title>数组排序</title>
<script type="text/javascript">
  var x = new Array(1,20,8,12,6,7);    //创建数组
  document.write("排序前数组:" + x.join(",") + "<p>"); //输出数组元素
  x.sort();    //按字符升序排列数组
  document.write(
    "没有使用比较函数排序后数组:" + x.join(",") + "<p>");    //输出排序后的数组
  x.sort(asc);  //有比较函数的升序排列
  /*升序比较函数*/
  function asc(a,b)
  {
      return a-b;
  }
  document.write("排序升序后数组:" + x.join(",") + "<p>"); //输出排序后的数组
  x.sort(des); //有比较函数的降序排列
  /*降序比较函数*/
  function des(a,b)
```

```
    {
        return b-a;
    }
    document.write("排序降序后数组:" + x.join(",")); //输出排序后的数组
</script>
</head>
<body>
</body>
</html>
```

在 IE 11.0 中浏览，效果如图 5-24 所示。

图 5-24 使用 sort()方法排序数组

在没有使用比较函数进行排序时，sort()方法是按字符的 ASCII 值排序，先从第一个字符比较，如果第 1 个字符相等，再比较第 2 个字符，依次类推。

对于数值型数据，如果按字符比较，得到的结果并不是用户所需要的，因此需要借助于比较函数。比较函数有两个参数，分别代表每次排序时的两个数组项。用 sort()排序时，每次比较两个数组项都会执行这个函数，并把两个比较的数组项作为参数传递给这个函数。当函数的返回值大于 0 的时候，就交换两个数组的顺序，否则就不交换。即函数返回值小于 0 表示升序排列，函数返回值大于 0 表示降序排列。

5.4.9 将数组转换成字符串

使用 toString()方法可以把数组转换为字符串，并返回结果。其语法格式如下：

```
arrayObject.toString()
```

【例 5.23】(示例文件 ch05\5.23.html)
将数组转换成字符串：

```
<!DOCTYPE html>
<html>
<body>
<script type="text/javascript">
    var arr = new Array(3);
    arr[0] = "北京";
    arr[1] = "上海";
```

```
  arr[2] = "广州";
  document.write(arr.toString());
</script>
</body>
</html>
```

在 IE 11.0 中浏览，效果如图 5-25 所示，可以看出，数组中的元素之间用逗号分隔。

5.4.10 将数组转换成本地字符串

使用 toLocaleString()方法可以把数组转换为本地字符串。其语法格式如下：

`arrayObject.toLocaleString()`

图 5-25 将数组转换成字符串

该转换首先调用每个数组元素的 toLocaleString()方法，然后使用特定的分隔符把生成的字符串连接起来，形成一个字符串。

【例 5.24】(示例文件 ch05\5.24.html)
将数组转换成本地字符串：

```
<!DOCTYPE html>
<html>
<body>
<script type="text/javascript">
  var arr = new Array(3);
  arr[0] = "北京";
  arr[1] = "上海";
  arr[2] = "广州";
  document.write(arr.toLocaleString());
</script>
</body>
</html>
```

IE 11.0 中浏览，效果如图 5-26 所示，可以看出，数组中的元素之间用全角逗号分隔。

图 5-26 将数组转换成本地字符串

5.4.11 在数组开头插入数据

使用 unshift()方法可以将指定的元素插入数组的开始位置并返回该数组。其语法格式如下：

`arrayObject.unshift(newelement1,newelement2,...,newelementN)`

其中，arrayObject 是必选项，为 Array 的对象；newelementN 是可选项，为要添加到该数组对象中的新元素。

【例 5.25】(示例文件 ch05\5.25.html)

在数组开头插入数据：

```
<!DOCTYPE html>
<html>
<body>
<script type="text/javascript">
  var arr = new Array();
  arr[0] = "北京";
  arr[1] = "上海";
  arr[2] = "广州";
  document.write(arr + "<br />");
  document.write(arr.unshift
("天津") + "<br />");
  document.write(arr);
</script>
</body>
</html>
```

图 5-27　在数组开头插入数据

IE 11.0 中浏览，效果如图 5-27 所示。

5.5　创建和使用自定义对象

目前在 JavaScript 中，已经存在一些标准的类，如 Date、Array、RegExp、String、Math、Number 等，这为编程提供了许多方便。但对复杂的客户端程序而言，这些还远远不够。在 JavaScript 脚本语言中，还有浏览器对象、用户自定义对象、文本对象等，其中用户自定义对象占据举足轻重的地位。

JavaScript 作为基于对象的编程语言，其对象实例通过构造函数来创建。每一个构造函数包括一个对象原型，定义了每个对象包含的属性和方法。在 JavaScript 脚本中创建自定义对象的方法主要有两种：通过定义对象的构造函数的方法和通过对象直接初始化的方法。

5.5.1　通过定义对象的构造函数的方法

在实际使用中，可以首先定义对象的构造函数，然后使用 new 操作符来生成该对象的实例，从而创建自定义对象。

【例 5.26】(示例文件 ch05\5.26.html)

通过定义对象的构造函数的方法创建自定义对象：

```
<!DOCTYPE html>
<html>
<head>
<meta http-equiv="Content-Type" content="text/html; charset=gb2312">
<title>自定义对象</title>
<script language="JavaScript" type="text/javascript">
```

```
<!--
//对象的构造函数
function Student(iName,iAddress,iGrade,iScore)
{
    this.name = iName;
    this.address = iAddress;
    this.grade = iGrade;
    this.Score = iScore;
    this.information = showInformation;
}
//定义对象的方法
function showInformation()
{
    var msg = "";
    msg = "学生信息: \n"
    msg += "\n学生姓名 : " + this.name + " \n";
    msg += "家庭地址 : " + this.address + "\n";
    msg += "班级 : " + this.grade + " \n";
    msg += "分数 : " + this.Score;
    window.alert(msg);
}
//生成对象的实例
var ZJDX = new Student("刘明明","新疆乌鲁木齐100号","401","99");
-->
</script>
</head>
<body>
<br>
<center>
<form>
  <input type="button" value="查看" onclick="ZJDX.information()">
</form>
</center>
</body>
</html>
```

在 IE 11.0 中浏览，效果如图 5-28 所示。单击"查看"按钮，即可看到含有学生信息的提示框，如图 5-29 所示。

图 5-28　显示初始结果

图 5-29　含有学生信息的提示框

在该示例中，用户需要先定义一个对象的构造函数，再通过 new 关键字创建该对象的实例。定义对象的构造函数如下：

```
function Student(iName,iAddress,iGrade,iScore)
{
  this.name = iName;
  this.address = iAddress;
  this.grade = iGrade;
  this.score = iScore;
  this.information = showInformation;
}
```

当调用该构造函数时，浏览器给新的对象分配内存，并将该对象传递给函数。this 操作符是指向新对象引用的关键词，用于操作这个新对象。语句"this.name=iName;"使用作为函数参数传递过来的 iName 值在构造函数中给该对象的 name 属性赋值，该属性属于所有 School 对象，而不仅仅属于 Student 对象的某个实例，如上面的 ZJDX。对象实例的 name 属性被定义和赋值后，可以通过"var str=ZJDX.name;"方法来访问该实例的该属性。

使用同样的方法继续添加 address、grade、score 等其他属性，但 information 不是对象的属性，而是对象的方法：

```
this.information = showInformation;
```

方法 information 指向的外部函数 showInformation 的结构如下：

```
function showInformation()
{
  var msg = "";
  msg = "学生信息：\n"
  msg += "\n 学生姓名 : " + this.name + " \n";
  msg += "家庭地址 : " + this.address + "\n";
  msg += "班级 : " + this.grade + " \n";
  msg += "分数 : " + this.Score;
  window.alert(msg);
}
```

同样，由于 information 被定义为对象的方法，在外部函数中也可以使用 this 操作符指向当前的对象，并通过 this.name 等访问它的某个属性。在构建对象的某个方法时，如果代码比较简单，也可以使用非外部函数的做法，改写 School 对象的构造函数：

```
function Student(iName,iAddress,iGrade,iScore)
{
  this.name = iName;
  this.address = iAddress;
  this.grade = iGrade;
  this.score = iScore;
  this.information = function()
                {
                    var msg = " ";
                    msg = "学生信息\n"
```

```
            msg += "\n学生姓名 : " + this.name + " \n";
            msg += "家庭地址 : " + this.address + "\n";
            msg += "班级 : " + this.grade + " \n";
            msg += "分数 : " + this.Score;
            window.alert(msg);
        };
}
```

5.5.2 通过对象直接初始化的方法

通过直接初始化对象来创建自定义对象的方法与定义对象的构造函数方法不同的是，该方法无须生成此对象的实例。将例 5.26 中 HTML 文件中的 JavaScript 脚本部分做如下修改：

```
<script language="JavaScript" type="text/javascript">
<!--
//直接初始化对象
var ZJDX = {
            name:"刘明明",
            address:"新疆乌鲁木齐 100 号",
            grade:" 401",
            score:"99",
            information:showInformation
        };
//定义对象的方法
function showInformation()
{
  var msg = "";
  msg = "学生信息: \n"
  msg += "\n学生姓名 : " + this.name + " \n";
  msg += "家庭地址 : " + this.address + "\n";
  msg += "班级 : " + this.grade + " \n";
  msg += "分数 : " + this.Score;
  window.alert(msg);
}
-->
</script>
```

在 IE 中浏览修改后的 HTML 文档，可以看到与前面相同的结果。

该方法适合只需要生成某个应用对象并进行相关操作的情况使用，代码紧凑，编程效率高。但若要生成若干个对象的实例，就必须为生成每个实例而重复相同的代码结构，只是参数不同而已，代码的重用性比较差，不符合面向对象的编程思路，所以应尽量避免使用该方法创建自定义对象。

5.5.3 修改和删除对象实例的属性

JavaScript 脚本可动态添加对象实例的属性，同时，也可动态修改、删除某个对象实例的属性。将例 5.26 中 HTML 文件中的 function showInformation()部分做如下修改：

```
function showInformation()
{
  var msg = "";
  msg = "自定义对象实例：\n\n"
  msg += " 学生姓名 : " + this.name + " \n";
  msg += " 家庭地址 : " + this.address + "\n";
  msg += " 班级 : " + this.grade + " \n";
  msg += " 分数 : " + this.score + " \n\n";
  //修改对象实例的score属性
  this.score = 88;
  msg += "修改对象实例的属性：\n\n"
  msg += " 学生姓名 : " + this.name + " \n";
  msg += " 所在地址 : " + this.address + "\n";
  msg += " 班级 : " + this.grade + " \n";
  msg += " 分数 : " + this.score + " \n\n";
  //删除对象实例的score属性
  delete this.score;
  msg += "删除对象实例的属性: \n\n"
  msg += " 学生姓名 : " + this.name + " \n";
  msg += " 家庭地址 : " + this.address + "\n";
  msg += " 班级 : " + this.grade + " \n";
  msg += " 分数 : " + this.score + " \n\n";
  window.alert(msg);
}
```

保存更改，程序运行后，在原始页面中单击"查看"按钮，弹出信息框，如图 5-30 所示。

在执行"this.score=88;"语句后，对象实例的 number 属性值更改为 88；而执行"delete this.score;"语句后，对象实例的 score 属性变为 undefined，同任何不存在的对象属性一样为未定义类型，但并不能删除对象实例本身，否则将返回错误。

可见，JavaScript 动态添加、修改、删除对象实例的属性过程十分简单。之所以称为对象实例的属性而不是对象的属性，是因为该属性只在对象的特定实例中才存在，而不能通过某种方法将某个属性赋予特定对象的所有实例。

图 5-30　修改和删除对象实例的属性

　　JavaScript 脚本中的 delete 运算符用于删除对象实例的属性，而在 C++中，delete 运算符不能删除对象的实例。

5.5.4　通过原型为对象添加新属性和新方法

在 JavaScript 中，对象的 prototype 属性是用来返回对象类型原型引用的。使用 prototype

属性可以提供对象的类的一组基本功能。并且对象的新实例会"继承"赋予该对象原型的操作。所有 JavaScript 内部对象都有只读的 prototype 属性，可以向其原型中动态添加功能(属性和方法)，但该对象不能被赋予不同的原型。然而，用户定义的对象可以被赋予新的原型。

【例 5.27】(示例文件 ch05\5.27.html)

给已存在的对象添加新属性和新方法：

```html
<!DOCTYPE html>
<html>
<head>
<title>自定义对象</title>
<script language="JavaScript" type="text/javascript">
<!--
//对象的构造函数
function Student(iName,iAddress,iGrade,iScore)
{
  this.name = iName;
  this.address = iAddress;
  this.grade = iGrade;
  this.score = iScore;
  this.information = showInformation;
}
//定义对象的方法
function showInformation()
{
  var msg = "";
  msg = "通过原型给对象添加新属性和新方法：\n\n"
  msg += "原始属性:\n";
  msg += "学生姓名: " + this.name + " \n";
  msg += "家庭住址: " + this.address + "\n";
  msg += "班级: " + this.grade + " \n";
  msg += "分数: " + this.score + " \n\n";
  msg += "新属性:\n";
  msg += "性别: " + this.addAttributeOfSex + " \n";
  msg += "新方法:\n";
  msg += "方法返回 : " + this.addMethod + "\n";
  window.alert(msg);
}
function MyMethod()
{
  var AddMsg = "New Method Of Object!";
  return AddMsg;
}
//生成对象的实例
var ZJDX = new Student("刘明明","新疆乌鲁木齐100号","401","88");
Student.prototype.addAttributeOfSex = "男";
Student.prototype.addMethod = MyMethod();
-->
</script>
</head>
<body>
```

```
<br>
<center>
<form>
  <input type="button" value="查看" onclick="ZJDX.information()">
</form>
</center>
</body>
</html>
```

将上述代码保存为 HTML 文件，再在 IE 11.0 中打开该网页。单击该网页中的"查看"按钮，即可看到含有新添加性别信息的提示框，如图 5-31 所示。

图 5-31　通过原型给对象添加新属性和新方法

在上述程序中，是通过调用对象的 prototype 属性给对象添加新属性和新方法的：

```
Student.prototype.addAttributeOfSex = "男";
Student.prototype.addMethod = MyMethod();
```

原型属性为对象的所有实例所共享，用户利用原型添加对象的新属性和新方法后，可以通过对象引用的方法来修改。

5.5.5　自定义对象的嵌套

与面向对象编程方法相同的是，JavaScript 允许对象的嵌套使用，可以将对象的某个实例作为另一个对象的属性来看待，如下面的程序：

```
<!DOCTYPE html>
<html>
<head>
<meta http-equiv="Content-Type" content="text/html; charset=gb2312">
<title>自定义对象嵌套</title>
```

```
<script language="JavaScript" type="text/javascript">
<!--
//对象的构造函数
//构造嵌套的对象
var StudentData={
            age:"26",
            Tel:"1810000000",
            teacher:"张老师"
            };
//构造被嵌入的对象
var ZJDX={
          name:"刘明明",
          address:"新疆乌鲁木齐100号",
          grade:"401",
          score:"86",
          //嵌套对象StudentData
          data:StudentData,
          information:showInformation
          };
//定义对象的方法
function showInformation()
{
  var msg = "";
  msg = "对象嵌套实例: \n\n";
  msg += "被嵌套对象直接属性值:\n"
  msg += "学生姓名: " + this.name+"\n";
  msg += "家庭地址: " + this.address + "\n";
  msg += "年级: " + this.grade + "\n";
  msg += "分数: " + this.number + "\n\n";
  msg += "访问嵌套对象直接属性值:\n";
  msg += "年龄: " + this.data.age + "\n";
  msg += "联系电话: " + this.data.Tel + " \n";
  msg += "班主任: " + this.data.teacher + " \n";
  window.alert(msg);
}
-->
</script>

</head>
<body>
<br>
<center>
<form>
  <input type="button" value="查看" onclick="ZJDX.information()">
</form>
</center>
</body>
</html>
```

在上述JavaScript中,先构造对象StudentData,包含学生的相关联系信息,代码如下:

```
var StudentData={
            age:"26",
```

```
            Tel:"1810000000",
            teacher:"张老师""
        };
```

然后构建 ZJDX 对象，同时嵌入 StudentData 对象，代码如下：

```
var ZJDX={
        name:"刘明明",
        address:"新疆乌鲁木齐100号",
        grade:"401",
        score:"86",
        //嵌套对象StudentData
        data:StudentData,
        information:showInformation
    };
```

可以看出，在构建 ZJDX 对象时，StudentData 对象作为其自身属性 data 的取值而引入，并可以通过如下的代码进行访问：

```
this.data.age
this.data.Tel
this.data.teacher
```

程序运行后，在打开的网页中单击"查看"按钮，即可弹出信息框，如图 5-32 所示。

图 5-32 自定义对象的嵌套

在创建对象时，浏览器自动为其分配内存空间，并在关闭当前页面时释放。下面介绍对象创建过程中内存的分配和释放问题。

5.5.6 内存的分配和释放

JavaScript 是基于对象的编程语言，而不是面向对象的编程语言，因此缺少指针的概念。

面向对象的编程语言在动态分配和释放内存方面起着非常重要的作用,那么 JavaScript 中的内存如何管理呢?在创建对象的同时,浏览器自动为创建的对象分配内存空间,JavaScript 将新对象的引用传递给调用的构造函数;而在对象清除时其占据的内存将被自动回收,其实整个过程都是浏览器的功劳,JavaScript 只是创建该对象。

浏览器中的这种内存管理机制称为"内存回收",它动态分析程序中每个占据内存空间的数据(变量、对象等)。如果该数据对于程序标记为不可再用时,浏览器将调用内部函数将其占据的内存空间释放,实现内存的动态管理。在自定义的对象使用过后,可以通过给其赋空值的方法来标记对象占据的空间可予以释放,如"ZJDX=null;"。浏览器将根据此标记动态释放其占据的内存,否则将保存该对象,直至当前程序再次使用它为止。

5.6 实战演练——利用二维数组创建动态下拉菜单

许多编程语言都提供了定义和使用二维或多维数组的功能。JavaScript 通过 Array 对象创建的数组都是一维的,但是可以通过在数组元素中使用数组来实现二维数组。

下面的 HTML 5 文档就是通过使用一个二维数组来改变下拉菜单内容的:

```
<!DOCTYPE html>
<HTML>
<HEAD>
<TITLE>动态改变下拉菜单内容</TITLE>
</HEAD>

<SCRIPT LANGUAGE=javascript>
    //定义一个二维数组 ality,用于存放城市名称
    var aCity = new Array();
    aCity[0] = new Array();
    aCity[1] = new Array();
    aCity[2] = new Array();
    aCity[3] = new Array();
    //赋值,每个省份的城市存放于数组的一行
    aCity[0][0] = "--请选择--";
    aCity[1][0] = "--请选择--";
    aCity[1][1] = "广州市";
    aCity[1][2] = "深圳市";
    aCity[1][3] = "珠海市";
    aCity[1][4] = "汕头市";
    aCity[1][5] = "佛山市";
    aCity[2][0] = "--请选择--";
    aCity[2][1] = "长沙市";
    aCity[2][2] = "株洲市";
    aCity[2][3] = "湘潭市";
    aCity[3][0] = "--请选择--";
    aCity[3][1] = "杭州市";
    aCity[3][2] = "台州市";
    aCity[3][3] = "温州市";
    function ChangeCity()
```

```
    {
        var i,iProvinceIndex;
        iProvinceIndex = document.frm.optProvince.selectedIndex;
        iCityCount = 0;
        while (aCity[iProvinceIndex][iCityCount] != null)
            iCityCount++;
        //计算选定省份的城市个数
        document.frm.optCity.length = iCityCount;      //改变下拉菜单的选项数
        for (i=0; i<=iCityCount-1; i++)                //改变下拉菜单的内容
            document.frm.optCity[i] = new Option(aCity[iProvinceIndex][i]);
        document.frm.optCity.focus();
    }
</SCRIPT>

<BODY ONfocus=ChangeCity()>
    <H3>选择省份及城市</H3>
    <FORM NAME="frm">
     <P>省份:
     <SELECT NAME="optProvince" SIZE="1" ONCHANGE=ChangeCity()>
        <OPTION>--请选择--</OPTION>
        <OPTION>广东省</OPTION>
        <OPTION>湖南省</OPTION>
        <OPTION>浙江省</OPTION>
     </SELECT>
    </P>
    <P>城市:
     <SELECT NAME="optCity" SIZE="1">
        <OPTION>--请选择--</OPTION>
     </SELECT>
    </P>
    </FORM>
</BODY>
</HTML>
```

在 IE 中打开上面的 HTML 文档,其显示结果如图 5-33 所示。在第一个下拉列表框中选择一个省份,然后在第二个下拉列表框中即可看到相应的城市,如图 5-34 所示。

图 5-33　显示初始结果

图 5-34　选择省份对应的城市

5.7 疑难解惑

疑问 1：JavaScript 支持的对象主要包括哪些？

答：JavaScript 主要支持下列对象。

1) JavaScript 核心对象

包括同基本数据类型相关的对象(如 String、Boolean、Number)、允许创建用户自定义和组合类型的对象(如 Object、Array)和其他能简化 JavaScript 操作的对象(如 Math、Date、RegExp、Function)。

2) 浏览器对象

包括不属于 JavaScript 语言本身但被绝大多数浏览器所支持的对象，如控制浏览器窗口和用户交互界面的 Window 对象、提供客户端浏览器配置信息的 Navigator 对象。

3) 用户自定义对象

Web 应用程序开发者用于完成特定任务而创建的自定义对象，可自由设计对象的属性、方法和事件处理程序，编程灵活性较大。

4) 文本对象

对象由文本域构成，在 DOM 中定义，同时赋予很多特定的处理方法，如 insertData()、appendData()等。

疑问 2：如何获取数组的长度？

答：获取数组长度的代码如下：

```
var arr = new Array();
var len = arr.length;
```

第 6 章

日期与字符串对象

　　JavaScript 中常用的内置对象有多种,比较常用的内置对象主要有日期和字符串等。日期对象主要用于处理日期和时间;字符串对象主要用来处理文本。本章就来详细介绍日期与字符串这两个对象的使用方法和技巧。

6.1 日期对象

在 JavaScript 中,虽然没有日期类型的数据,但是在开发过程中经常会处理日期。因此,JavaScript 提供了日期(Date)对象来操作日期和时间。

6.1.1 创建日期对象

在 JavaScript 中,创建日期对象必须使用 new 语句。使用关键字 new 新建日期对象时,可以使用下述四种方法:

```
日期对象 = New Date()                           //方法一
日期对象 = New Date(日期字符串)                  //方法二
日期对象 = New Date(年,月,日[时,分,秒,[毫秒]])   //方法三
日期对象 = New Date(毫秒)                       //方法四
```

上述四种创建方法的区别如下。

(1) 方法一创建了一个包含当前系统时间的日期对象。

(2) 方法二可以将一个字符串转换成日期对象,这个字符串可以是只包含日期的字符串,也可以是既包含日期又包含时间的字符串。JavaScript 对日期格式有要求,通常使用的格式有以下两种。

- 日期字符串可以表示为"月 日,年 小时:分钟:秒钟",其中月份必须使用英文单词,而其他部分可以使用数字表示,日和年之间一定要有逗号(,)。
- 日期字符串可以表示为"年/月/日 小时:分钟:秒钟",所有部分都要求使用数字,年份要求使用 4 位,月份用 1~12 的整数,代表 1 月到 12 月。

(3) 方法三通过指定年、月、日、时、分、秒创建日期对象,时、分、秒都可以省略。月份用 0~11 的整数,代表 1 月到 12 月。

(4) 方法四使用毫秒来创建日期对象。可以把 1970 年 1 月 1 日 0 时 0 分 0 秒 0 毫秒看成一个基数,而给定的参数代表距离这个基数的毫秒数。如果指定参数毫秒为 3000,则该日期对象中的日期为 1970 年 1 月 1 日 0 时 0 分 3 秒 0 毫秒。

【例 6.1】(示例文件 ch06\6.1.html)

分别使用上述四种方法创建日期对象:

```
<!DOCTYPE html>
<html>
<head>
<title>创建日期对象</title>
</head>
<body>
<script type="text/javascript">
//以当前时间创建一个日期对象
var myDate1 = new Date();
//将字符串转换成日期对象,该对象代表日期为 2010 年 6 月 10 日
```

```
var myDate2 = new Date("June 10,2010");
//将字符串转换成日期对象,该对象代表日期为 2010 年 6 月 10 日
var myDate3 = new Date("2010/6/10");
//创建一个日期对象,该对象代表日期和时间为 2011 年 11 月 19 日 16 时 16 分 16 秒
var myDate4 = new Date(2011,10,19,16,16,16);
//创建一个日期对象,该对象代表距离 1970 年 1 月 1 日 0 分 0 秒 20000 毫秒的时间
var myDate5 = new Date(20000);
//分别输出以上日期对象的本地格式
document.write("myDate1 所代表的时间为: " + myDate1.toLocaleString()+ "<br>");
document.write("myDate2 所代表的时间为: " + myDate2.toLocaleString()+ "<br>");
document.write("myDate3 所代表的时间为: " + myDate3.toLocaleString()+ "<br>");
document.write("myDate4 所代表的时间为: " + myDate4.toLocaleString()+ "<br>");
document.write("myDate5 所代表的时间为: " + myDate5.toLocaleString()+ "<br>");
</script>

</body>
</html>
```

在 IE 11.0 中浏览,效果如图 6-1 所示。

6.1.2 Date 对象的属性

Date 日期对象只包含两个属性,分别是 constructor 和 prototype,因为这两个属性在每个内部对象中都有,前面在介绍数组对象时已经接触过,这里就不再赘述。

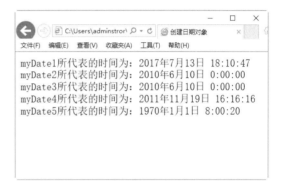

图 6-1 创建日期对象

6.1.3 日期对象的常用方法

日期对象的方法主要分为三大组:setXxx、getXxx 和 toXxx。

setXxx 方法用于设置时间和日期值;getXxx 方法用于获取时间和日期值;toXxx 方法主要是将日期转换成指定格式。日期对象的方法如表 6-1 所示。

在表 6-1 中,读者会发现,将日期转换成字符串的方法,要么就是将日期对象中的日期转换成字符串,要么就是将日期对象中的时间转换成字符串,要么就是将日期对象中的日期和时间一起转换成字符串。并且,这些方法转换成的字符串格式无法控制。例如,将日期转换成类似于"2010 年 6 月 10 日"的格式,用表中的方法就无法做到。

表 6-1 日期对象的方法

方　　法	描　　述
Date()	返回当日的日期和时间
getDate()	从 Date 对象返回一个月中的某一天(1~31)
getDay()	从 Date 对象返回一周中的某一天(0~6)

续表

方　法	描　述
getMonth()	从 Date 对象返回月份(0~11)
getFullYear()	从 Date 对象以 4 位数字返回年份
getYear()	请使用 getFullYear()方法代替
getHours()	返回 Date 对象的小时(0~23)
getMinutes()	返回 Date 对象的分钟(0~59)
getSeconds()	返回 Date 对象的秒钟(0~59)
getMilliseconds()	返回 Date 对象的毫秒(0~999)
getTime()	返回 1970 年 1 月 1 日午夜至今的毫秒数
getTimezoneOffset()	返回本地时间与格林尼治标准时间(GMT)的分钟差
getUTCDate()	根据世界时从 Date 对象返回月中的某一天(1~31)
getUTCDay()	根据世界时从 Date 对象返回周中的某一天(0~6)
getUTCMonth()	根据世界时从 Date 对象返回月份(0~11)
getUTCFullYear()	根据世界时从 Date 对象返回 4 位数的年份
getUTCHours()	根据世界时返回 Date 对象的小时(0~23)
getUTCMinutes()	根据世界时返回 Date 对象的分钟(0~59)
getUTCSeconds()	根据世界时返回 Date 对象的秒钟(0~59)
getUTCMilliseconds()	根据世界时返回 Date 对象的毫秒(0~999)
parse()	返回 1970 年 1 月 1 日午夜到指定日期(字符串)的毫秒数
setDate()	设置 Date 对象中月份的某一天(1~31)
setMonth()	设置 Date 对象中的月份(0~11)
setFullYear()	设置 Date 对象中的年份(4 位数字)
setYear()	请使用 setFullYear()方法代替
setHours()	设置 Date 对象中的小时(0~23)
setMinutes()	设置 Date 对象中的分钟(0~59)
setSeconds()	设置 Date 对象中的秒钟(0~59)
setMilliseconds()	设置 Date 对象中的毫秒(0~999)
setTime()	以毫秒设置 Date 对象
setUTCDate()	根据世界时设置 Date 对象中月份的某一天(1~31)
setUTCMonth()	根据世界时设置 Date 对象中的月份(0~11)
setUTCFullYear()	根据世界时设置 Date 对象中的年份(4 位数字)
setUTCHours()	根据世界时设置 Date 对象中的小时(0~23)

方 法	描 述
setUTCMinutes()	根据世界时设置 Date 对象中的分钟(0~59)
setUTCSeconds()	根据世界时设置 Date 对象中的秒钟(0~59)
setUTCMilliseconds()	根据世界时设置 Date 对象中的毫秒(0~999)
toSource()	返回该对象的源代码
toString()	把 Date 对象转换为字符串
toTimeString()	把 Date 对象的时间部分转换为字符串
toDateString()	把 Date 对象的日期部分转换为字符串
toGMTString()	请使用 toUTCString()方法代替
toUTCString()	根据世界时，把 Date 对象转换为字符串
toLocaleString()	根据本地时间格式，把 Date 对象转换为字符串
toLocaleTimeString()	根据本地时间格式，把 Date 对象的时间部分转换为字符串
toLocaleDateString()	根据本地时间格式，把 Date 对象的日期部分转换为字符串
UTC()	根据世界时返回 1970 年 1 月 1 日到指定日期的毫秒数
valueOf()	返回 Date 对象的原始值

从 JavaScript 1.6 开始，添加了一个 toLocaleFormat()方法，该方法可以有选择地将日期对象中的某个或某些部分转换成字符串，也可以指定转换的字符串格式。toLocaleFormat()方法的语法如下：

日期对象.toLocaleFormat(formatString)

参数 formatString 为要转换的日期部分字符，这些字符及含义如表 6-2 所示。

表 6-2 参数 formatString 的字符含义

格式字符	说 明
%a	显示星期的缩写，显示方式由本地区域设置
%A	显示星期的全称，显示方式由本地区域设置
%b	显示月份的缩写，显示方式由本地区域设置
%B	显示月份的全称，显示方式由本地区域设置
%c	显示日期和时间，显示方式由本地区域设置
%d	以两位数的形式显示月份中的某一日，01~31
%H	以两位数的形式显示小时，24 小时制，00~23
%I	以两位数的形式显示小时，12 小时制，01~12
%j	一年中的第几天，3 位数，001~366

续表

格式字符	说明
%m	两位数的月份，01~12
%M	两位数的分钟，00~59
%p	本地区域设置的上午或者下午
%S	两位数秒钟，00~59
%U	用两位数表示一年中的第几周，00~53(星期天为一周的第一天)
%w	一周中的第几天，0~6(星期天为一周的第一天，0 为星期天)
%W	用两位数表示一年中的第几周，00~53(星期一为一周的第一天，一年中的第一个星期一是第 0 周)
%x	显示日期，显示方式由本地区域设置
%X	显示时间，显示方式由本地区域设置
%y	两位数的年份
%Y	四位数的年份
%Z	如果时区信息不存在，则被时区名称、时区简称或者无字节替换
%%	显示%

【例 6.2】(示例文件 ch06\6.2.html)

将日期对象以 "YYYY-MM-DD PM H:M:S 星期 X" 的格式显示：

```
<!DOCTYPE html>
<html>
<head>
<title>创建日期对象</title>
</head>
<body>
<script type="text/javascript">
var now = new Date();     //定义日期对象
//输出自定义的日期格式
document.write("今天是: " + now.toLocaleFormat
("%Y-%m-%d %p %H:%M:%S %a");
</script>
</body>
</html>
```

图 6-2　自定义格式输出日期

toLocaleFormat()方法是 JavaScript 1.6 新增加的功能，IE、Opera 等浏览器都不支持，而 Firefox 浏览器完全支持。网页浏览结果如图 6-2 所示。

6.2　详解日期对象的常用方法

下面介绍日期对象的常用方法。

6.2.1 返回当前日期和时间

由于 Date 对象自动使用当前的日期和时间作为其初始值，所以使用 Date()方法可返回当天的日期和时间。其语法格式如下：

```
Date()
```

【例 6.3】(示例文件 ch06\6.3.html)

返回当前的日期和时间：

```
<!DOCTYPE html>
<html>
<head>
<title></title>
</head>
<body>
<script type="text/javascript">
document.write(Date());
</script>
</body>
</html>
```

在 IE 11.0 浏览器中浏览，效果如图 6-3 所示。

图 6-3　获取当前的日期和时间

6.2.2 以不同的格式显示当前日期

使用 getDate()方法可返回月份中的某一天。其语法格式如下：

```
dateObject.getDate()
```

返回值是 1~31 之间的一个整数。

使用 getMonth()方法可返回表示月份的数。其语法格式如下：

```
dateObject.getMonth()
```

返回值是 0(一月)到 11(十二月)之间的一个整数。

使用 getFullYear()方法可返回一个表示年份的四位数。语法格式如下：

```
dateObject.getFullYear()
```

返回值是一个四位数，表示包括世纪值在内的完整年份，而不是两位数的缩写形式。

【例 6.4】(示例文件 ch06\6.4.html)

以不同的格式显示当前日期：

```
<!DOCTYPE html>
<html>
<head>
<title></title>
</head>
<body>
<script type="text/javascript">
var d = new Date()
var day = d.getDate()
var month = d.getMonth() + 1
var year = d.getFullYear()
document.write(day + "." + month + "." + year)
document.write("<br /><br />")
document.write(year + "/" + month + "/" + day)
</script>
</body>
</html>
```

在 IE 11.0 中浏览，效果如图 6-4 所示。

图 6-4　以不同的格式显示当前日期

6.2.3　返回日期所对应的是星期几

使用 getDay()方法可返回表示星期的某一天的数。其语法格式如下：

```
dateObject.getDay()
```

返回值是 0(周日)到 6(周六)之间的一个整数。

【例 6.5】(示例文件 ch06\6.5.html)

返回日期所对应的周次：

```
<!DOCTYPE html>
<html>
<head>
<title></title>
</head>
<body>
<script type="text/javascript">
```

```
var d = new Date()
var weekday = new Array(7)
weekday[0] = "星期日"
weekday[1] = "星期一"
weekday[2] = "星期二"
weekday[3] = "星期三"
weekday[4] = "星期四"
weekday[5] = "星期五"
weekday[6] = "星期六"
document.write("今天是" + weekday[d.getDay()])
</script>
</body>
</html>
```

在 IE 11.0 中浏览，效果如图 6-5 所示。

图 6-5　返回日期所对应的是星期几

6.2.4　显示当前时间

使用 getHours()方法可返回时间的小时字段。其语法格式如下：

`dateObject.getHours()`

返回值是 0(午夜)到 23(晚上 11 点)之间的一个整数。

使用 getMinutes()方法可返回时间的分钟字段。其语法格式如下：

`dateObject.getMinutes()`

返回值是 0~59 之间的一个整数。

使用 getSeconds()方法可返回时间的秒字段。其语法格式如下：

`dateObject.getSeconds()`

返回值是 0~59 之间的一个整数。

> **注意**　getHours()、getMinutes()、getSeconds()返回的值是一个两位数。不过返回值并不总是两位的，如果该值小于 10，则仅返回一位数字。

【例 6.6】(示例文件 ch06\6.6.html)

显示当前时间：

```
<!DOCTYPE html>
<html>
```

```
<head>
<title></title>
</head>
<body>
<script type="text/javascript">
function checkTime(i)
{
    if (i < 10)
    {i="0" + i;}
    return i;
}
var d = new Date();
document.write(checkTime(d.getHours()));
document.write(".");
document.write(checkTime(d.getMinutes()));
document.write(".");
document.write(checkTime(d.getSeconds()));
</script>
</body>
</html>
```

在 IE 11.0 中浏览，效果如图 6-6 所示。

图 6-6　显示当前时间

6.2.5　返回距 1970 年 1 月 1 日午夜的时间差

使用 getTime()方法返回 Date 对象距 1970 年 1 月 1 日午夜的时间差。其语法格式如下：

```
dateObject.getTime()
```

该时间差是指定的日期和时间距 1970 年 1 月 1 日午夜(GMT 时间)之间的毫秒数。该方法总是结合一个 Date 对象来使用。

【例 6.7】(示例文件 ch06\6.7.html)

使用 getTime()方法：

```
<!DOCTYPE html>
<html>
<head>
<title></title>
</head>
```

```
<body>
<script type="text/javascript">
var minutes = 1000*60;
var hours = minutes*60;
var days = hours*24;
var years = days*365;
var d = new Date();
var t = d.getTime();
var y = t/years;
document.write("从1970年1月1日至今已有" + y + "年");
</script>
</body>
</html>
```

在 IE 11.0 中浏览，效果如图 6-7 所示。

图 6-7　使用 getTime()方法

6.2.6　以不同的格式来显示 UTC 日期

使用 getUTCDate()方法可根据世界时返回一个月(UTC)中的某一天。其语法格式如下：

`dateObject.getUTCDate()`

返回该月中的某一天(1~31)。不过，该方法总是结合一个 Date 对象来使用。

使用 getUTCMonth()方法可返回一个表示月份的数(按照世界时 UTC)。其语法格式如下：

`dateObject.getUTCMonth()`

返回 0(一月)~11(十二月)之间的一个整数。需要注意的是，使用 1 来表示月的第一天，而不是像月份字段那样使用 0 来代表一年的第一个月。

getUTCFullYear()方法可返回根据世界时(UTC)表示的年份的四位数。其语法格式如下：

`dateObject.getUTCFullYear()`

返回一个四位的整数，而不是两位数的缩写。

【例 6.8】(示例文件 ch06\6.8.html)

以不同的格式来显示 UTC 日期：

```
<!DOCTYPE html>
<html>
<head>
<title></title>
```

```
</head>
<body>
<script type="text/javascript">
var d = new Date();
var day = d.getUTCDate();
var month = d.getUTCMonth() + 1;
var year = d.getUTCFullYear();
document.write(day + "." + month + "." + year);
document.write("<br /><br />");
document.write(year + "/" + month + "/" + day);
</script>
</body>
</html>
```

在 IE 11.0 中浏览,效果如图 6-8 所示。

6.2.7 根据世界时返回日期对应的是星期几

使用 getUTCDay()方法可以根据世界时返回日期对应的是星期几。其语法格式如下:

```
dateObject.getUTCDay()
```

图 6-8 以不同的格式来显示 UTC 日期

【例 6.9】(示例文件 ch06\6.9.html)

使用 getUTCDay()方法:

```
<!DOCTYPE html>
<html>
<head>
<title></title>
</head>
<body>
<script type="text/javascript">
var d = new Date();
var weekday = new Array(7);
weekday[0] = "星期日";
weekday[1] = "星期一";
weekday[2] = "星期二";
weekday[3] = "星期三";
weekday[4] = "星期四";
weekday[5] = "星期五";
weekday[6] = "星期六";
document.write("今天是 " + weekday[d.getUTCDay()]);
</script>
</body>
</html>
```

在 IE 11.0 中浏览,效果如图 6-9 所示。

6.2.8 以不同的格式来显示 UTC 时间

getUTCHours()方法可根据世界时(UTC)返回时间中的小时。其语法格式如下：

```
dateObject.getUTCHours()
```

图 6-9　使用 getUTCDay()方法

返回的值是用世界时表示的小时字段，该值是一个 0(午夜)~23(晚上 11 点)之间的整数。

使用 getUTCMinutes()方法可根据世界时返回时间中的分钟字段。其语法格式如下：

```
dateObject.getUTCMinutes()
```

返回值是 0~59 之间的一个整数。

使用 getUTCSeconds()方法可根据世界时返回时间中的秒。其语法格式如下：

```
dateObject.getUTCSeconds()
```

返回值是 0~59 之间的一个整数。

注意　　由 getUTCHours()、getUTCMinutes()、getUTCSeconds()返回的值是一个两位数。不过返回值并不总是两位的，如果该值小于 10，则仅返回一位数字。

【例 6.10】(示例文件 ch06\6.10.html)

以不同的格式来显示 UTC 时间：

```
<!DOCTYPE html>
<html>
<head>
<title></title>
</head>
<body>
<script type="text/javascript">
function checkTime(i)
{
   if (i<10)
   {i = "0" + i;}
   return i;
}
var d = new Date();
document.write(checkTime(d.getUTCHours()));
document.write(".");
document.write(checkTime(d.getUTCMinutes()));
document.write(".");
document.write(checkTime(d.getUTCSeconds()));
</script>
</body>
</html>
```

在 IE 11.0 中浏览，效果如图 6-10 所示。

6.2.9 设置日期对象中的年份、月份和日期值

使用 setFullYear()方法可以设置日期对象中的年份。其语法格式如下：

```
dateObject.setFullYear(year,month,day)
```

图 6-10 以不同的格式来显示 UTC 时间

各个参数的含义如下。
- year：为必选项。表示年份的四位整数。用本地时间表示。
- month：可选。表示月份的数值，介于 0~11 之间。用本地时间表示。
- day：可选。表示月中某一天的数值，介于 1~31 之间。用本地时间表示。

使用 setMonth()方法可以设置日期对象中的月份。其语法格式如下：

```
dateObject.setMonth(month,day)
```

各个参数的含义如下。
- month：必选。一个表示月份的数值，该值介于 0(一月)~11(十二月)之间。
- day：可选。一个表示月中某一天的数值，该值介于 1~31 之间(以本地时间计)。

使用 setDate()方法可以设置日期对象一个月中的某一天。其语法格式如下：

```
dateObject.setDate(day)
```

其中 day 为必选项。表示一个月中的一天的一个数值(1~31)。

【例 6.11】(示例文件 ch06\6.11.html)

设置日期对象中的年份、月份和日期值：

```
<!DOCTYPE html>
<html>
<head>
<title></title>
</head>
<body>
<script type="text/javascript">
var d1 = new Date();
d1.setDate(15);
document.write("设置 Date 对象中的日期值：" + d1);
document.write("<br /><br />");
var d2 = new Date();
d2.setMonth(0);
document.write("设置 Date 对象中的月份值：" + d2);
document.write("<br /><br />");
var d3 = new Date();
d3.setFullYear(1992);
document.write("设置 Date 对象中的年份值：" + d3);
</script>
</body>
</html>
```

在 IE 11.0 中浏览，效果如图 6-11 所示。

图 6-11　设置日期对象中的年份、月份和日期值

6.2.10　设置日期对象中的小时、分钟和秒钟值

使用 setHours()方法可以设置指定时间的小时字段。其语法格式如下：

`dateObject.setHours(hour,min,sec,millisec)`

各个参数的含义如下。
- hour：必选。表示小时的数值，介于 0(午夜)~23(晚上 11 点)之间，以本地时间计(下同)。
- min：可选。表示分钟的数值，介于 0~59 之间。在 EMCAScript 标准化之前，不支持该参数。
- sec：可选。表示秒的数值，介于 0~59 之间。在 EMCAScript 标准化之前，不支持该参数。
- millisec：可选。表示毫秒的数值，介于 0~999 之间。在 EMCAScript 标准化之前，不支持该参数。

使用 setMinutes()方法可以设置指定时间的分钟字段。其语法格式如下：

`dateObject.setMinutes(min,sec,millisec)`

各个参数的含义如下。
- min：必选。表示分钟的数值，介于 0~59 之间，以本地时间计(下同)。
- sec：可选。表示秒的数值，介于 0~59 之间。在 EMCAScript 标准化之前，不支持该参数。
- millisec：可选。表示毫秒的数值，介于 0~999 之间。在 EMCAScript 标准化之前，不支持该参数。

使用 setSeconds()方法可以设置指定时间的秒钟字段。其语法格式如下：

`dateObject.setSeconds(sec,millisec)`

各个参数的含义如下。
- sec：必选。表示秒的数值，该值是介于 0~59 之间的整数。
- millisec：可选。表示毫秒的数值，介于 0~999 之间。在 EMCAScript 标准化之前，不支持该参数。

【例 6.12】 (示例文件 ch06\6.12.html)

设置日期对象中的小时、分钟和秒钟值：

```html
<!DOCTYPE html>
<html>
<head>
<title></title>
</head>
<body>
<script type="text/javascript">
var d1 = new Date();
d1.setHours(15,35,1);
document.write("设置 Date 对象中的小时数： " + d1);
document.write("<br /><br />");
var d2 = new Date();
d2.setMinutes(1);
document.write("设置 Date 对象中的分钟数： " + d2);
document.write("<br /><br />");
var d3 = new Date();
d3.setSeconds(1);
document.write("设置 Date 对象中的秒钟数： " + d3);
</script>
</body>
</html>
```

在 IE 11.0 中浏览，效果如图 6-12 所示。

图 6-12　设置日期对象中的时、分、秒

6.2.11　以 UTC 日期对 Date 对象进行设置

使用 setUTCDate()方法可以根据世界时(UTC)设置一个月中的某一天。其语法格式如下：

```
dateObject.setUTCDate(day)
```

其中 day 为必选项。要给 dateObject 设置一个月中的某一天，用世界时表示。该参数是 1~31 之间的整数。

Date 对象还提供了一系列对年、月、日、小时、分钟、秒钟进行 UTC 设置的方法，都与此方法的使用方式相同，这里不再赘述。

【例 6.13】(示例文件 ch06\6.13.html)

以 UTC 日期对 Date 对象进行设置：

```
<!DOCTYPE html>
<html>
<head>
<title></title>
</head>
<body>
<script type="text/javascript">
var d = new Date()
d.setUTCDate(15)
document.write(d)
</script>
</body>
</html>
```

在 IE 11.0 中浏览，效果如图 6-13 所示。

图 6-13　以 UTC 日期对 Date 对象进行设置

6.2.12　返回当地时间与 UTC 时间的差值

使用 getTimezoneOffset()方法可返回格林尼治时间与本地时间之间的时差，以分钟为单位。其语法格式如下：

```
dateObject.getTimezoneOffset()
```

其中返回值为本地时间与 GMT 时间之间的时间差，以分钟为单位。

　　getTimezoneOffset()方法返回的是本地时间与 GMT 时间或 UTC 时间之间相差的分钟数。实际上，该函数告诉我们运行 JavaScript 代码的时区，以及指定的时间是否是夏令时。返回之所以以分钟计，而不是以小时计，原因是某些国家所占有的时区间隔甚至不到一个小时。

　　由于使用夏令时的惯例，该方法的返回值不是一个常量。

【例 6.14】(示例文件 ch06\6.14.html)

使用 getTimezoneOffset()方法：

```
<!DOCTYPE html>
<html>
<head>
<title></title>
</head>
<body>
<script type="text/javascript">
var d = new Date()
document.write("现在的本地时间超前了" + d.getTimezoneOffset()/60 + "个小时")
</script>
</body>
</html>
```

在 IE 11.0 中浏览，效果如图 6-14 所示。

6.2.13 将 Date 对象中的日期转化为字符串格式

使用 toString()方法可把 Date 对象转换为字符串，并返回结果。其语法格式如下：

图 6-14 使用 getTimezoneOffset()方法

```
dateObject.toString()
```

【例 6.15】(示例文件 ch06\6.15.html)
使用 toString()方法：

```
<!DOCTYPE html>
<html>
<head>
<title></title>
</head>
<body>
<script type="text/javascript">
var d = new Date();
document.write(d.toString());
</script>
</body>
</html>
```

在 IE 11.0 中浏览，效果如图 6-15 所示。

图 6-15 使用 toString()方法

6.2.14 返回一个以 UTC 时间表示的日期字符串

使用 toUTCString()方法可根据世界时(UTC)把 Date 对象转换为字符串，并返回结果。其语法格式如下：

```
dateObject.toUTCString()
```

【例 6.16】(示例文件 ch06\6.16.html)

使用 toUTCString()方法：

```
<!DOCTYPE html>
<html>
<head>
<title></title>
</head>
<body>
<script type="text/javascript">
var d = new Date();
document.write(d.toUTCString());
</script>
</body>
</html>
```

在 IE 11.0 中浏览，效果如图 6-16 所示。

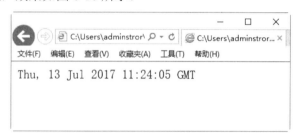

图 6-16　使用 toUTCString()方法

6.2.15 将日期对象转化为本地日期

使用 toLocaleString()方法可根据本地时间把 Date 对象转换为字符串，并返回结果。其语法格式如下：

```
dateObject.toLocaleString()
```

【例 6.17】(示例文件 ch06\6.17.html)

使用 toLocaleString()方法：

```
<!DOCTYPE html>
<html>
<head>
<title></title>
```

```
</head>
<body>
<script type="text/javascript">
var d = new Date();
document.write(d.toLocaleString());
</script>
</body>
</html>
```

在 IE 11.0 中浏览，效果如图 6-17 所示。

图 6-17 使用 toLocaleString()方法

6.2.16 日期间的运算

日期数据之间的运算通常包括一个日期对象加上整数的年、月或日，或者两个日期对象做相减运算。

1. 日期对象与整数年、月或日相加

日期对象与整数年、月或日相加，需要将它们相加的结果，通过 setXxx 函数设置成新的日期对象，实现日期对象与整数年、月和日相加。其语法格式如下：

```
date.setDate(date.getDate() + value);              //增加天
date.setMonth(date.getMonth() + value);            //增加月
date.setFullYear(date.getFullYear() + value);      //增加年
```

2. 日期相减

JavaScript 中允许两个日期对象相减，相减之后将会返回这两个日期之间的毫秒数。通常会将毫秒转换成秒、分、时、天等。

【例 6.18】(示例文件 ch06\6.18.html)

实现两个日期相减，并分别转换成秒、分、时和天：

```
<!DOCTYPE html>
<html>
<head>
<title>创建日期对象</title>
<script>
var now=new Date();                                //以现在时间定义日期对象
var nationalDay=new Date(2018,10,1,0,0,0);         //以2011年国庆节定义日期对象
```

```
var msel=nationalDay-now                              //相差毫秒数
//输出相差时间
document.write("距离 2018 年国庆节还有："+msel+"毫秒<br>");
document.write("距离 2018 年国庆节还有："+parseInt(msel/1000)+"秒<br>");
document.write("距离 2018 年国庆节还有："+parseInt(msel/(60*1000))+"分钟<br>");
document.write("距离 2018 年国庆节还有："+parseInt(msel/(60*60*1000))+"小时<br>");
document.write("距离 2018 年国庆节还有："+parseInt(msel/(24*60*60*1000))+"天<br>");
</script>
</head>
<body>
</body>
</html>
```

在 IE 11.0 中浏览，效果如图 6-18 所示。

图 6-18　日期对象相减

6.3　字符串对象

字符串类型是 JavaScript 中的基本数据类型之一。在 JavaScript 中，可以将字符串直接看成字符串对象，不需要任何转换。

6.3.1　创建字符串对象

字符串对象有两种创建方法。

1. 直接声明字符串变量

通过前面学习的声明字符串变量的方法，把声明的变量看作字符串对象。其语法格式如下：

[var] 字符串变量 = 字符串;

这里，var 是可选项。例如，创建字符串对象 myString，并对其赋值，代码如下：

var myString = "This is a sample";

2. 使用 new 关键字创建字符串对象

使用 new 关键字创建字符串对象的方法如下：

```
[var] 字符串对象 = new String(字符串);
```

这里，var 是可选项，字符串构造函数 String() 的第一个字母必须为大写字母。
例如，通过 new 关键字创建字符串对象 myString，并对其赋值，代码如下：

```
var myString = new String("This is a sample");
```

上述两种语句的效果是一样的，因此声明字符串时，可以采用 new 关键字，也可以不采用 new 关键字。

6.3.2 字符串对象的常用属性

字符串对象的属性比较少，常用的属性为 length。字符串对象的属性及其说明如表 6-3 所示。

表 6-3 字符串对象的属性及其说明

属　　性	说　　明
Constructor	字符串对象的函数模型
length	字符串的长度
prototype	添加字串对象的属性

对象属性的使用格式如下：

```
对象名.属性名              //获取对象属性值
对象名.属性名=值           //为属性赋值
```

例如，声明字符串对象 myArticle，输出其包含的字符个数：

```
var myArticle = " 千里始足下,高山起微尘,吾道亦如此,行之贵日新。——白居易";
document.write(myArticle.length);    //输出字符串对象字符的个数
```

测试字符串长度时，空格占一个字符位。一个汉字占一个字符位，即一个汉字的长度为 1。

【例 6.19】(示例文件 ch06\6.19.html)
计算字符串的长度：

```
<!DOCTYPE html>
<html>
<head>
<title></title>
</head>
<body>
<script type="text/javascript">
var txt = "Hello World!"
document.write("字符串"Hello World!"的长度为: " + txt.length)
```

```
</script>
</body>
</html>
```

在 IE 11.0 中浏览，效果如图 6-19 所示。

图 6-19 计算字符串的长度

6.3.3 字符串对象的常用方法

字符串对象是内置对象之一，也是常用的对象。在 JavaScript 中，经常会在字符串对象中查找、替换字符。为了方便操作，JavaScript 中内置了大量方法，用户只需要直接使用这些方法，即可完成相应的操作。

- anchor()：创建 HTML 锚。
- big()：用大号字体显示字符串。
- blink()：显示闪动字符串。
- bold()：使用粗体显示字符串。
- charAt()：返回指定位置的字符。
- charCodeAt()：返回指定位置的字符的 Unicode 编码。
- concat()：连接字符串。
- fixed()：以打字机文本显示字符串。
- fontcolor()：使用指定的颜色来显示字符串。
- fontsize()：使用指定的尺寸来显示字符串。
- fromCharCode()：从字符编码创建一个字符串。
- indexOf()：检索字符串。
- italics()：使用斜体显示字符串。
- lastIndexOf()：从后向前搜索字符串。
- link()：将字符串显示为链接。
- localeCompare()：用本地特定的顺序来比较两个字符串。
- match()：找到一个或多个正则表达式的匹配。
- replace()：替换与正则表达式相匹配的子串。
- search()：检索与正则表达式相匹配的值。
- slice()：提取字符串的片段，并在新的字符串中返回被提取的部分。
- small()：使用小字号来显示字符串。
- split()：把字符串分割为字符串数组。

- strike()：使用删除线来显示字符串。
- sub()：把字符串显示为下标。
- substr()：从起始索引号提取字符串中指定数目的字符。
- substring()：提取字符串中两个指定的索引号之间的字符。
- sup()：把字符串显示为上标。
- toLocaleLowerCase()：把字符串转换为小写。
- toLocaleUpperCase()：把字符串转换为大写。
- toLowerCase()：把字符串转换为小写。
- toUpperCase()：把字符串转换为大写。
- toSource()：代表对象的源代码。
- toString()：返回字符串。
- valueOf()：返回某个字符串对象的原始值。

6.4 详解字符串对象的常用方法

下面详细讲解字符串对象常用的方法和技巧。

6.4.1 设置字符串字体属性

使用字符串的方法可以设置字符串字体的相关属性，如设置字符串字体的大小、颜色等。例如，以大号字体显示字符串，就可以使用 big()方法；以粗体方式显示字符串，就可以使用 bold()方法。具体的语法格式如下：

```
stringObject.big()
stringObject.bold()
```

【例 6.20】(示例文件 ch06\6.20.html)
设置字符串的字体属性：

```
<!DOCTYPE html>
<html>
<head>
<title></title>
</head>
<body>
<script type="text/javascript">
var txt = "清明时节雨纷纷";
document.write("正常显示为: " + txt + "</p>");
document.write("以大号字体显示为: " + txt.big() + "</p>");
document.write("以小号字体显示为: " + txt.small() + "</p>");
document.write("以粗体方式显示为: " + txt.bold() + "</p>");
document.write("以倾斜方式显示为: " + txt.italics() + "</p>");
document.write("以打印体方式显示为: " + txt.fixed() + "</p>");
document.write("添加删除线显示为: " + txt.strike() + "</p>");
```

```
document.write("以指定的颜色显示为: " + txt.fontcolor("Red") + "</p>");
document.write("以指定字体大小显示为: " + txt.fontsize(16) + "</p>");
document.write("以上标方式显示为: " + txt.sub() + "</p>");
document.write("以下标方式显示为: " + txt.sup() + "</p>");
document.write(
  "为字符串添加超级链接: " + txt.link("http://www.baidu.com") + "</p>");
</script>
</body>
</html>
```

在 IE 11.0 中浏览，效果如图 6-20 所示。

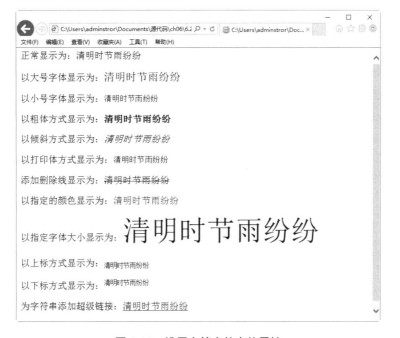

图 6-20　设置字符串的字体属性

6.4.2　以闪烁方式显示字符串

使用 blink()方法能够显示闪动的字符串。其语法格式如下：

```
stringObject.blink()
```

目前只有 Firefox 和 Opera 浏览器支持 blink()方法，Internet Explorer, Chrome, 以及 Safari 不支持 blink() 方法。

【例 6.21】(示例文件 ch06\6.21.html)

使用 blink()方法显示闪动的字符串：

```
<!DOCTYPE html>
<html>
<head>
<title></title>
```

```
</head>
<body>
<script type="text/javascript">
var str = "清明时节雨纷纷";
document.write(str.blink());
</script>
</body>
</html>
```

在 IE 11.0 中浏览，效果如图 6-21 所示。

6.4.3 转换字符串的大小写

字符串对象的 toLocaleLowerCase()、toLocaleUpperCase()、toLowerCase()、toUpperCase()方法可以转换字符串的大小写。这 4 种方法的语法格式如下：

图 6-21 使用 blink()方法显示闪动的字符串

```
stringObject.toLocaleLowerCase()
stringObject.toLowerCase()
stringObject.toLocaleUpperCase()
stringObject.toUpperCase()
```

与 toUpperCase()(toLowerCase())不同的是，toLocaleUpperCase()(toLocaleLowerCase())方法按照本地方式把字符串转换为大写(小写)。只有几种语言(如土耳其语)具有地方特有的大小写映射，其他所有该方法的返回值通常与 toUpperCase()(toLowerCase())一样。

【例 6.22】(示例文件 ch06\6.22.html)
转换字符串的大小写：

```
<!DOCTYPE html>
<html>
<head>
<title></title>
</head>
<body>
<script type="text/javascript">
var txt = "Hello World!";
document.write("正常显示为： " + txt + "</p>");
document.write("以小写方式显示为： " + txt.toLowerCase() + "</p>");
document.write("以大写方式显示为： " + txt.toUpperCase() + "</p>");
document.write(
    "按照本地方式把字符串转化为小写： " + txt.toLocaleLowerCase() + "</p>");
document.write(
    "按照本地方式把字符串转化为大写： " + txt.toLocaleUpperCase() + "</p>");
</script>
</body>
</html>
```

在 IE 11.0 中浏览，效果如图 6-22 所示。可以看出，按照本地方式转换大小写与不按照本地方式转换得到的大小写结果是一样的。

图 6-22　转换字符串的大小写

6.4.4　连接字符串

使用 concat()方法可以连接两个或多个字符串。其语法格式如下：

```
stringObject.concat(stringX,stringX,...,stringX)
```

其中，stringX 为必选项。

concat()方法将把它的所有参数转换成字符串，然后按顺序连接到字符串 stringObject 的尾部，并返回连接后的字符串。

> 注意　stringObject 本身并没有被更改。另外，stringObject.concat()与 Array.concat()很相似。不过，使用 "+" 运算符进行字符串的连接运算，通常会更简便一些。

【例 6.23】(示例文件 ch06\6.23.html)

使用 concat()方法连接字符串：

```
<!DOCTYPE html>
<html>
<head>
<title></title>
</head>
<body>
<script type="text/javascript">
var str1 = "清明时节雨纷纷，";
var str2 = "路上行人欲断魂。";
document.write(str1.concat(str2));
</script>
</body>
</html>
```

在 IE 11.0 中浏览，效果如图 6-23 所示。

图 6-23　使用 concat()方法连接字符串

6.4.5 比较两个字符串的大小

使用 localeCompare()方法可以用本地特定的顺序来比较两个字符串。其语法格式如下：

```
stringObject.localeCompare(target)
```

其中 target 参数是要以本地特定的顺序与 stringObject 进行比较的字符串。

比较完成后，其返回值是比较结果数字。如果 stringObject 小于 target，则返回小于 0 的数。如果 stringObject 大于 target，则该方法返回大于 0 的数。如果两个字符串相等，或根据本地排序规则没有区别，则返回 0。

【例 6.24】(示例文件 ch06\6.24.html)

使用 localeCompare()方法比较两个字符串的大小：

```
<!DOCTYPE html>
<html>
<head>
<title></title>
</head>
<body>
<script type="text/javascript">
var str1 = "Hello world";
var str2 = "hello World";
var str3 = str1.localeCompare(str2);
document.write("比较结果为: " + str3);
</script>
</body>
</html>
```

在 IE 11.0 中浏览，效果如图 6-24 所示。

6.4.6 分割字符串

使用 split()方法可以把一个字符串分割成字符串数组。其语法格式如下：

```
stringObject.split(separator,howmany)
```

图 6-24 使用 localeCompare()方法比较两个字符串的大小

各个参数的含义如下。

- separator：必选项。字符串或正则表达式，从该参数指定的地方分割 stringObject。
- howmany：可选项。该参数可指定返回的数组的最大长度。如果设置了该参数，返回的子串不会多于这个参数指定的数组。如果没有设置该参数，整个字符串都会被分割，不考虑它的长度。

【例 6.25】(示例文件 ch06\6.25.html)

使用 split()方法分割字符串：

```
<!DOCTYPE html>
<html>
<head>
<title></title>
</head>
<body>
<script type="text/javascript">
var str = "为谁辛苦为谁忙";
document.write(str.split(" ") + "<br />");
document.write(str.split("") + "<br />");
document.write(str.split(" ",3));
</script>
</body>
</html>
```

在 IE 11.0 中浏览，效果如图 6-25 所示。

6.4.7 从字符串中提取字符串

substring()方法用于提取字符串中介于两个指定下标之间的字符。其语法格式如下：

```
stringObject.substring(start,stop)
```

图 6-25 使用 split()方法分割字符串

参数的含义如下。

- start：必选项。一个非负的整数，规定要提取的子串的第一个字符在 stringObject 中的位置。
- stop：可选项。一个非负的整数，比要提取的子串的最后一个字符在 stringObject 中的位置多 1。如果省略该参数，那么返回的子串会一直到字符串的结尾。

【例 6.26】(示例文件 ch06\6.26.html)

使用 substring()方法提取字符串：

```
<!DOCTYPE html>
<html>
<head>
<title></title>
</head>
<body>
<script type="text/javascript">
var str = "Hello world!";
document.write(str.substring(3,7));
</script>
</body>
</html>
```

在 IE 11.0 中浏览，效果如图 6-26 所示。

图 6-26 使用 substring()方法提取字符串

6.5 实战演练 1——制作网页随机验证码

网站为了防止用户利用机器人自动注册、登录、灌水，都采用了验证码技术。所谓验证码，就是将一串随机产生的数字或符号，生成一幅图片，图片里可加上一些干扰像素，由用户肉眼识别其中的验证码信息，输入表单后提交到网站验证，验证成功后才能使用某项功能。

本例将产生一个由 n 位数字和大小写字母构成的验证码。

【例 6.27】随机产生一个由 n 位数字和字母组成的验证码，如图 6-27 所示。单击"刷新"按钮将重新产生验证码，如图 6-28 所示。

图 6-27 随机验证码

图 6-28 刷新验证码

使用数学对象中的随机数方法 random()和字符串的取字符方法 charAt()产生验证码。

具体操作步骤如下。

step 01 创建 HTML 文件，并输入如下代码：

```
<!DOCTYPE html>
<html>
<head>
<title>随机验证码</title>
</head>
<body>
<span id="msg"></span>
<input type="button" value="刷新" />
</body>
</html>
```

span 标记没有特殊的意义，只是显示某行内的独特样式，在这里主要用于显示产生的验证码。为了保证后面程序的正常运行，一定不要省略 id 属性或修改取值。

step 02 新建 JavaScript 文件，保存文件名为 getCode.js，保存在与 HTML 文件相同的位置。在 getCode.js 文件中键入如下代码：

```
/*产生随机数函数*/
function validateCode(n){
    /*验证码中可能包含的字符*/
```

```
    var s =
      "abcdefghijklmnopqrstuvwxyzABCDEFGHIJKLMNOPQRSTUVWXYZ0123456789";
    var ret = "";        //保存生成的验证码
    /*利用循环，随机产生验证码中的每个字符*/
    for(var i=0; i<n; i++)
    {
        var index = Math.floor(Math.random()*62);   //随机产生一个 0~62 之间的数
        //将随机产生的数当作字符串的位置下标，在字符串 s 中取出该字符，并存入 ret 中
        ret += s.charAt(index);
    }
    return ret;    //返回产生的验证码
}

/*显示随机数函数*/
function show(){
    //在 id 为 msg 的对象中显示验证码
    document.getElementById("msg").innerHTML = validateCode(4);
}
window.onload = show;     //页面加载时执行函数 show
```

> 注意　在 getCode.js 文件中，validateCode 函数主要用于产生指定位数的随机数，并返回该随机数。函数 show 主要是调用 validateCode 函数，并在 id 为 msg 的对象中显示随机数。

在 show 函数中，document 的 getElementById("msg")函数是使用 DOM 模型获得对象，innerHTML 属性是修改对象的内容。后面会详细讲述。

step 03 在 HTML 文件的 head 部分键入 JavaScript 代码，具体如下：

```
<script src="getCode.js" type="text/javascript"></script>
```

step 04 在 HTML 文件中修改"刷新"按钮的代码，修改<input type="button" value="刷新">这一行代码，具体如下：

```
<input type="button" value="刷新" onclick="show()" />
```

step 05 保存网页后，即可查看最终效果。

> 注意　在本例中，使用了两种方法为对象增加事件：
> 在 HTML 代码中增加事件，即为"刷新"按钮增加的 onclick 事件；在 JS 代码中增加事件，即在 JS 代码中为窗口增加 onload 事件。

6.6　实战演练 2——制作动态时钟

【例 6.28】设计程序，实现动态显示当前时间，如图 6-29 所示。

　　需要使用定时函数：setTimeOut 方法，实现每隔一定时间调用函数。

图 6-29 动态时钟

具体操作步骤如下。

step 01 创建 HTML 5 文件,输入如下代码:

```
<!DOCTYPE html>
<html>
<head>
<title>动态时钟</title>
</head>
<body>
<h1 id="date"></h1>
<span id="msg"></span>
</body>
</html>
```

注意 为了保证程序的正常运行,h1 标记和 span 标记的 id 属性不能省略,并且取值也不要修改,如果修改,后面的代码中也应保持一致。

step 02 新建 JavaScript 文件,保存文件名为 clock.js,保存在与 HTML 文件相同的位置。在 clock.js 文件中键入如下代码:

```
function showDateTime(){
var sWeek = new Array("日","一","二 ","三","四","五","六");   //声明数组存储一周七天
var myDate = new Date();              //当天的日期
var sYear = myDate.getFullYear();     //年
var sMonth = myDate.getMonth()+1;     //月
var sDate = myDate.getDate();         //日
var sDay = sWeek[myDate.getDay()];    //根据得到的数字星期,利用数组转换成汉字星期
var h = myDate.getHours();     //小时
var m = myDate.getMinutes();   //分钟
var s = myDate.getSeconds();   //秒钟

//输入日期和星期
document.getElementById("date").innerHTML =
   (sYear + "年" + sMonth + "月" + sDate + "日" + " 星期" + sDay + "<br>");
```

```
h = formatTwoDigits(h);    //格式化小时，如果不足两位，前面补 0
m = formatTwoDigits(m);    //格式化分钟，如果不足两位，前面补 0
s = formatTwoDigits(s);    //格式化秒钟，如果不足两位，前面补 0
//显示时间
document.getElementById("msg").innerHTML =
    (imageDigits(h) + "<img src='images/dot.png'>"
    + imageDigits(m) + "<img src='images/dot.png'>"
    + imageDigits(s) + "<br>");
setTimeout("showDateTime()",1000);   //每秒执行一次 showDateTime 函数
}
window.onload = showDateTime;        //页面的加载事件执行时，调用函数

//如果输入数是一位数，在十位数上补 0
function formatTwoDigits(s) {
  if (s<10) return "0" + s;
  else return s;
}
//将数转换为图像，注意，在本文件的相同目录下已有 0~9 的图像文件，文件名为 0.png, 1.png,
//以此类推
function imageDigits(s) {
  var ret = "";
  var s = new String(s);
  for (var i=0; i<s.length; i++) {
    ret += '<img src="images/' + s.charAt(i) + '.png">';
  }
  return ret;
}
```

> **注意** 在 clock.js 文件中，showDateTime 函数主要用于产生日期和时间，并且对日期和时间进行格式化。formatTwoDigits 函数是在一位的日期或时间前面补 0，变成两位。imageDigits 是将数字用相应的图片代替。
>
> setTimeout 是 window 对象的方法，按照指定的时间间隔执行相应的函数。

step 03 在 HTML 5 文件的 head 部分键入 JavaScript 代码，具体如下：

```
<script src="clock.js"></script>
```

6.7 疑难解惑

疑问 1：如何产生指定范围内的随机整数？

答：在实际开发中，会经常使用指定范围内的随机整数。借助数学方法，总结出以下两种指定范围内的随机整数的产生方法。

- 产生 0~n 之间的随机数：Math.floor(Math.random()*(n+1))
- 产生 n1~n2 之间的随机数：Math.floor(Math.random()*(n2-n1))+n1

疑问 2：如何格式化 alert 弹出窗口的内容？

答：使用 alert 弹出窗口时，窗口内容的显示格式可以借助转义字符进行格式化。如果希望窗口内容按指定位置换行，添加转义字符"\n"；如果希望转义字符间有制表位间隔，可使用转义字符"\t"，其他可借鉴转义字符部分。

疑问 3：如何转换时间单位？

答：时间单位主要包括毫秒、秒、分钟、小时。时间单位的转换如下：

- 1000 毫秒=1 秒
- 60 秒=1 分钟
- 60 分钟=1 小时

第 7 章

数值与数学对象

在 JavaScript 中很少使用 Number 对象，但是其中含有一些有用的信息。在 Number 属性中，max_value 表示最大值，而 min_value 表示最小值。Math 对象是一种内置的 JavaScript 对象，包括数值常数和函数，而且 Math 对象不需要创建。任何 JavaScript 程序都自动包含该对象。Math 对象的属性代表数学常数，而其方法则是数学函数。Math 对象提供了许多与数学相关的功能。例如，获得一个数的平方或产生一个随机数。本章就来详细介绍数值与数学对象这两个对象的使用方法和技巧。

7.1 Number 对象

Number 对象是原始数值的包装对象，它代表数值数据类型和提供数值的对象。下面介绍 Number 对象的一些常用属性和方法。

7.1.1 创建 Number 对象

在创建 Number 对象时，可以不与运算符 new 一起使用，而直接作为转换函数来使用。以这种方式调用 Number 对象时，它会把自己的参数转化成一个数值，然后返回转换后的原始数值。

创建 Number 对象的语法格式如下：

```
numObj = new Number(value);
```

各项的含义如下。
- numObj：表示要赋值 Number 对象的变量名。
- value：可选项，是新对象的数值。

【例 7.1】(示例文件 ch07\7.1.html)

创建和使用 Number 对象：

```
<!DOCTYPE html>
<html>
<head>
<title></title>
</head>
<body>
<script type="text/javascript">
var numObj1 = new Number();
var numObj2 = new Number(0);
var numObj3 = new Number(-1);
document.write(numObj1 + "<br>");
document.write(numObj2 + "<br>");
document.write(numObj3 + "<br>");
</script>
</body>
</html>
```

在 IE 11.0 中浏览，效果如图 7-1 所示。

7.1.2 Number 对象的属性

Number 对象包括 7 个属性，如表 7-1 所示。其中，constructor 和 prototype 两个属性在每个内部对象中都有，前面已经介绍过，这里不再赘述。

图 7-1 创建和使用 Number 对象

表 7-1　Number 对象的属性

属　　性	说　　明
constructor	返回对创建此对象的 Number 函数的引用
MAX_VALUE	可表示的最大的数
MIN_VALUE	可表示的最小的数
NaN	非数字值
NEGATIVE_INFINITY	负无穷大，溢出时返回该值
POSITIVE_INFINITY	正无穷大，溢出时返回该值
prototype	使我们有能力向对象添加属性和方法

1. MAX_VALUE

MAX_VALUE 属性是 JavaScript 中可表示的最大的数。

MAX_VALUE 的近似值为 $1.7976931348623157\times10^{308}$。

其语法格式如下：

```
Number.MAX_VALUE
```

【例 7.2】(示例文件 ch07\7.2.html)

返回 JavaScript 中最大的数值：

```
<!DOCTYPE html>
<html>
<head>
<title> </title>
</head>
<body>
<script type="text/javascript">
document.write(Number.MAX_VALUE);
</script>
</body>
</html>
```

在 IE 11.0 中浏览，效果如图 7-2 所示。

2. MIN_VALUE 属性

MIN_VALUE 属性是 JavaScript 中可表示的最小的数(接近于 0，但不是负数)。它的近似值为 5×10^{-324}。

其语法格式如下：

```
Number.MIN_VALUE
```

图 7-2　返回 JavaScript 中最大的数值

【例 7.3】(示例文件 ch07\7.3.html)

返回 JavaScript 中最小的数值：

```
<!DOCTYPE html>
<html>
```

```
<head>
<title> </title>
</head>
<body>
<script type="text/javascript">
document.write(Number.MIN_VALUE);
</script>
</body>
</html>
```

在 IE 11.0 中浏览，效果如图 7-3 所示。

3. NaN 属性

NaN 属性是代表非数值的特殊值。该属性用于指示某个值不是数值。可以把 Number 对象设置为该值，来指示其不是数值。

其语法格式如下：

```
Number.NaN
```

图 7-3 返回 JavaScript 中最小的数值

> 注意：需要使用 isNaN()全局函数来判断一个值是否是 NaN 值。

【例 7.4】(示例文件 ch07\7.4.html)

用 NaN 指示某个值是否为数值：

```
<!DOCTYPE html>
<html>
<head>
<title> </title>
</head>
<body>
<script type="text/javascript">
var Month = 30;
if (Month < 1 || Month > 12)
{
    Month = Number.NaN;
}
document.write(Month);
</script>
</body>
</html>
```

在 IE 11.0 中浏览，效果如图 7-4 所示。

图 7-4 用 NaN 指示某个值是否为数值

4. NEGATIVE_INFINITY 属性

NEGATIVE_INFINITY 属性表示小于 Number.MIN_VALUE 的值。该值代表负无穷大。

其语法格式如下：

```
Number.NEGATIVE_INFINITY
```

【例 7.5】 (示例文件 ch07\7.5.html)

返回负无穷大数值：

```
<!DOCTYPE html>
<html>
<head>
<title> </title>
</head>
<body>
<script type="text/javascript">
var x = (-Number.MAX_VALUE)*2;
if (x == Number.NEGATIVE_INFINITY)
{
    document.write("负无穷大数值为: " + x);
}
</script>
</body>
</html>
```

在 IE 11.0 中浏览，效果如图 7-5 所示。

5. POSITIVE_INFINITY 属性

POSITIVE_INFINITY 属性表示大于 Number.MAX_VALUE 的值。该值代表正无穷大。

其语法格式如下：

```
Number.POSITIVE_INFINITY
```

图 7-5　返回负无穷大数值

【例 7.6】 (示例文件 ch07\7.6.html)

返回正无穷大数值：

```
<!DOCTYPE html>
<html>
<head>
<title> </title>
</head>
<body>
<script type="text/javascript">
var x = (Number.MAX_VALUE)*2;
if (x == Number.POSITIVE_INFINITY)
{
    document.write("正无穷大数值为: " + x);
}
</script>
</body>
</html>
```

在 IE 11.0 中浏览，效果如图 7-6 所示。

7.1.3 Number 对象的方法

Number 对象包含的方法并不多，这些方法主要用于进行数据类型转换。常用的方法如表 7-2 所示。

图 7-6 返回正无穷大数值

表 7-2 Number 对象常用的方法

方法	说明
toString	把数值转换为字符串，使用指定的基数
toLocaleString	把数值转换为字符串，使用本地数字格式顺序
toFixed	把数值转换为字符串，结果的小数点后有指定位数的数字
toExponential	把对象的值转换为指数计数法
toPrecision	把数值格式化为指定的长度
valueOf	返回一个 Number 对象的基本数值

7.2 详解 Number 对象常用的方法

下面详细讲述 Number 对象常用的方法和技巧。

7.2.1 把 Number 对象转换为字符串

使用 toString()方法可以把 Number 对象转换成一个字符串，并返回结果。
其语法格式如下：

```
NumberObject.toString(radix)
```

其中，参数 radix 为可选项。规定表示数值的基数，为 2~36 之间的整数。若省略该参数，则使用基数 10。但是要注意，如果该参数是 10 以外的其他值，则 ECMAScript 标准允许实现返回任意值。

【例 7.7】(示例文件 ch07\7.7.html)
把数值对象转换为字符串：

```
<!DOCTYPE html>
<html>
<head>
<title> </title>
</head>
<body>
<script type="text/javascript">
var number = new Number(10);
document.write("将数字以十进制形式转换成字符串：");
```

```
document.write(number.toString());
document.write("<br>");
document.write("将数字以十进制形式转换成字符串：");
document.write(number.toString(10));
document.write("<br>");
document.write("将数字以二进制形式转换成字符串：");
document.write(number.toString(2));
document.write("<br>");
document.write("将数字以八进制形式转换成字符串：");
document.write(number.toString(8));
document.write("<br>");
document.write("将数字以十六进制形式转换成字符串：");
document.write(number.toString(16));
</script>
</body></html>
```

在 IE 11.0 中浏览，效果如图 7-7 所示。

7.2.2 把 Number 对象转换为本地格式字符串

使用 toLocaleString()方法可以把 Number 对象转换为本地格式的字符串。其语法格式如下：

```
NumberObject.toLocaleString()
```

图 7-7 把数值对象转换为字符串

> **注意**：其返回的数值以字符串表示。不过，根据本地规范进行格式化，可能会影响小数点或千分位分隔符采用的标点符号。

【例 7.8】(示例文件 ch07\7.8.html)
把数值对象转换为本地字符串：

```
<!DOCTYPE html>
<html>
<head>
<title> </title>
</head>
<body>
<script type="text/javascript">
var number = new Number(12.3848);
document.write("转换前的值为： " + number);
document.write("<br>");
document.write("转换后的值为： "
+ number.toLocaleString());
</script>
</body>
</html>
```

在 IE 11.0 中浏览，效果如图 7-8 所示。

图 7-8 把数值对象转换为本地字符串

7.2.3 四舍五入时指定小数位数

使用 toFixed()方法可以把 Number 四舍五入为指定小数位数的数值。其语法格式如下：

```
NumberObject.toFixed(num)
```

其中参数 num 为必选项。规定小数的位数，是 0~20 之间的值，包括 0 和 20，有些时候可以支持更大的数值范围。如果省略该参数，将用 0 代替。

【例 7.9】(示例文件 ch07\7.9.html)

四舍五入时指定小数位数：

```
<!DOCTYPE html>
<html>
<head>
<title> </title>
</head>
<body>
<script type="text/javascript">
var number = new Number(12.3848);
document.write("原数值为: "+ number);
document.write("<br>");
document.write("保留两位小数的数值为: " + number.toFixed(2))
</script>
</body>
</html>
```

在 IE 11.0 中浏览，效果如图 7-9 所示。

图 7-9 四舍五入时指定小数位数

7.2.4 返回以指数记数法表示的数值

使用 toExponential()方法可以把对象的值转换成指数计数法。其语法格式如下：

```
NumberObject.toExponential(num)
```

其中参数 num 为必选项，规定指数计数法中的小数位数，在 0~20 之间。

【例 7.10】(示例文件 ch07\7.10.html)

以指数记数法表示数值：

```
<!DOCTYPE html>
<html>
<head>
<title> </title>
</head>
<body>
<script type="text/javascript">
var number = new Number(10000);
document.write("原数值为: " + number);
document.write("<br>");
```

```
document.write("以指数记数法表示为: " + number.toExponential(2));
</script>
</body></html>
```

在 IE 11.0 中浏览，效果如图 7-10 所示。

7.2.5 以指数记数法指定小数位

使用 toPrecision()方法可以在对象的值超出指定位数时将其转换为指数计数法。

其语法格式如下：

```
NumberObject.toPrecision(num)
```

图 7-10 以指数记数法表示数值

其中参数 num 为必选项，规定必须被转换为指数计数法的最小位数，该参数是 1~21 之间(包括 1 和 21)的值。如果省略该参数，则调用方法 toString()，而不是把数转换成十进制的值。

【例 7.11】(示例文件 ch07\7.11.html)

以指数记数法指定小数位：

```
<!DOCTYPE html>
<html>
<head>
<title> </title>
</head>
<body>
<script type="text/javascript">
    var number = new Number(10000);
    document.write("原数值为: " + number);
    document.write("<br>");
    document.write("转换后的结果为: "
+ number.toPrecision(2));
</script>
</body>
</html>
```

在 IE 11.0 中浏览，效果如图 7-11 所示。

图 7-11 以指数记数法指定小数位

7.3 Math 对象

Math 对象提供了大量的数学常量和数学函数。在使用 Math 对象时，不能使用关键字 new 来创建对象实例，而应直接使用"对象名.成员"的格式来访问其属性和方法。

7.3.1 创建 Math 对象

创建 Math 对象的语法格式如下：

```
Math.[{property|method}]
```

各个参数的含义如下。
- property：必选项，为 Math 对象的一个属性名。
- method：必选项，为 Math 对象的一个方法名。

7.3.2 Math 对象的属性

Math 对象的属性是数学中常用的常量。Math 对象的属性及其说明如表 7-3 所示。

表 7-3 Math 对象的属性及其说明

属　性	说　明
E	返回算术常量 e，即自然对数的底数(约等于 2.718)
LN2	返回 2 的自然对数(约等于 0.693)
LN10	返回 10 的自然对数(约等于 2.302)
LOG2E	返回以 2 为底的 e 的对数(约等于 1.414)
LOG10E	返回以 10 为底的 e 的对数(约等于 0.434)
PI	返回圆周率(约等于 3.14159)
SQRT1_2	返回 2 的平方根的倒数(约等于 0.707)
SQRT2	返回 2 的平方根(约等于 1.414)

【例 7.12】(示例文件 ch07\7.12.html)

Math 对象属性的综合应用：

```
<!DOCTYPE html>
<html>
<head>
<title> </title>
</head>
<body>
<script type="text/javascript">
    var numVar1 = Math.E;
    document.write("E 属性应用后的计算结果为：" + numVar1);
    document.write("<br>");
    document.write("<br>");
    var numVar2 = Math.LN2;
    document.write("LN2 属性应用后的计算结果为：" + numVar2);
    document.write("<br>");
    document.write("<br>");
    var numVar3 = Math.LN10;
    document.write("LN10 属性应用后的计算结果为：" + numVar3);
    document.write("<br>");
    document.write("<br>");
    var numVar4 = Math.LOG2E;
```

```
        document.write("LOG2E 属性应用后的计算结果为：" + numVar4);
        document.write("<br>");
        document.write("<br>");
        var numVar5 = Math.LOG10E;
        document.write("LOG10E 属性应用后的计算结果为：" + numVar5);
        document.write("<br>");
        document.write("<br>");
        var numVar6 = Math.PI;
        document.write("PI 属性应用后的计算结果为：" + numVar6);
        document.write("<br>");
        document.write("<br>");
        var numVar7 = Math.SQRT1_2;
        document.write("SQRT1_2 属性应用后的计算结果为：" + numVar7);
        document.write("<br>");
        document.write("<br>");
        var numVar8 = Math.SQRT2;
        document.write("SQRT2 属性应用后的计算结果为：" + numVar8);
</script>
</body>
</html>
```

在 IE 11.0 中浏览，效果如图 7-12 所示。

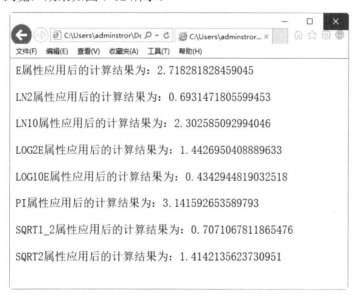

图 7-12 Math 对象属性的综合应用

7.3.3 Math 对象的方法

Math 对象的方法是数学中常用的函数，如表 7-4 所示。

表 7-4 Math 对象的方法及其说明

方　　法	说　　明
abs(x)	返回数的绝对值
acos(x)	返回数的反余弦值
asin(x)	返回数的反正弦值
atan(x)	以介于-π/2 与π/2 弧度之间的数值来返回 x 的反正切值
atan2(y,x)	返回从 x 轴到点(x,y)的角度(介于-π/2 与π/2 弧度之间)
ceil(x)	对数进行上舍入
cos(x)	返回数的余弦
exp(x)	返回 e 的指数
floor(x)	对数进行下舍入
log(x)	返回数的自然对数(底为 e)
max(x,y)	返回 x 和 y 中的最高值
min(x,y)	返回 x 和 y 中的最低值
pow(x,y)	返回 x 的 y 次幂
random()	返回 0~1 之间的随机数
round(x)	把数四舍五入为最接近的整数
sin(x)	返回数的正弦
sqrt(x)	返回数的平方根
tan(x)	返回角的正切
toSource()	返回该对象的源代码
valueOf()	返回 Math 对象的原始值

7.4 详解 Math 对象常用的方法

下面详细讲述 Math 对象常用的方法和技巧。

7.4.1 返回数的绝对值

使用 abs()方法可以返回数的绝对值。其语法格式如下：

```
Math.abs(x)
```

其中参数 x 为必选项，必须是一个数值。

【例 7.13】(示例文件 ch07\7.13.html)
计算数值的绝对值：

```
<!DOCTYPE html>
<html>
<head>
<title> </title>
</head>
<body>
<script type="text/javascript">
   var numVar1 = 2;
   var numVar2 = -2;
   document.write("正数 2 的绝对值为: " + Math.abs(numVar1) + "<br />")
   document.write("负数-2 的绝对值为: " + Math.abs(numVar2))
</script>
</body>
</html>
```

在 IE 11.0 中浏览，效果如图 7-13 所示。

7.4.2 返回数的正弦值、余弦值和正切值

使用 Math 对象中的方法可以计算指定数值的正弦值、余弦值和正切值。

图 7-13 计算数值的绝对值

1. 计算指定数值的正弦值

使用 sin()方法可以计算指定数值的正弦值。其语法格式如下：

```
Math.sin(x)
```

参数 x 为必选项，是一个以弧度表示的角。将角度乘以 0.017453293(2π/360)即可转换为弧度。

【例 7.14】(示例文件 ch07\7.14.html)

计算数值的正弦值：

```
<!DOCTYPE html>
<html>
<head>
<title> </title>
</head>
<body>
<script type="text/javascript">
   var numVar = 2;
   var numVar1 = 0.5;
   var numVar2 = -0.6;
   document.write("0.5 的正弦值为: " + Math.sin(numVar1) + "<br />")
   document.write("2 的正弦值为: " + Math.sin(numVar) + "<br />")
   document.write("-0.6 的正弦值为: " + Math.sin(numVar2) + "<br />")
</script>
</body></html>
```

在 IE 11.0 中浏览，效果如图 7-14 所示。

2. 计算指定数值的余弦值

使用 cos()方法可以计算指定数值的余弦值。其语法格式如下：

```
Math.cos(x)
```

参数 x 为必选项，必须是一个数值。

图 7-14　计算数值的正弦值

【例 7.15】(示例文件 ch07\7.15.html)

计算数值的余弦值：

```
<!DOCTYPE html>
<html>
<head>
<title> </title>
</head>
<body>
<script type="text/javascript">
   var numVar = 2;
   var numVar1 = 0.5;
   var numVar2 = -0.6;
   document.write("0.5 的余弦值为: " + Math.cos (numVar1) + "<br />")
   document.write("2 的余弦值为: " + Math.cos (numVar) + "<br />")
   document.write("-0.6 的余弦值为: " + Math.cos (numVar2) + "<br />")
</script>
</body>
</html>
```

在 IE 11.0 中浏览，效果如图 7-15 所示。

3. 计算指定数值的正切值

使用 tan()方法可以计算指定数值的正切值。其语法格式如下：

```
Math.tan(x)
```

参数 x 为必选项，是一个以弧度表示的角。将角度乘以 0.017453293(2π/360)即可转换为弧度。

图 7-15　计算数值的余弦值

【例 7.16】(示例文件 ch07\7.16.html)

计算数值的正切值：

```
<!DOCTYPE html>
<html>
<head>
<title> </title>
</head>
<body>
```

```
<script type="text/javascript">
  var numVar = 2;
  var numVar1 = 0.5;
  var numVar2 = -0.6;
  document.write("0.5 的正切值为: " + Math.tan(numVar1) + "<br />")
  document.write("2 的正切值为: " + Math.tan(numVar) + "<br />")
  document.write("-0.6 的正切值为: " + Math.tan(numVar2) + "<br />")
</script>
</body>
</html>
```

在 IE 11.0 中浏览,效果如图 7-16 所示。

7.4.3 返回数的反正弦值、反正切值和反余弦值

使用 Math 对象中的方法可以计算指定数值的反正弦值、反正切值和反余弦值。

图 7-16　计算数值的正切值

1. 计算指定数值的反正弦值

使用 asin()方法可以计算指定数值的反正弦值。其语法格式如下:

`Math.asin(x)`

参数 x 为必选项,必须是一个数值,该值介于-1.0~1.0 之间。

> 注意: 如果参数 x 超过了-1.0~1.0 的范围,那么浏览器将返回 NaN。如果参数 x 取值 1,那么将返回 π/2。

【例 7.17】(示例文件 ch07\7.17.html)

计算数值的反正弦值:

```
<!DOCTYPE html>
<html>
<head>
<title> </title>
</head>
<body>
<script type="text/javascript">
  var numVar = 2;
  var numVar1 = 0.5;
  var numVar2 = -0.6;
  var numVar3 = 1;
  document.write("0.5 的反正弦值为: " + Math.asin(numVar1) + "<br />");
  document.write("2 的反正弦值为: " + Math.asin(numVar) + "<br />");
  document.write("-0.6 的反正弦值为: " + Math.asin(numVar2) + "<br />");
  document.write("1 的反正弦值为: " + Math.asin(numVar3) + "<br />");
</script>
</body>
</html>
```

在 IE 11.0 中浏览，效果如图 7-17 所示。

2．计算指定数值的反正切值

使用 atan()方法可以计算指定数值的反正切值。其语法格式如下：

```
Math.atan(x)
```

其中，参数 x 为必选项，这里指需要计算反正切值的数值。

图 7-17　计算数值的反正弦值

【例 7.18】(示例文件 ch07\7.18.html)

计算数值的反正切值：

```
<!DOCTYPE html>
<html>
<head>
<title> </title>
</head>
<body>
<script type="text/javascript">
   var numVar = 2;
   var numVar1 = 0.5;
   var numVar2 = -0.6;
   var numVar3 = 1;
   document.write("0.5 的反正切值为： " + Math.atan(numVar1) + "<br />")
   document.write("2 的反正切值为： " + Math.atan(numVar) + "<br />")
   document.write("-0.6 的反正切值为： " + Math.atan(numVar2) + "<br />")
   document.write("1 的反正切值为： " + Math.atan(numVar3) + "<br />")
</script>
</body>
</html>
```

在 IE 11.0 中浏览，效果如图 7-18 所示。

3．计算指定数值的反余弦值

使用 acos()方法可以计算指定数值的反余弦值。其语法格式如下：

```
Math.acos(x)
```

参数 x 为必选项，必须是一个数值，该值介于-1.0~1.0 之间。

图 7-18　计算数值的反正切值

> 注意：如果参数 x 超过了-1.0~1.0 的范围，那么浏览器将返回 NaN。如果参数 x 取值 1，那么将返回 0。

【例 7.19】(示例文件 ch07\7.19.html)

计算数值的反余弦值：

```
<!DOCTYPE html>
<html>
<head>
<title> </title>
</head>
<body>
<script type="text/javascript">
  var numVar = 2;
  var numVar1 = 0.5;
  var numVar2 = -0.6;
  var numVar3 = 1;
  document.write("0.5 的反余弦值为: " + Math.acos(numVar1) + "<br />")
  document.write("2 的反余弦值为: " + Math.acos(numVar) + "<br />")
  document.write("-0.6 的反余弦值为: " + Math.acos(numVar2) + "<br />")
  document.write("1 的反余弦值为: " + Math.acos(numVar3) + "<br />")
</script>
</body>
</html>
```

在 IE 11.0 中浏览，效果如图 7-19 所示。

7.4.4 返回两个或多个参数中的最大值或最小值

使用 max()方法可返回两个指定的数中最大的值的那个数。其语法格式如下：

`Math.max(x...)`

图 7-19　计算数值的反余弦值

其中参数 x 为 0 或多个值。其返回值为参数中最大的数值。

使用 min()方法可返回两个指定的数中最小的值的那个数。其语法格式如下：

`Math.min(x...)`

其中参数 x 为 0 或多个值。其返回值为参数中最小的数值。

【例 7.20】(示例文件 ch07\7.20.html)

返回参数中的最大值或最小值：

```
<!DOCTYPE html>
<html>
<head>
<title> </title>
</head>
<body>
<script type="text/javascript">
  var numVar = 2;
  var numVar1 = 0.5;
  var numVar2 = -0.6;
```

```
  var numVar3 = 1;
  document.write("2、0.5、-0.6、1 中最大的值为: "
    + Math.max(numVar,numVar1,numVar2,numVar3) + "<br />");
  document.write("2、0.5、-0.6、1 中最小的值为: "
    + Math.min(numVar,numVar1,numVar2,numVar3) + "<br />");
</script>
</body>
</html>
```

在 IE 11.0 中浏览，效果如图 7-20 所示。

7.4.5 计算指定数值的平方根

使用 sqrt()方法可返回一个数的平方根。其语法格式如下：

`Math.sqrt(x)`

图 7-20 返回参数中的最大值或最小值

其中参数 x 为必选项，且必须是大于等于 0 的数。计算结果的返回值是参数 x 的平方根。如果 x 小于 0，则返回 NaN。

【例 7.21】(示例文件 ch07\7.21.html)

计算数值的平方根：

```
<!DOCTYPE html>
<html>
<head>
<title> </title>
</head>
<body>
<script type="text/javascript">
  var numVar = 2;
  var numVar1 = 0.5;
  var numVar2 = -0.6;
  var numVar3 = 1;
  document.write("2 的平方根为: " + Math. sqrt(numVar) + "<br />");
  document.write("0.5 的平方根为: " + Math. sqrt(numVar1) + "<br />");
  document.write("-0.6 的平方根为: " + Math. sqrt(numVar2) + "<br />");
  document.write("1 的平方根为: " + Math. sqrt(numVar3) + "<br />");
</script>
</body>
</html>
```

在 IE 11.0 中浏览，效果如图 7-21 所示。

7.4.6 数值的幂运算

使用 pow()方法可以返回 x 的 y 次幂的值。其语法格式如下：

`Math.pow(x,y)`

图 7-21 计算数值的平方根

其中参数 x 为必选项,是底数,且必须是数值。y 也为必选项,是幂数,且必须是数值。

 如果结果是虚数或负数,则该方法将返回 NaN。如果由于指数过大而引起浮点溢出,则该方法将返回 Infinity。

【例 7.22】(示例文件 ch07\7.22.html)

数值的幂运算:

```
<!DOCTYPE html>
<html>
<head>
<title> </title>
</head>
<body>
<script type="text/javascript">
  document.write("0 的 0 次幂为: " + Math.pow(0,0) + "<br />");
  document.write("0 的 1 次幂为: " + Math.pow(0,1) + "<br />");
  document.write("1 的 1 次幂为: " + Math.pow(1,1) + "<br />");
  document.write("1 的 10 次幂为: " + Math.pow(1,10) + "<br />");
  document.write("2 的 3 次幂为: " + Math.pow(2,3) + "<br />");
  document.write("-2 的 3 次幂为: " + Math.pow(-2,3) + "<br />");
  document.write("2 的 4 次幂为: " + Math.pow(2,4) + "<br />");
  document.write("-2 的 4 次幂为: " + Math.pow(-2,4) + "<br />");
</script>
</body>
</html>
```

在 IE 11.0 中浏览,效果如图 7-22 所示。

7.4.7 计算指定数值的对数

使用 log()方法可以返回一个数的自然对数。其语法格式如下:

```
Math.log(x)
```

其中参数 x 为必选项,可以是任意数值或表达式,其返回值为 x 的自然对数。

 参数 x 必须大于 0。

图 7-22 数值的幂运算

【例 7.23】(示例文件 ch07\7.23.html)

计算数值的对数:

```
<!DOCTYPE html>
<html>
<head>
<title> </title>
</head>
```

```
<body>
<script type="text/javascript">
  document.write("2.7183 的对数为: " + Math.log(2.7183) + "<br />");
  document.write("2 的对数为: " + Math.log(2) + "<br />");
  document.write("1 的对数为: " + Math.log(1) + "<br />");
  document.write("0 的对数为: " + Math.log(0) + "<br />");
  document.write("-1 的对数为: " + Math.log(-1));
</script>
</body>
</html>
```

在 IE 11.0 中浏览，效果如图 7-23 所示。

7.4.8 取整运算

使用 round()方法可以把一个数值舍入为最接近的整数。其语法格式如下：

```
Math.round(x)
```

其中参数 x 为必选项，且必须是数值。返回值是与 x 最接近的整数。

图 7-23 计算数值的对数

 对于 0.5，该方法将进行上舍入。例如，3.5 将舍入为 4，而-3.5 将舍入为-3。

【例 7.24】(示例文件 ch07\7.24.html)

取整运算：

```
<!DOCTYPE html>
<html>
<head>
<title> </title>
</head>
<body>
<script type="text/javascript">
  document.write("0.60 取整后的数值为: "
+ Math.round(0.60) + "<br />");
  document.write("0.50 取整后的数值为: "
+ Math.round(0.50) + "<br />");
  document.write("0.49 取整后的数值为: "
+ Math.round(0.49) + "<br />");
  document.write("-4.40 取整后的数值为: "
+ Math.round(-4.40) + "<br />");
  document.write("-4.60 取整后的数值为: "
+ Math.round(-4.60));
</script>
</body>
</html>
```

在 IE 11.0 中浏览，效果如图 7-24 所示。

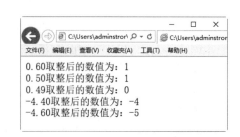

图 7-24 取整运算

7.4.9　生成 0 到 1 之间的随机数

使用 random()方法可返回介于 0~1 之间的一个随机数。其语法格式如下：

```
Math.random()
```

其返回值为 0.0~1.0 之间的一个伪随机数。

【例 7.25】(示例文件 ch07\7.25.html)

生成 0 到 1 之间的随机数：

```
<!DOCTYPE html>
<html>
<head>
<title> </title>
</head>
<body>
<script type="text/javascript">
   document.write("0 到 1 之间的第一次随机数为：" + Math.random()+ "<br />");
   document.write("0 到 1 之间的第二次随机数为：" + Math.random()+ "<br />");
   document.write("0 到 1 之间的第三次随机数为：" + Math.random());
</script>
</body>
</html>
```

在 IE 11.0 中浏览，效果如图 7-25 所示。

7.4.10　根据指定的坐标返回一个弧度值

使用 atan2()方法可以返回从 x 轴到点(x,y)之间的角度。其语法格式如下：

```
Math.atan2(y,x)
```

参数的含义如下。

- x 为必选项，指定点的 X 坐标。
- y 为必选项，指定点的 Y 坐标。

其返回值为-π 到 π 之间的值，是从 X 轴正向逆时针旋转到点(x,y)时经过的角度。

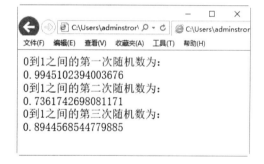

图 7-25　生成 0 到 1 之间的随机数

 请注意这个函数的参数顺序，Y 坐标在 X 坐标之前传递。

【例 7.26】(示例文件 ch07\7.26.html)

计算从指定的坐标返回一个弧度值：

```
<!DOCTYPE html>
<html>
<head>
```

```
<title> </title>
</head>
<body>
<script type="text/javascript">
   document.write(Math.atan2(0.50,0.50) + "<br />");
   document.write(Math.atan2(-0.50,-0.50) + "<br />");
   document.write(Math.atan2(5,5) + "<br />");
   document.write(Math.atan2(10,20) + "<br />");
   document.write(Math.atan2(-5,-5) + "<br />");
   document.write(Math.atan2(-10,10));
</script>
</body>
</html>
```

在 IE 11.0 中浏览，效果如图 7-26 所示。

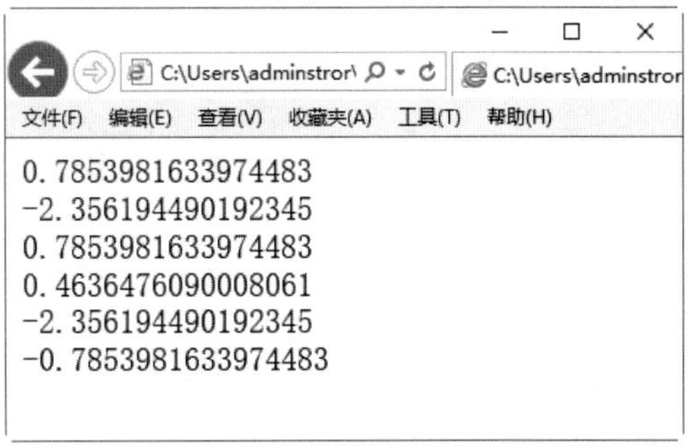

7.4.11 返回大于或等于指定参数的最小整数

使用 ceil() 方法可以对一个数进行上舍入，也就是返回大于或等于指定参数的最小整数值。其语法格式如下：

```
Math.ceil(x)
```

图 7-26　计算从指定的坐标返回一个弧度值

参数 x 为必选项，且必须是一个数值，其返回值是大于或等于 x，并且与它最接近的整数。

【例 7.27】(示例文件 ch07\7.27.html)

返回大于或等于指定参数的最小整数：

```
<!DOCTYPE html>
<html>
<head>
<title> </title>
</head>
<body>
<script type="text/javascript">
   document.write("0.60 的 ceil 值为: " + Math.ceil(0.60) + "<br />");
   document.write("0.40 的 ceil 值为: " + Math.ceil(0.40) + "<br />");
   document.write("5 的 ceil 值为: " + Math.ceil(5) + "<br />");
   document.write("5.1 的 ceil 值为: " + Math.ceil(5.1) + "<br />");
   document.write("-5.1 的 ceil 值为: " + Math.ceil(-5.1) + "<br />");
   document.write("-5.9 的 ceil 值为: " + Math.ceil(-5.9));
</script>
</body>
</html>
```

在 IE 11.0 中浏览，效果如图 7-27 所示。

7.4.12 返回小于或等于指定参数的最大整数

使用 floor()方法可以对一个数进行下舍入，也就是返回小于或等于指定参数的最大整数值。其语法格式如下：

```
Math.floor(x)
```

参数 x 为必选项，且必须是一个数值。其返回值是小于或等于 x，并且与它最接近的整数。

【例 7.28】 (示例文件 ch07\7.28.html)

返回小于或等于指定参数的最大整数：

图 7-27 返回大于或等于指定参数的最小整数

```
<!DOCTYPE html>
<html>
<head>
<title> </title>
</head>
<body>
<script type="text/javascript">
   document.write("0.60 的 floor 值为: " + Math. floor(0.60) + "<br />");
   document.write("0.40 的 floor 值为: " + Math. floor(0.40) + "<br />");
   document.write("5 的 floor 值为: " + Math. floor(5) + "<br />");
   document.write("5.1 的 floor 值为: " + Math. floor(5.1) + "<br />");
   document.write("-5.1 的 floor 值为: " + Math. floor(-5.1) + "<br />");
   document.write("-5.9 的 floor 值为: " + Math. floor(-5.9));
</script>
</body>
</html>
```

在 IE 11.0 中浏览，效果如图 7-28 所示。

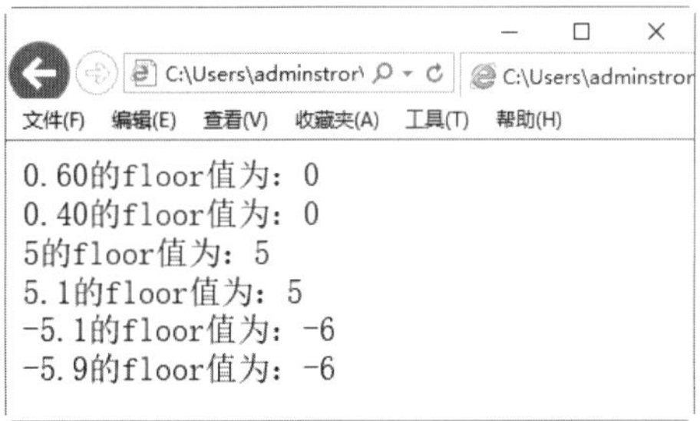

7.4.13 返回以 e 为基数的幂

使用 exp()方法可以返回 e 的 x 次幂的值。其语法格式如下：

```
Math.exp(x)
```

其中参数 x 为必选项，可以是任意数值或表达式，被用作指数。

图 7-28 返回小于或等于指定参数的最大整数

其返回值为 e 的 x 次幂。e 代表自然对数的底数，其值近似为 2.71828。

【例 7.29】(示例文件 ch07\7.29.html)

返回以 e 为基数的幂：

```html
<!DOCTYPE html>
<html>
<head>
<title> </title>
</head>
<body>
<script type="text/javascript">
document.write("1 的幂为: "
+ Math.exp(1) + "<br />")
document.write("-1 的幂为: "
+ Math.exp(-1) + "<br />")
document.write("5 的幂为: "
+ Math.exp(5) + "<br />")
document.write("10 的幂为: "
+ Math.exp(10) + "<br />")
</script>
</body>
</html>
```

图 7-29 返回以 e 为基数的幂

在 IE 11.0 中浏览，效果如图 7-29 所示。

7.5 实战演练——使用 Math 对象设计程序

设计程序，单击"随机数"按钮，使用 Math 对象的 random 方法产生一个 0~100 之间(含 0 和 100)的随机整数，并在窗口中显示，如图 7-30 所示；单击"计算"按钮，计算该随机数的平方、平方根和自然对数，保留 2 位小数，并在窗口中显示，如图 7-31 所示。

图 7-30 产生随机整数

图 7-31 计算随机整数的平方、平方根和自然对数

具体操作步骤如下。

step 01 创建 HTML 文件，代码如下：

```html
<!DOCTYPE html>
<html>
<head>
<title>随机产生整数,并计算其平方、平方根和自然对数</title>
</head>
<body>
 <form action="" method="post" name="myform" id="myform">
    <input type="button" value="随机数">
    <input type="button" value="计 算">
 </form>
</body>
</html>
```

step 02 在 HTML 文件的 head 部分键入如下 JavaScript 代码:

```
<script>
  var data;   //声明全局变量,保存随机产生的整数
  /*随机数函数*/
  function getRandom(){
     data = Math.floor(Math.random()*101);   //产生 0~100 的随机数
     alert("随机整数为: " + data);
  }
     /*随机整数的平方、平方根和自然对象*/
  function cal(){
     var square = Math.pow(data,2);    //计算随机整数的平方
     var squareRoot = Math.sqrt(data).toFixed(2);   //计算随机整数的平方根
     var logarithm = Math.log(data).toFixed(2);     //计算随机整数的自然对数
     alert("随机整数" + data + "的相关计算\n 平方\t 平方根\t 自然对数\n"
       + square + "\t" + squareRoot + "\t" + logarithm);
     //输出计算结果
  }
</script>
```

step 03 为"随机数"按钮和"计算"按钮添加单击(onClick)事件,分别调用"随机数"函数(getRandom)和计算函数(cal)。将 HTML 文件中的<input type="button" value="随机数"><input type="button" value="计 算">这两行代码修改成如下所示的代码:

```
<input type="button" value="随机数" onClick="getRandom()">
<input type="button" value="计 算" onClick="cal()">
```

step 04 保存网页,浏览最终效果。

7.6 疑难解惑

疑问 1:Math 对象与 Date 和 String 对象有哪几点不同?

答:主要区别有以下两点。

(1) Math 对象并不像 Date 和 String 那样是对象的类,因此没有构造函数 Math()。像

Math.sin()这样的函数只是函数，不是某个对象的方法。无须创建它，通过把 Math 作为对象使用就可以调用其所有属性和方法。

(2) Math 对象不存储数据，String 和 Date 对象存储数据。

疑问 2：如何表示对象的源代码？

答：使用 toSource()方法可以表示对象的源代码。该方法通常由 JavaScript 在后台自动调用，并不显式地出现在代码中。其语法格式如下：

```
object.toSource()
```

目前，只有 Firefox 支持该方法，其他如 IE、Safari、Chrome 和 Opera 等浏览器均不支持该方法。

第 8 章

文档对象模型与事件驱动

　　文档对象模型(DOM)是一个基础性的概念，主要涉及网页页面的元素的层次关系。理解文档对象模型的概念，对于编写出高效、实用的 JavaScript 程序是非常有帮助的。而事件和事件处理是网页设计中必须面对的问题，也是使网页变得多姿多彩的重要手段。

　　本章从 JavaScript 中文档对象模型的基本概念入手，介绍文档对象的层次、产生过程以及常用的属性和方法。接着介绍 JavaScript 中对象的事件。

　　使用 JavaScript 编程时，可以通过捕获不同的事件进行相应的事件处理。如果要熟练使用 JavaScript，除了熟悉表单及其基本用法外，还要熟悉 JavaScript 事件处理机制的原理和使用方法。

8.1 文档对象模型

文档对象模型(DOM，Document Object Model)是表示文档(如 HTML 和 XML)和访问、操作构成文档的各种元素的应用程序接口(API)。

一般地，支持 JavaScript 的所有浏览器都支持 DOM。DOM 是指 W3C 定义的标准的文档对象模型，它以树形结构表示 HTML 和 XML 文档，定义了遍历这个树和检查、修改树的节点的方法和属性。

DOM 是一种与浏览器、平台、语言无关的接口，使得用户可以访问页面其他标准组件。DOM 解决了 Netscape 的 JavaScript 和 Microsoft 的 JavaScript 之间的冲突，给予 Web 设计师和开发者一个标准的方法，让他们来访问他们站点中的数据、脚本和表现层对象。

DOM 是以层次结构组织的节点或信息片段的集合。这个层次结构允许开发人员在树中导航寻找特定的信息。分析该结构通常需要加载整个文档和构造层次结构，才能做任何工作。由于它是基于信息层次的，因而 DOM 被认为是基于树或基于对象的。DOM 规范是一个逐渐发展的概念，规范的发行通常与浏览器发行的时间不太一致，导致任何特定的浏览器的发行版本都只包括最近的 W3C 版本。

W3C DOM 经历了如下 3 个阶段。

(1) 从 DOM Level 1 开始，DOM API 包含了一些接口，用于表示可从 XML 文档中找到的所有不同类型的信息。它还包含使用这些对象所必需的方法和属性。

Level 1 包括对 XML 1.0 和 HTML 的支持。每个 HTML 元素被表示为一个接口。它包括用于添加、编辑、移动和读取节点中包含的信息的方法等。然而，它没有包括对 XML 名称空间(XML Namespace)的支持，XML 名称空间提供分割文档中的信息的能力。

(2) DOM Level 2 基于 DOM Level 1 并扩展了 DOM Level 1，添加了鼠标和用户界面事件、范围、遍历(重复执行 DOM 文档的方法)、XML 命名空间、文本范围、检查文档层次的方法等新概念，并通过对象接口添加了对 CSS 的支持。同时引入几个新模块，用以处理新的接口类型，包括以下几个方面。

- DOM 视图：描述跟踪文档的各种视图(即 CSS 样式化之前的和 CSS 样式化之后的文档)的接口。
- DOM 事件：描述事件的接口。
- DOM 样式表：描述处理基于 CSS 样式的接口。
- DOM 遍历和范围：描述遍历和操作文档树的接口。

(3) 当前正处于定稿阶段的 DOM Level 3 包括对创建 document 对象(以前版本将这个任务留给实现，使得创建通用应用程序很困难)的更好支持、增强了名称空间的支持，以及用来处理文档加载和保存、验证、XPath 的新模块；XPath 是在 XSL 转换(XSL Transformation)以及其他 XML 技术中用来选择节点的手段。

8.1.1 认识文档对象模型

文档对象模型定义了 JavaScript 可以进行操作的浏览器，描述了文档对象的逻辑结构及各功能部件的标准接口。主要包括下列几个方面。

(1) 核心 JavaScript 语言参考(数据类型、运算符、基本语句、函数等)。
(2) 与数据类型相关的核心对象(String、Array、Math、Date 等数据类型)。
(3) 浏览器对象(window、Location、History、Navigator 等)。
(4) 文档对象(document、images、form 等)。

JavaScript 使用浏览器对象模型(BOM)和文档对象模型(DOM)两种主要对象模型。前者提供了访问浏览器各个功能部件，如浏览器窗口本身、浏览历史等的操作方法；后者则提供了访问浏览器窗口内容，如文档、图片等各种 HTML 元素以及这些元素包含的文本的操作方法。例如下面的代码：

```
<!DOCTYPE HTML>
<html>
<head>
  <meta http-equiv=content-type content="text/html; charset=gb2312">
  <title>DOM</title>
</head>
<body>
<h1>rose</h1>
<!--NOTE!-->
 <p>go to<em> DOM </em>World! </p>
 <ul>
    <li>go </li>
 </ul>
</body>
</html>
```

在 DOM 模型中，浏览器载入这个 HTML 文档时，它以树的形式对这个文档进行描述，其中各 HTML 的标记都作为一个对象进行相关操作，如图 8-1 所示。

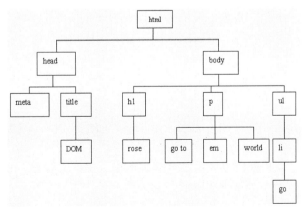

图 8-1　HTML 文档结构树

从图 8-1 中可以看出，html 是根元素对象，可代表整个文档；而 head 和 body 是两个分支，位于同一层次，为兄弟关系，存在同一父元素对象，但又有各自的子元素对象。

DOM 不同版本的存在给客户端程序员带来了很多的挑战。编写当前浏览器中最新对象模型支持的 JavaScript 脚本相对比较容易，但如果使用早期版本的浏览器访问这些网页，将会出现不支持某种属性或方法的情况。因此，W3C DOM 对这些问题做了一些标准化的工作。新的文档对象模型继承了许多原始的对象模型，同时还提供了文档对象引用的新方法。

8.1.2 文档对象的产生过程

在面向对象或基于对象的编程语言中，指定对象的作用域越小，对象位置的假定也就越多。对客户端 JavaScript 脚本而言，其对象一般不超出浏览器，即脚本不会访问计算机硬件、操作系统、其他程序等其他超出浏览器的对象。

当载入 HTML 文档时，浏览器解释其代码。当遇到自身运行的 HTML 元素对象对应的标记时，就按 HTML 文档载入的顺序在内存中创建这些对象，而不管 JavaScript 脚本是否真正运行这些对象。对象创建后，浏览器为这些对象提供专供 JavaScript 脚本使用的可选属性、方法和处理程序。通过这些属性、方法和处理程序，Web 开发人员就能动态地操作 HTML 文档内容了。

【例 8.1】(示例文件 ch08\8.1.html)

动态改变文档的背景颜色：

```
<!DOCTYPE HTML>
<html>
<head>
  <script language="javascript">
    <!--
    function changeBgClr(value)
    {
        document.body.style.backgroundColor = value;
    }
    //-->
  </script>
</head>
<body>
<form>
  <input type=radio value=red onclick="changeBgClr(this.value)">红色
  <input type=radio value=green onclick="changeBgClr(this.value)">绿色
  <input type=radio value=blue onclick="changeBgClr(this.value)">蓝色
</form>
</body>
</html>
```

在 IE 11.0 中浏览，效果如图 8-2 所示。如果选中其中的"绿色"单选按钮，此时即可看到网页的背景颜色变为绿色，如图 8-3 所示。

图 8-2 显示初始效果

图 8-3 改变网页的背景颜色

其中 document.body.style.backgroundColor 语句表示访问当前 document 对象中的子对象 body 的样式子对象 style 的 backgroundColor 属性。

8.2 访问节点

在 DOM 中，HTML 文档各个节点被视为各种类型的 Node 对象。每个 Node 对象都有自己的属性和方法，利用这些属性和方法可以遍历整个文档树。由于 HTML 文档的复杂性，DOM 定义了 nodeType 来表示节点的类型。

8.2.1 节点的基本概念

节点(Node)是某个网络中的一个连接点，即网络是节点和连线的集合。在 W3C DOM 中，每个容器、独立的元素或文本块都可以被看作是一个节点，节点是 W3C DOM 的基本构建元素。当一个容器包含另一个容器时，其对应的节点存在着父子关系。同时该节点树遵循 HTML 的结构化本质，如<html>元素包含<head>、<body>，而前者又包含<title>，后者包含各种块元素等。DOM 中定义了 HTML 文档中 6 种不同的节点类型，如表 8-1 所示。

表 8-1 DOM 定义的 HTML 文档节点类型

节点类型数值	节点类型	附加说明	示 例
1	元素(Element)	HTML 标记元素	<h1>...</h1>
2	属性(Attribute)	HTML 标记元素的属性	color="red"
3	文本(Text)	被 HTML 标记括起来的文本段	Hello World!
8	注释(Comment)	HTML 注释段	<!--Comment-->
9	文档(Document)	HTML 文档和文本对象	<html>
10	文档类型(DocumentType)	文档类型	<!DOCTYPE HTML PUBLIC "...">

在以 IE 为内核的浏览器中，属性(Attribute)类型在 IE6 版本中才获得支持。所有支持 W3C DOM 的浏览器(IE5+、Moz1 和 Safari 等)都实现了前 3 种常见的类型，其中 Moz1 实现了所有类型。

DOM 节点树中的节点有元素节点、文本节点和属性节点 3 种不同的类型。下面分别予以介绍。

1. 元素节点

在 HTML 文档中，各 HTML 元素如<body>、<p>、<ul>等构成文档结构模型的一个元素对象。在节点树中，每个元素对象又构成了一个节点。元素可以包含其他元素，所有的列表项元素<li>都包含在无序清单元素<ul>内部，<html>元素是节点树的根节点。

例如下面的"商品清单"代码：

```
<ul id="booklist">
  <li>洗衣机</li>
  <li>冰箱</li>
  <li>电视机</li>
</ul>
```

2. 文本节点

在节点树中，元素节点构成树的枝条，而文本则构成树的叶子。如果一份文档完全由空白元素构成，它将只有一个框架，本身并不包含什么内容。没有内容的文档是没有价值的，而绝大多数内容由文本提供。例如，在"<p>go toDOMWorld!</p>"语句中，包含 go to、DOM、World 这 3 个文本节点。

在 HTML 中，文本节点总是包含在元素节点的内部，但并非所有的元素节点都包含或直接包含文本节点，如在上面的 booklist 中，<ul>元素节点并不包含任何文本节点，而是包含另外的元素节点，后者包含文本节点。所以说，有的元素节点只是间接包含文本节点。

3. 属性节点

HTML 文档中的元素都有一些属性，这些属性可以准确、具体地描述相应的元素，又便于进行进一步的操作，如：

```
<h1 class="Sample">go to DOM World!</h1>
<ul id="booklist">...</ul>
```

这里，class="Sample"、id="booklist"都属于属性节点。因为所有的属性都是放在元素标签里，所以属性节点总包含在元素节点中。并非所有的元素都包含属性，但所有的属性都被包含在元素里。

8.2.2 节点的基本操作

由于文本节点具有易于操纵、对象明确等特点，DOM Level1 提供了非常丰富的节点操作方法，如表 8-2 所示。

表 8-2　DOM 中的节点操作方法

操作类型	方法原型	附加说明
创建节点	creatElement(tagName)	创建由 tagName 指定类型的标记
	CreateTextNode(string)	创建包含字符串 string 的文本节点
	createAttribute(name)	针对节点创建由 name 指定的属性，不常用
	createComment(string)	创建由字符串 string 指定的文本注释
插入和添加节点	appendChild(newChild,targetChild)	添加子节点 newChild 到目标节点上
	insertBefore(newChild,targetChild)	将新节点 newChild 插入目标节点 targetChild 前
复制节点	cloneNode(bool)	复制节点自身，由逻辑量 bool 确定是否复制子节点
删除和替换节点	removeChild(childName)	删除由 childName 指定的节点
	replaceChild(newChild,oldChild)	用新节点 newChild 替换旧节点 oldChild

DOM 中指定了各种节点处理方法，从而为 Web 应用程序开发提供了快捷、动态更新 HTML 页面的途径。下面通过具体例子来说明各种方法的使用。

1. 创建节点

DOM 支持创建节点的方法，这些方法作为 document 对象的一部分来使用，其提供的方法生成新节点的操作非常简单，语法格式分别如下：

```
MyElement = document.createElement("h1");
MyTextNode = document.createTextNode("My Text");
```

上面的第一行代码创建了一个含有 h1 元素的新节点，而第二行代码则创建了一个内容为 My Text 的文本节点。

【例 8.2】(示例文件 ch08\8.2.html)

创建新节点并验证：

```
<!DOCTYPE HTML>
<html>
<head>
<meta http-equiv=content-type content="text/html; charset=gb2312">
<title>创建并验证节点</title>
</head>
<script language="JavaScript" type="text/javascript">
<!--
function nodeStatus(node)
{
  var temp = "";
  if(node.nodeName!=null)
  {
    temp += "nodeName: " + node.nodeName + "\n";
  }
```

```
      else temp += "nodeName: null!\n";
      if(node.nodeType!=null)
      {
         temp += "nodeType: " + node.nodeType + "\n";
      }
      else temp += "nodeType: null\n";
      if(node.nodeValue!=null)
      {
         temp += "nodeValue: " + node.nodeValue + "\n\n";
      }
      else temp += "nodeValue: null\n\n";
      return temp;
}
function MyTest()
{
   //产生p元素节点和新文本节点
   var newParagraph = document.createElement("p");
   var newTextNode = document.createTextNode(document.MyForm.MyField.value);
   var msg = nodeStatus(newParagraph);
   msg += nodeStatus(newTextNode);
   alert(msg);
   return;
}
//-->
</script>
<body>
<form name="MyForm">
  <input type="text" name="MyField" value="Text">
  <input type="button" value="测试" onclick="MyTest()">
</body>
</html>
```

在 IE 11.0 中浏览，效果如图 8-4 所示。单击"测试"按钮，即可触发 MyTest()函数，在弹出的信息框中可以看出创建节点的信息，如图 8-5 所示。

图 8-4　显示初始结果

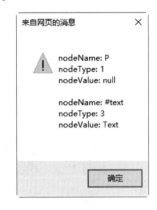

图 8-5　显示创建节点的信息

在生成节点后，要将节点添加到 DOM 树中。下面介绍插入和添加节点的方法。

2. 插入和添加节点

将新创建的节点插入到文档的节点树中的最简单的方法就是，让它成为该文档某个现有节点的子节点，appendChild(newChild)作为要添加子节点的节点方法被调用，在该节点的子节点列表的结尾添加一个 newChild。其语法格式为 object.appendChild(newChild)。

可以使用 appendChild()方法将下面两个节点连接起来：

```
newNode = document.createElement("b");
newText = document.createTextNode("welcome to beijing");
newNode.appendChild(newText);
```

经过 appendChild()方法结合后，则会得到如下语句：

```
<b>welcome to beijing</b>
```

就可以将其插入到文档中的适当位置，如可以插入到某个段落的结尾：

```
current = document.getElementById("p1");
```

【例 8.3】(示例文件 ch08\8.3.html)

在节点树中插入节点：

```
<!DOCTYPE HTML>
<html>
<head>
<meta http-equiv=content-type content="text/html; charset=gb2312">
<title>Sample Page!</title>
</head>
  <script language="JavaScript" type="text/javascript">
    <!--
    function nodeStatus(node)
    {
      var temp = "";
      if(node.nodeName!=null)
      {
        temp += "nodeName: " + node.nodeName + "\n";
      }
      else temp += "nodeName: null!\n";
      if(node.nodeType!=null)
      {
        temp += "nodeType: " + node.nodeType + "\n";
      }
      else temp += "nodeType: null\n";
      if(node.nodeValue!=null)
      {
        temp += "nodeValue: " + node.nodeValue + "\n\n";
      }
      else temp += "nodeValue: null\n\n";
      return temp;
    }
    function MyTest()
```

```
        {
            //产生p元素节点和新文本节点,并将文本节点添加为p元素节点的最后一个子节点
            var newParagraph = document.createElement("p");
            var newTextNode=
              document.createTextNode(document.MyForm.MyField.value);
            newParagraph.appendChild(newTextNode);
            var msg = nodeStatus(newParagraph);
            msg += nodeStatus(newTextNode);
            msg += nodeStatus(newParagraph.firstChild);
            alert(msg);
            return;
        }
        //-->
 </script>
<body>
<form name="MyForm">
  <input type="text" name="MyField" value="Text">
  <input type="button" value="测试" onclick="MyTest()">
</body>
</html>
```

在 IE 11.0 浏览器中浏览上面的 HTML 文件,再在打开的页面中单击"测试"按钮,即可触发 MyTest()函数并弹出信息框,如图 8-6 所示。

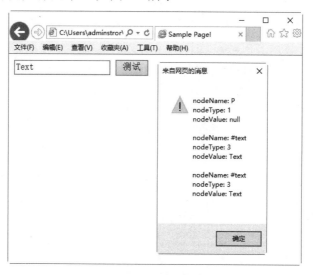

图 8-6　生成的元素节点和文本节点

可以看出,使用 newParagraph.appendChild(newTextNode)语句后,节点 newTextNode 和节点 newparagraph.firstChild 表示同一节点,证明生成的文本节点已经添加到<p>元素节点的子节点列表中。

insertBefore(newChild,targetChild)方法将文档中的一个新节点 newChild 插入到原始节点 targetChild 的前面,其语法为 parentElement.insertBefore(newChild,targetChild)。

调用此方法之前,要特别注意要插入的新节点 newChild、目标节点 targetChild、新节点

和目标节点的父节点 parentElement。其中，parentElement=targetChild.parentNode，且父节点必须是元素节点。以<p id="p1">go to<B>DOM</B>World!</p>语句为例，下面的例子演示如何在文本节点 go to 之前添加一个同父文本节点 Please。

【例 8.4】(示例文件 ch08\8.4.html)

在节点树中插入节点：

```
<!DOCTYPE HTML>
<html>
<head>
<meta http-equiv=content-type content="text/html; charset=gb2312">
<title>添加同父节点</title>
</head>
<body>
<p id="p1">go to<B>DOM</B>World!</p>
<script language="JavaScript" type="text/javascript">
<!--
  function nodeStatus(node)
  {
     var temp = "";
     if(node.nodeName!=null)
     {
        temp += "nodeName: " + node.nodeName + "\n";
     }
     else temp += "nodeName: null!\n";
     if(node.nodeType!=null)
     {
        temp += "nodeType: " + node.nodeType + "\n";
     }
     else temp += "nodeType: null\n";
     if(node.nodeValue!=null)
     {
        temp += "nodeValue: " + node.nodeValue + "\n\n";
     }
     else temp += "nodeValue: null\n\n";
     return temp;
  }
//输出节点树相关信息
//返回 id 属性值为 p1 的元素节点
  var parentElement = document.getElementById('p1');
  var msg = "insertBefore 方法之前:\n"
  msg += nodeStatus(parentElement);
//返回 p1 的第一个孩子，即文本节点 Welcome to
  var targetElement = parentElement.firstChild;
  msg += nodeStatus(targetElement);
//返回文本节点 Welcome to 的下一个同父节点，即元素节点 B
  var currentElement = targetElement.nextSibling;
  msg += nodeStatus(currentElement);
//返回元素节点 P 的最后一个孩子，即文本节点 "World!"
  currentElement = parentElement.lastChild;
```

```
            msg += nodeStatus(currentElement);
            //生成新文本节点 Please,并插入到文本节点 go to 之前
            var newTextNode = document.createTextNode("Please");
            parentElement.insertBefore(newTextNode,targetElement);
            msg += "insertBefore 方法之后:\n" + nodeStatus(parentElement);
            //返回 p1 的第一个孩子,即文本节点 Please
            targetElement = parentElement.firstChild;
            msg += nodeStatus(targetElement);
            //返回文本节点 go to 的下一个同父节点,即元素节点 go to
            var currentElement = targetElement.nextSibling;
            msg += nodeStatus(currentElement);
            //返回元素节点 P,即文本节点 "World!"
            currentElement = parentElement.lastChild;
            msg += nodeStatus(currentElement);
            alert(msg);    //输出节点属性
            //-->
        </script>
    </body>
</html>
```

可以很直观地看出,文本节点 go to 在作为 insertBefore()方法的目标节点后,在其前面插入文本节点 Please 作为<p>元素节点的第一子节点。输出信息按照父节点、第一个子节点、下一个子节点、最后一个子节点的顺序显示。

在 IE 11.0 浏览器中运行上面的程序,弹出的信息框如图 8-7 所示。单击"确定"按钮,即可看到添加完成后的字符串,如图 8-8 所示。

图 8-7　在目标节点之前插入新节点　　　　图 8-8　添加完成后的字符串

DOM 本身并没有提供 insertBefore()和 insertAfter()方法分别在指定节点之前和之后插入新节点，但可通过如下方式来实现：

```
function insertAfter(newChild,targetChild)
{
 var parentElement = targetChild.parentNode;
 //检查目标节点是否是父节点的最后一个子节点
 //是：直接按 appendChild()方法插入新节点
 if(parentElement.lastChild==targetChild)
 {
    parentElement.appendChild(newChild);
 }
 //不是：使用目标节点的 nextSibling 属性定位到下一同父节点，按 insertBefore()方法操作
 else
    parentElement.insertBefore(newChild,targetElement.nextSibling);
}
```

3．复制节点

有时候并不需要生成或插入新的节点，而只是复制就可以达到既定的目标。DOM 提供 cloneNode()方法来复制特定的节点。其语法格式如下：

```
clonedNode = tragetNode.cloneNode(bool);
```

其中参数 bool 为逻辑量，通常取值如下。
- bool=1 或 true：表示复制节点自身的同时复制该节点所有的子节点。
- bool=0 或 false：表示仅仅复制节点自身。

【例 8.5】(示例文件 ch08\8.5.html)
复制节点并将其插入到节点树中：

```
<!DOCTYPE html>
<html>
<head>
    <title>复制节点</title>
    <meta http-equiv="content-type" content="text/html; charset=gb2312">
</head>
<body>
    <p id="p1">Please <em>go to</em> DOM World</p>
    <hr>
    <div id="inserthere" style="background-color: blue;"></div>
    <hr>
    <script type="text/javascript">
        <!--
        function cloneAndCopy(nodeId, deep)                    //复制函数
        {
           var toClone = document.getElementById(nodeId);      //复制
           var clonedNode = toClone.cloneNode(deep);           //深度复制
           var insertPoint = document.getElementById('inserthere');
           insertPoint.appendChild(clonedNode);                //添加节点
```

```
        }
        //-->
    </script>
<form action="#" method="get">
<form action="#" method="get">
<!--通过设置cloneAndCopy()第二个参数为true或false来控制复制的结果-->
    <input type="button" value="复制"onclick="cloneAndCopy('p1',false);">
      
    <input type="button" value="深度复制"
      onclick="cloneAndCopy('p1',true);">
</form>
</body>
</html>
```

在 IE 11.0 中浏览，效果如图 8-9 所示。单击"复制"按钮，即可看到仅仅复制指定的节点，如图 8-10 所示。

图 8-9　显示初始结果

图 8-10　只复制节点

若单击"深度复制"按钮，即可在复制节点自身的同时，复制该节点所有的子节点，如图 8-11 所示。

4. 删除节点和替换节点

可以在节点树中生成、添加、复制一个节点，也可以删除节点树中特定的节点。DOM 提供 removeChild() 方法来进行删除操作。其语法格式如下：

```
removeNode = object.removeChild(name);
```

参数 name 指明要删除的节点名称，该方法返回所删除的节点对象。

图 8-11　在复制节点自身的同时复制该节点所有的子节点

DOM 中使用 replaceChild()来替换指定的节点。其语法格式如下：

```
object.replaceChild(newChild, oldChild);
```

其中两个参数介绍如下。

- newChild：新添加的节点。
- oldChild：被替换的目标节点。在替换后，旧节点的内容将被删除。

【例 8.6】(示例文件 ch08\8.6.html)

删除和替换节点：

```
<!DOCTYPE html>
<html>
   <head>
      <title>删除和替换节点</title>
      <meta http-equiv="content-type" content="text/html; charset=gb2312" >
      <script type="text/javascript">
         <!--
         function doDelete()  //删除函数
         {
           var deletePoint =
             document.getElementById('toDelete');       //标记要删除的节点
           if (deletePoint.hasChildNodes())             //如果含有子节点
             deletePoint.removeChild(
               deletePoint.lastChild);                  //移除其最后子节点
         }
         function doReplace()  //替换函数
         {
           var replace =
             document.getElementById('toReplace');      //标记要替换的节点
           if (replace)  //如果目标存在
           {
              //创建新节点的元素属性
              var newNode = document.createElement("strong");
              var newText = document.createTextNode("strong element");
              //执行追加操作
              newNode.appendChild(newText);
              //执行替换操作
              replace.parentNode.replaceChild(newNode, replace);
           }
         }
         //-->
      </script>
   </head>
   <body>
      <div id="toDelete" align="center">
         <p>This is a node</p>
         <p>This is <em>another node</em> to delete</p>
         <p>This is yet another node</p>
      </div>
      <p align="center">
         This node has an <em id="toReplace">em element</em> in it.
      </p>
      <hr >
      <form action="#" method="get" >
         <!--通过onclick事件，调用相应的删除与替换函数，完成任务-->
```

```
            <input type="button" value="删除" onclick="doDelete();" >
            <input type="button" value="替换" onclick="doReplace();" >
        </form>
    </body>
</html>
```

在 IE 11.0 中浏览，效果如图 8-12 所示。若单击"替换"按钮，即可替换相应的节点，如图 8-13 所示。

图 8-12 显示初始结果

图 8-13 替换相应的节点

若单击"删除"按钮，即可删除相应的节点，如图 8-14 所示。

 由于 Opera 浏览器与 Mozilla 系列浏览器的 DOM 树中包含空白字符，所以，上面的程序在这些浏览器中显示时，要删除一个节点，会比在 IE 11.0 浏览器中要多单击几次"删除"按钮。

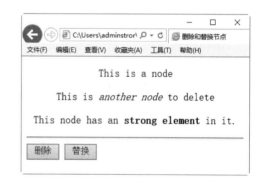

图 8-14 删除相应的节点

另外，通过 createTextNode()方法产生的文本节点并不具有任何内在样式。如果要改变文本节点的外观及文本，就必须修改该文本节点父节点的 style 属性。执行样式更改和内容变化的浏览器将自动刷新此网页，以适应文本节点样式和内容的变化。

5. 修改节点

虽然元素属性可以修改，但元素不能被直接修改。如果要进行修改，需要改变节点本身，如<p id="p1">This is a node</p>节点，可以使用 textNode=document.getElementById("p1").firstchild 代码对段落元素内部的文本节点进行访问。可以使用 length 属性设置 TextNode 的长度，还可使用 Data 对其值进行设置。表 8-3 列出了处理文本节点用到的方法及其作用。

表 8-3 处理文本节点的方法

方　法	作　用
appendData(string)	在文本节点的结尾添加一个由 string 指定的字符串
deleteData(offset,count)	删除从 offset 处开始由 count 指定的字符串个数
insertData(offset,string)	在 offset 处插入 string 指定的文本
replaceData(offset,offset,string)	用 string 指定的文本替换自 offset 开始的由 count 指定数目的字符
splitText(offset)	从 offset 处将原文本节点一分为二，其中左半部分作为原节点内容，而右半部分作为新的文本节点
substringData(offset,count)	返回一个字符串，该字符串包含自 offset 开始的由 count 指定的数目的一组字符

【例 8.7】(示例文件 ch08\8.7.html)

以多种方法修改节点：

```
<!DOCTYPE html>
<html>
  <head>
  <title>修改节点</title>
  <meta http-equiv="content-type" content="text/html; charset=gb2312" >
  </head>
  <body>
    <p id="p1">welcome to beijing</p>
    <script type="text/javascript">
    <!--
    //调用并存储 p1 节点的第一个子节点的相关属性
    var textNode = document.getElementById('p1').firstChild;
    //-->
    </script>
    <form action="#" method="get">
    <!--通过调用 onclick 事件，对节点进行修改、追加、插入、删除、替换等操作-->
    <input type="button" value="显示" onclick="alert(textNode.data);" >
    <input type="button" value="长度" onclick="alert(textNode.length);" >
    <input type="button" value="改变"
      onclick="textNode.data = 'nice to meet you!'"><p>
    <input type="button" value="追加" onclick="textNode.appendData(' too');" >
    <input type="button" value="插入"
      onclick="textNode.insertData(0,'very');" >
    <input type="button" value="删除"
      onclick="textNode.deleteData(0, 2);" ><p>
    <input type="button" value="替换"
      onclick="textNode.replaceData (0,4,'tel!');" >
    <!--调用 substringData()来读取子串-->
    <input type="button" value="子串"
      onclick="alert(textNode.substringData (2,2));" >
    <!--调用 splitText()来完成拆分操作-->
    <input type="button" value="拆分" onclick="temp = textNode.splitText(5);
```

```
            alert('Text node ='+textNode.data+'\nSplit Value = '+temp.data);" >
        </form>
    </body>
</html>
```

在 IE 11.0 中浏览，结果如图 8-15 所示。分别单击其中的按钮，即可实现不同的结果。例如，单击"长度"按钮，即可显示相应的信息，如图 8-16 所示。

图 8-15　显示初始结果

图 8-16　显示节点信息

8.3　文档对象模型的属性和方法

在 DOM 模型中，文档对象有许多初始属性，可以是一个单词、数值或者数组，来自产生对象的 HTML 标记的属性设置。如果标记没有显示设置属性，浏览器使用默认值来给标记的属性和相应的 JavaScript 文本属性赋值。在 DOM 中，文档所有的组成部分都被看作是树的一部分，文档中所有的元素都是树的节点(Node)，每个节点都是一个 Node 对象，每种 Node 对象都定义了特定的属性和方法。

利用 Node 对象提供的方法，可以对当前节点及其子节点进行各种操作，如复制当前节点、添加子节点、插入子节点、替换子节点、删除子节点、选择子节点等。Node 对象的常用的方法及其作用如表 8-4 所示。

表 8-4　Node 对象的常用方法

方　　法	作　　用
appendChild(newChild)	给当前节点添加一个子节点
cloneNode(deep)	复制当前节点，当 deep 为 true 时，复制当前节点和其所有的子节点，否则仅复制当前节点本身
haschildNodes	当前节点有子节点，返回 true，否则返回 false
insertBefore(newNode,refNode)	把一个 newNode 节点插入到 refNode 节点之前
removeChild(Child)	删除指定的子节点
replaceChild(newChild,oldchild)	用 newChild 子节点代替 oldChild 子节点
selectNodes(patten)	获得符合指定类型的所有节点
selectSingleNodes(patten)	获得符合指定类型的第一个节点
TransformNode(styleSheetOBJ)	利用指定的样式来变换当前节点及其子节点

在使用 DOM 时，一般情况下需要操作页面中的元素(Element)。通过 Element 的属性和方法可以很方便地进行各种控制 Element 的操作。

在所有的节点类型中，document 节点上一个 HTML 文档中所有元素的根节点，是整个文档树的根(root)。因为其他节点都是 document 节点的子节点，所以通过 document 对象可以访问文档中的各种节点，包括处理指令、注释、文档类型声明、根元素节点等。

 firstChild 和 lastChild 指向当前标记的子节点集合内的第一个和最后一个子节点，但是在多数情况下使用 childNodes 集合，用循环遍历子节点。如果没有子节点，则 childNodes 的长度为 0。

例如下列 HTML 语句：

```
<p id="p1">
  welcome to
  <B>中国</B>
  北京
</p>
```

则可使用如图 8-17 所示的节点树表示，并标出节点之间的关系。

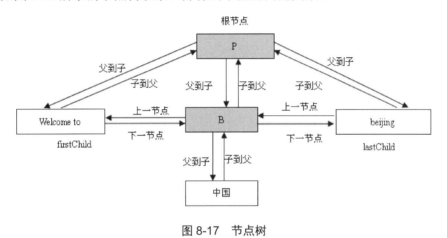

图 8-17　节点树

8.4　事件处理

事件和事件处理是网页设计中必须面对的问题，也是使网页多姿多彩的必需手段。在一个 Web 网页中，浏览器可以通过调用 JavaScript 来响应用户的操作。当用户点击某个超链接，或者编辑表单域中的内容时，浏览器就会调用相应的 JavaScript 代码。在此过程中，JavaScript 响应的操作就是事件。事件将用户和 Web 页面连接在一起，使用户之间可以交互，以响应用户的操作。

事件由浏览器动作(如浏览器载入文档)或用户动作(诸如敲击键盘、滚动鼠标等)触发，而事件处理程序则说明一个对象如何响应事件。在早期支持 JavaScript 脚本的浏览器中，事件处理程序是作为 HTML 标记的附加属性加以定义的，其语法格式如下：

```
<input type="button" name="MyButton" value="Test Event" onclick="MyEvent()">
```

大部分事件的命名都是描述性的，如 click、submit、mouseover 等，通过其名称就可以知道其含义。但是也有少数事件的名字不易理解，如 blur 在英文中的含义是模糊的，而在这里表示一个域或者一个表单失去焦点。在一般情况下，在事件名称之间添加前缀，如对于 click 事件，其处理器名为 onclick。

事件不仅仅局限于鼠标和键盘操作，也包括浏览器状态的改变，如绝大部分浏览器支持类似 resize 和 load 这样的事件等。load 事件在浏览器载入文档时被触发。如果某事件要在文档载入时被触发，一般应该在<body>标记中加入语句 onload="MyFunction()"。而 resize 事件在用户改变浏览器窗口的大小时触发。当用户改变窗口大小时，有时需要改变文档页面的内容布局，从而使其以恰当、友好的方式显示给用户。

现代事件模型中引入 Event 对象，它包含其他对象使用的常量和方法的集合。当事件发生后，产生临时的 Event 对象实例，而且还附带当前事件的信息，如鼠标定位、事件类型等，然后将其传递给相关的事件处理器进行处理。待事件处理完毕后，该临时 Event 对象实例所占据的内存空间被释放，浏览器等待其他事件出现并进行处理。如果短时间内发生的事件较多，浏览器按事件发生的顺序将这些事件排序，然后按照顺序依次执行这些事件。

事件可以发生在很多场合，包括浏览器本身的状态和页面中的按钮、链接、图片、层等。同时根据 DOM 模型，文本也可以作为对象，并响应相关的动作，如点击鼠标、文本被选择等。事件的处理方法甚至结果同浏览器的环境都有很大的关系，浏览器的版本越新，所支持的事件处理器就越多，支持也越完善。所以在编写 JavaScript 脚本时，要充分考虑浏览器的兼容性，才可以编写出合适多数浏览器的安全脚本。

8.4.1 常见的事件驱动

JavaScript 是基于对象(object-based)的语言。这与 Java 不同，Java 是面向对象的语言。而基于对象的基本特征，就是采用事件驱动(Event-driven)。它是在用户图形界面的环境下，使得一切输入变得简单化。通常鼠标或热键的动作称为事件(Event)，而对事件进行处理的程序或函数，我们称为事件处理程序(Event Handler)。

JavaScript 事件驱动中的事件是通过鼠标或热键的动作引发的。它主要有如下几个事件。

1) 单击事件 onClick

当用户单击鼠标按钮时，产生 onClick 事件。同时 onClick 指定的事件处理程序或代码将被调用执行。通常在 button(按钮对象)、checkbox(复选框)、radio(单选按钮)、reset buttons(重置按钮)、submit buttons(提交按钮)等几个基本对象中产生。

例如，可通过下列按钮激活 change()函数：

```
<Form>
<Input type="button" Value=" " onClick="change()">
</Form>
```

在 onClick 等号后，可以使用自己编写的函数作为事件处理程序，也可以使用 JavaScript 内部的函数。还可以直接使用 JavaScript 的代码等。例如：

```
<Input type="button" value=" " onclick=alert("这是一个例子")>
```

2) 改变事件 onChange

当利用 Text 或 Textarea 元素输入时，字符值改变时将引发该事件，同时当在 Select 表格项中的一个选项状态改变后也会引发该事件。

例如：

```
<Form>
<Input type="text" name="Test" value="Test" onChange="check(this.test)">
</Form>
```

3) 选中事件 onSelect

当 Text 或 Textarea 对象中的文字被加亮后，引发该事件。

4) 获得焦点事件 onFocus

当用户单击 Text、Textarea 或 Select 对象时，产生该事件。此时该对象成为前台对象。

5) 失去焦点 onBlur

当 Text 对象或 Textarea 对象以及 Select 对象不再拥有焦点而退到后台时，引发该事件，它与 onFocus 事件是一个对应的关系。

6) 载入文件 onLoad

当文档载入时，产生该事件。onLoad 的一个作用就是在首次载入一个文档时检测 cookie 的值，并用一个变量为其赋值，使它可以被源代码使用。

7) 卸载文件 onUnload

当 Web 页面退出时引发 onUnload 事件，并可更新 Cookie 的状态。

【例 8.8】(示例文件 ch08\8.8.html)

自动装载和自动卸载：

```
<!DOCTYPE html>
<html>
    <head>
        <title>自动装载和自动卸载</title>
        <meta http-equiv="content-type" content="text/html; charset=gb2312">
        <script Language="JavaScript">
            <!--
            function loadform(){
                alert("这是自动装载实例!");
            }
            function unloadform(){
                alert("这是卸载实例!");
            }
            //-->
        </Script>
    </head>
    <body OnLoad="loadform()" OnUnload="unloadform()">
        <a href="test.htm">链接</a>
    </body>
</html>
```

在 IE 11.0 中浏览效果，弹出如图 8-18 所示的对话框。单击"确定"按钮，即可进入含有超链接的网页中，如图 8-19 所示。单击其中的超链接，即可打开含有卸载信息的提示框，如图 8-20 所示。

图 8-18 显示对话框　　　　图 8-19 含有超链接的网页　　　　图 8-20 卸载信息提示框

上面就是一个自动装载和自动卸载的例子，即当装入 HTML 文档时，调用 loadform()函数；而退出该文档进入另一 HTML 文档时，则先调用 unloadform()函数，确认后方可进入。

8.4.2　JavaScript 的常用事件

在 JavaScript 中，事件分很多种，如鼠标事件、键盘事件、HTML 事件、变动事件。下面对这些事件分别加以介绍。

1．鼠标事件

鼠标事件是指鼠标状态的改变，包括鼠标在移动过程中、单击过程中、拖动过程中等所有鼠标状态改变触发的事件。常用的鼠标事件有如下几种。

(1) onclick 事件。onclick 事件在鼠标单击某表单域时触发。单击是指鼠标停留在对象上，按下鼠标按键，没有移动鼠标而释放鼠标按键这一个完整的过程。

例如，要求单击"保存"按钮时，提交当前表单，代码如下：

```
<script language="JavaScript" type="text/javascript">
<!--
function btnSave()
{
    //表单提交前进行必要的数据有效性验证等工作
    ...
    //提交表单
    document.forms[0].submit();
}
//-->
</script>
<input type="button" value="保存" onclick="btnSave()">
```

(2) ondblclick 事件。ondblclick 事件处理程序与 onClick 相似，但只在用户双击对象时使用。由于链接通常需要单击，所以可以利用这一处理程序让链接根据点击次数完成两件不同的事情。该事件也可以检测图像上的双击动作。

(3) onmouseover 事件。onmouseover 事件在鼠标进入对象范围(移到对象上方)时触发。

假如文本框所在单元格的 HTML 代码如下：

```
<td onmouseover="modStyle(this)" onmouseout="recoverStyle(this)">
```

当鼠标进入单元格时，触发 onmouseover 事件，调用名称为 modStyle 的事件处理函数，完成对单元格样式的更改。

onmouseover 事件可以应用在所有的 HTML 页面元素中。例如，鼠标经过文字上方时，显示效果为"鼠标曾经过上面。"鼠标离开后，显示效果为"鼠标没有经过上面。"实现方法如下：

```
<font size="20" color="#FF0000"
  onmouseover="this.color='#000000';this.innerText='鼠标曾经过上面。'">
    鼠标没有经过上面。
</font>
```

(4) onmouseout 事件。onmouseout 事件在鼠标离开对象时触发。onmouseout 事件通常与 onmouseover 事件共同使用，来改变对象的状态。如当鼠标移到一段文字上方时，文字颜色显示为红色，当鼠标离开文字时，文字恢复原来的黑色，其实现代码如下：

```
<font onmouseover="this.style.color='red'"
  onmouseout="this.style.color="black"">文字颜色改变</font>
```

(5) onmousedown 事件。onmousedown 事件在用户把鼠标放在对象上按下鼠标键时触发。例如在应用中，有时需要获取在某个 div 元素上鼠标按下时的鼠标位置(x、y 坐标)并设置鼠标的样式为"手形"。

(6) onmouseup 事件。onmouseup 事件在用户把鼠标放在对象上且鼠标按键被按下的情况下释放鼠标键时触发。如果接收鼠标键按下事件的对象与鼠标键释放时的对象不是同一个对象，那么 onmouseup 事件不会触发。onmousedown 事件与 onmouseup 事件有先后顺序，在同一个对象上前者在先后者在后。onmouseup 事件通常与 onmousedown 事件共同使用，控制同一对象的状态改变。

(7) onselect 事件。onselect 事件在文本框或是文本域的内容被选中(选中的部分高亮显示)时触发。onselect 事件的具体过程是从鼠标按键被按下，到鼠标开始移动并选中内容的过程。这个过程并不包括鼠标键的释放。

2. 键盘事件

键盘事件是指键盘状态的改变。常用的键盘事件有按键事件 onkeydown、按下键事件 onkeypress 和放开键事件 onkeyup 等。

(1) onkeydown 事件。该事件在键盘的按键被按下时触发。onkeydown 事件用于接收键盘的所有按键(包括功能键)被按下时的事件。onkeydown 事件与 onkeypress 事件都在按键被按下时触发，但是两者是有区别的。

例如，在用户输入信息的界面中，经常会有同时输入多条信息(存在多个文本框)的情况出现。为方便用户使用，通常情况下，当用户按 Enter 键时，光标自动跳入下一个文本框，在文本框中使用如下代码，即可实现回车跳入下一文本框的功能：

```
<input type="text" name="txtInfo"
  onkeydown="if(event.keyCode==13) event.keyCode=9">
```

上述代码通过判断及更改 event 事件的触发源的 ASCII 值，来控制光标所在的位置。

(2) onkeypress 事件。onkeypress 事件在键盘的按键被按下时触发。该事件与 onkeydown 事件两者有先后顺序，onkeypress 事件是在 onkeydown 事件之后发生的。此外，当按下键盘上的任何一个键时，都会触发 onkeydown 事件；但是 onkeypress 事件只在按下键盘的任一字符键(如 A~Z、数字键)时触发，单独按下功能键(F1~F12)、Ctrl 键、Shift 键、Alt 键等不会触发 onkeypress 事件。

(3) onkeyup 事件。onkeyup 事件在键盘的按键被按下然后释放时触发。例如，页面中要求用户输入数字信息时，使用 onkeyup 事件，对用户输入的信息进行判断，具体代码如下：

```
<input type="text" name="txtNum"
  onkeyup="if(isNaN(value)) execCommand('undo');">
```

3．HTML 事件

HTML 事件是指 HTML 文件状态改变时触发的、用户可以捕获的事件。网页载入后，用户与网页的交互主要是指发生在按钮、链接、表单、图片等 HTML 元素上的用户动作，以及该页面对此动作所做出的响应。

4．变动事件

变动事件是指由于光标位置的改变引起的状态的改变。常用的变动事件有失去焦点事件 onblur、获得焦点事件 onfocus 和值改变时触发的事件 onchange。

(1) onblur。该事件在得到焦点的对象失去焦点时触发。例如，用户输入文本框信息后，当文本框失去焦点时，对文本框中用户输入的信息进行是否是正确的日期的有效性验证。

(2) onfocus。该事件在未获得焦点的对象获得焦点时触发。例如，用户输入某个信息时，将光标放在某个文本框中(文本框获得焦点)，此文本框改变样式，以达到提示用户正在输入的信息的效果。onfocus 事件与 onblur 事件结合，可控制文本框中获得焦点时改变样式，失去焦点时恢复原来样式。

(3) onchange。该事件只在事件对象的值发生改变并且事件对象失去焦点时触发。如果使用 onblur 事件，文本框每一次失去焦点都会触发 onblur 事件，继而执行其事件处理函数。即使用户没有对数据进行任何修改，事件处理函数也会执行。如果不希望每次失去焦点时都触发事件，要求只在用户对文本框的值进行修改后，失去焦点时触发，就可以使用 onchange 事件。onchange 事件多用于监听用户是否更改下拉列表的选择。如使用代码实现的多级下拉列表联动的方法中，就是使用 select 元素的 onchange 事件，判断用户是否对选择的值进行更改，进而实现下拉列表的动态改变。

在 select 元素中，使用 onchange 的方法与在文本框中使用的方法相同，只需要在 select 标记中添加 onchange 事件及其事件处理函数，其使用方法如下：

```
<select name="sltName" onchange="changeHandle()">
```

8.4.3 JavaScript 处理事件的方式

尽管 HTML 事件属性可以将事件处理器绑定为文本的一部分，但其代码一般较为短小，功能也比较弱，适用于只需要做简单的数据验证、返回相关提示信息等场合。使用 JavaScript 脚本可以更为方便地处理各种事件，特别是 Internet Explorer、Netscape Navigator 等浏览器，在推出更为先进的事件模型后，使用 JavaScript 脚本处理事件显得顺理成章。

JavaScript 脚本处理事件主要可通过匿名函数、显式声明、手工触发等方式进行，这些方法在隔离 HTML 文件结构与逻辑关系的程度方面略微不同。

1. 匿名函数

匿名函数的方式是通过 Function 对象构造匿名函数，并将其方法复制给事件，此时匿名函数就成为该事件的事件处理器。

【例 8.9】(示例文件 ch08\8.9.html)

使用匿名函数：

```html
<!DOCTYPE HTML>
<html>
    <head>
        <meta http-equiv="Content-Type" content="text/html;
          charset=gb2312">
        <title>Sample Page!</title>
    </head>
    <body>
        <center>
            <br>
            <p>通过匿名函数处理事件</p>
            <form name=MyForm id=MyForm>
                <input type=button name=MyButton id=MyButton value="测试">
            </form>
            <script language="JavaScript" type="text/javascript">
                <!--
                document.MyForm.MyButton.onclick = new Function()
                {
                    alert("已经单击该按钮!");
                }
                -->
            </script>
        </center>
    </body>
</html>
```

上述代码中包含一个匿名函数，其具体内容如下：

```
document.MyForm.MyButton.onclick = new Function()
{
    alert("已经单击该按钮!");
}
```

上述代码的作用是将名为 MyButton 的 button 元素的 click 动作的事件处理器设置为新生成的 Function 对象的匿名实例，即匿名函数。

在 IE 11.0 中浏览，效果如图 8-21 所示。

图 8-21 通过匿名函数处理事件

2. 显式声明

在设置时间处理器时,也可以不使用匿名函数,而将该事件的处理器设置为已经存在的函数。当鼠标移出图片区域时,可以实现图片的转换,从而扩展为多幅图片定时轮番播放的广告模式。首先在<head></head>标签对之间嵌套 JavaScript 脚本,定义两个函数:

```
function MyImageA()
{
  document.all.MyPic.src = "fengjing1.jpg";
}
function MyImageB()
{
  document.all.MyPic.src = "fengjing2.jpg";
}
```

再通过 JavaScript 脚本代码将<img>标记元素的 mouseover 事件的处理器设置为已定义的函数 MyImageA(),将 mouseout 事件的处理器设置为已定义的函数 MyImageB():

```
document.all.MyPic.onmouseover = MyImageA;
document.all.MyPic.onmouseout = MyImageB;
```

【例 8.10】(示例文件 ch08\8.10.html)

图片翻转:

```
<!DOCTYPE HTML>
<html>
    <head>
        <meta http-equiv="Content-Type" content="text/html; charset=gb2312">
        <title>通过使用鼠标变换图片</title>
        <script language="JavaScript" type="text/javascript">
        <!--
        function MyImageA()
        {
           document.all.MyPic.src = "fengjing1.jpg";
        }
        function MyImageB()
```

```
            {
                document.all.MyPic.src = "fengjing2.jpg";
            }
            -->
        </script>
    </head>
    <body>
        <center>
            <p>在图片内外移动鼠标,图片轮换</p>
            <img name="MyPic" id="MyPic" src="fengjing1.jpg"
                width=300 height=200></img>
            <script language="JavaScript" type="text/javascript">
                <!--
                document.all.MyPic.onmouseover = MyImageA;
                document.all.MyPic.onmouseout = MyImageB;
                -->
            </script>
        </center>
    </body>
</html>
```

在 IE 11.0 浏览器中运行上述代码,其显示结果如图 8-22 所示。当鼠标移动到图片区域时,图片就会发生变化,如图 8-23 所示。

图 8-22　显示初始结果

图 8-23　当鼠标移动到图片区域时,图片就会发生变化

不难看出,通过显式声明的方式定义事件的处理器代码紧凑、可读性强,其对显式声明的函数没有任何限制,还可以将该函数作为其他事件的处理器。

3. 手工触发

手工触发处理事件的元素很简单,即通过其他元素的方法来触发一个事件,而不需要通过用户的动作来触发该事件。如果某个对象的事件有其默认的处理器,此时再设置该事件的处理器时,就可能出现意外的情况。

【例 8.11】(示例文件 ch08\8.11.html)

手工触发事件:

```
<!DOCTYPE HTML>
<html>
    <head>
        <meta http-equiv="Content-Type" content="text/html; charset=gb2312">
        <title>使用手工触发的方式处理事件</title>
        <script language="JavaScript" type="text/javascript">
            <!--
            function MyTest()
            {
                var msg = "通过不同的方式返回不同的结果: \n\n";
                msg += "单击【测试】按钮,即可直接提交表单\n";
                msg += "单击【确定】按钮,即可触发onsubmit()方法,然后才提交表单\n";
                alert(msg);
            }
            -->
        </script>
    </head>
    <body>
        <br>
        <center>
          <form name=MyForm1 id=MyForm1 onsubmit="MyTest()"
            method=post action="haapyt.asp">
          <input type=button value="测试"
            onclick="document.all.MyForm1.submit();">
          <input type=submit value="确定">
        </center>
    </body>
</html>
```

在 IE 11.0 浏览器中运行上述 HTML 文件,其显示结果如图 8-24 所示。单击其中的"测试"按钮,即可触发表单的提交事件,并且直接将表单提交给目标页面 haapyt.asp;如果单击默认触发提交事件的"确定"按钮,则弹出信息框,如图 8-25 所示。此时单击"确定"按钮,即可将表单提交给目标页面 haapyt.asp。所以当事件在事实上已包含导致事件发生的方法时,该方法不会调用有问题的事件处理器,而会导致与该方法对应的行为发生。

图 8-24　显示初始结果

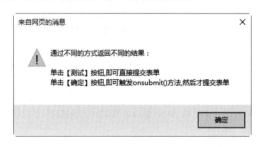

图 8-25　单击"确定"按钮后弹出的信息框

8.4.4　使用 event 对象

JavaScript 的 event 对象用来描述 JavaScript 的事件,event 代表事件状态,如事件发生的元素、键盘状态、鼠标位置和鼠标按钮状态。一旦事件发生,便会生成 event 对象,如单击一个按钮，浏览器的内存中就产生相应的 event 对象。

1. IE 对事件的引用

在 IE 4.0 以上版本中，event 对象作为 window 属性来访问：window.event。其中引用的 window 部分是可选的，因此脚本就像全局引用一样来对待 event 对象：event.propertyName。

2. event 对象的主要属性和方法

event 是 JavaScript 中的重要事件，event 代表事件的状态，专门负责对事件的处理，其属性和方法能帮助用户完成很多与用户交互的操作。下面介绍 event 对象的主要属性和方法。

- type：事件的类型，就是 HTML 标签属性中，没有 on 前缀之后的字符串，如 Click 就代表单击事件。
- srcElement：事件源，就是发生事件的元素。比如<a></a>这个链接是事件发生的源头，也就是该事件的 srcElement(非 IE 中用 target)。
- button：声明了被按下的鼠标键，是一个整数。0 代表没有按键，1 代表鼠标左键，2 代表鼠标右键，4 代表鼠标中键，如果按下了多个鼠标键，就把这些值加在一起，所以 3 就代表左右键同时按下。
- clientX/clientY：是指事件发生时鼠标的横、纵坐标，返回的是整数，它们的值是相对于包容窗口的左上角生成的。
- offsetX/offsetY：鼠标指针相对于源元素位置，可确定单击 Image 对象的哪个像素。
- altKey、ctrlKey、shiftKey：顾名思义，这些属性是指鼠标事件发生的时候，是否同时按住了 Alt 键、Ctrl 键或者 Shift 键，返回的是一个布尔值。
- keyCode：返回 keydown 和 keyup 事件发生时按键的代码以及 keypress 事件的 Unicode 字符。比如 event.keyCode=13 代表按下了 Enter 键。
- fromElement、toElement：前者是指代 mouseover 事件移动过的文档元素，后者指代 mouseout 事件中鼠标移动到的文档元素。
- cancelBubble：一个布尔属性，把它设置为 true 的时候，将停止事件进一步起泡到包容层次的元素，它用于检测是否接受上层元素的事件的控制。true 代表不被上层元素的事件控制，false 代表允许被上层元素的事件控制。
- returnValue：一个布尔值属性，设置为 false 时可以阻止浏览器执行默认的事件动作，相当于<a href="#" onclick="ProcessMethod();return false;" />。
- attachEvent()和 detachEvent()方法：为指定的 DOM 对象事件类型注册多个事件处理函数的方法，它们有两个参数，第一个是事件类型，第二个是事件处理函数。在 attachEvent()事件执行的时候，this 关键字指向的是 window 对象，而不是发生事件的那个元素。

8.5　实战演练 1——通过事件控制文本框的背景颜色

本实例是用户在选择页面的文本框时，文本框的背景颜色发生变化；如果选择其他文本框时，原来选择的文本框的颜色恢复为原始状态。

【例 8.12】(示例文件：ch08\8.12.html)

通过事件控制文本框的背景颜色：

```
<!DOCTYPE HTML>
<html>
<head>
<title>文本框获得焦点时改变背景颜色</title>
<meta http-equiv="Content-Type" content="text/html; charset=gb2312">
</head>
<script language="javascript">
<!--
  function txtfocus(event){
      var e = window.event;
      var obj = e.srcElement;
      obj.style.background = "#F00066";
  }
  function txtblur(event){
    var e = window.event;
    var obj = e.srcElement;
    obj.style.background = "FFFFF0";
  }
//-->
</script>
<body>
<table align="center" width="360" height="228" border="0">
  <tr>
    <td width="188">登录名称:</td>
    <td width="226">
    <form name="form1" method="post" action="">
      <input type="text" name="textfield" onfocus="txtfocus()">
    </form></td>
  </tr>
  <tr>
    <td>密码:</td>
    <td>
    <form name="form2" method="post" action="">
      <input type="text" name="textfield2"
        onfocus="txtfocus()" onBlur="txtblur()">
    </form></td>
  </tr>
  <tr>
    <td>姓名:</td>
    <td>
    <form name="form3" method="post" action="">
      <input type="text" name="textfield3"
        onfocus="txtfocus()" onBlur="txtblur()">
    </form></td>
  </tr>
  <tr>
    <td>性别:</td>
    <td>
    <form name="form4" method="post" action="">
      <input type="text" name="textfield5"
        onfocus="txtfocus()" onBlur="txtblur()">
```

```
      </form></td>
    </tr>
    <tr>
      <td>联系方式: </td>
      <td>
      <form name="form5" method="post" action="">
        <input type="text" name="textfield4"
          onfocus="txtfocus()" onBlur="txtblur()">
      </form></td>
    </tr>
</table>
</body>
</html>
```

在 IE 11.0 中浏览,效果如图 8-26 所示。选择文本框输入内容时,即可发现文本框的背景色发生了变化。

图 8-26 通过事件控制文本框的背景颜色

本示例主要是通过获得焦点事件(onfocus)和失去焦点事件(onblur)来完成的。其中 onfocus 事件是当某个元素获得焦点时发生的事件;onblur 是当前元素失去焦点时发生的事件。

8.6 实战演练 2——在 DOM 模型中获得对象

在 DOM 结构中,其根节点由 document 对象表示,对 HTML 文档而言,实际上就是 <html>元素。当使用 JavaScript 脚本语言操作 HTML 文档的时候,document 即指向整个文档,<body>、<table>等节点类型即为 Element,Comment 类型的节点则是指文档的注释。在使用 DOM 操作 XML 和 HTML 文档时,经常要使用 document 对象。document 对象是一棵文档树的根,该对象可为我们提供对文档数据的最初(或最顶层)的访问入口。

【例 8.13】(示例文件 ch08\8.13.html)
在 DOM 模型中获得对象:

```
<!DOCTYPE html>
<html>
```

```
<head>
<title>解析 HTML 对象</title>
<script type="text/javascript">
window.onload = function(){
    //通过 docuemnt.documentElement 获取根节点
    var zhwHtml = document.documentElement;
    alert(zhwHtml.nodeName);              //打印节点名称 HTML 大写
    var zhwBody = document.body;          //获取 body 标签节点
    alert(zhwBody.nodeName);              //打印 BODY 节点的名称
    var fH = zhwBody.firstChild;          //获取 body 的第一个子节点
    alert(fH + "body 的第一个子节点");
    var lH = zhwBody.lastChild;           //获取 body 的最后一个子节点
    alert(lH + "body 的最后一个子节点");
    var ht = document.getElementById("zhw"); //通过 id 获取<h1>
    alert(ht.nodeName);
    var text = ht.childNodes;
    alert(text.length);
    var txt = ht.firstChild;
    alert(txt.nodeName);
    alert(txt.nodeValue);
    alert(ht.innerHTML);
    alert(ht.innerText + "Text");
}
</script>
</head>
<body>
    <h1 id="zhw">我是一个内容节点</h1>
</body>
</html>
```

在上述代码中，首先获取 HTML 文件的根节点，即使用 document.documentElement 语句获取，下面分别获取了 body 节点、body 的第一个子节点和最后一个子节点。

语句 document.getElementById("zhw")表示获得指定节点，并输出节点名称和节点内容。

在 IE 11.0 中浏览，效果如图 8-27 所示。可以看到，当页面显示的时候，JavaScript 程序会依次将 HTML 的相关节点输出，如输出 HTML、Body、H1 等节点。

图 8-27　输出 DOM 对象中的节点

8.7 实战演练 3——超级链接的事件驱动

事件不仅可以在用户交互过程中产生，而且浏览器自己的一些动作也可以产生事件。例如，当载入一个页面时，就会发生 load 事件，卸载一个页面时，就会发生 unload 事件等。归纳起来，必须使用的事件有如下 3 类。

- 引起页面之间跳转的事件，主要是超链接事件。
- 浏览器自己引起的事件。
- 在表单内部同界面对象的交互。

【例 8.14】(示例文件 ch08\8.14.html)
超级链接的事件驱动：

```
<!DOCTYPE html>
<html>
<head>
<title>JavaScript 事件驱动</title>
<script language="javascript">
<!--
  function countTotal(){
      var elements = document.getElementsByTagName("input");
      window.alert("input 类型节点总数是:" + elements.length);
  }
  function anchorElement(){
      var element = document.getElementById("submit");
      window.alert("按钮的 value 是:" + element.value);
  }
-->
</script>
</head>
<body>
<table width="364" border="1" cellpadding="0" cellspacing="0">
<form action="" name="form1" method="post">
<tr>
   <td width="20%"> 用户名</td>
   <td width="80%"> <input type="text" name="input1" value=""></td>
</tr>
<tr>
   <td> 密码</td>
   <td> <input type="password" name="password1" value=""></td>
</tr>
<tr>
   <td> </td>
   <td><input type="submit" name="Submit" value="提交"></td>
</tr>
</form>
</table>
<a href="javascript:void(0);" onClick="countTotal();">统计 input 子节点总数
</a>
<a href="javascript:void(0);" onClick="anchorElement();">获取提交按钮内容</a>
</body>
</html>
```

在上述 HTML 代码中，创建了两个超级链接，并给这两个超级链接添加了单击事件，即 onClick 事件，单击超级链接时，会触发 countTotal()和 anchorElement()函数。在 JavaScript 代码中创建了 countTotal()和 anchorElement()函数。

countTotal()函数中使用 "document.getElementsByTagName("input");" 语句获取节点名称为 input 的所有元素，并将它存储到一个数组中，然后将这个数组长度输出。

在 anchorElement()函数中，使用 "document.getElementById("submit");" 获取按钮节点对象，并将此对象的值输出。

在 IE 11.0 中浏览，效果如图 8-28 所示。可以看到，当页面显示的时候，单击 "统计 input 子节点总数" 链接和 "获取提交按钮内容" 链接，会分别显示 input 的子节点总数和提交按钮的 value 内容。从执行结果来看，单击超级链接时，会触发事件处理程序，即调用 JavaScript 函数。JavaScript 函数执行时，会根据相应的程序代码完成相关操作，例如本例的统计节点总数和获取按钮 value 内容等。

图 8-28　事件驱动显示

8.8　疑 难 解 惑

疑问 1：如何实现按键刷新页面？

答：通过按键也可以刷新页面。具体代码如下：

```
<script language="javascript">
<!--
function Refurbish()
{
    if (window.event.keyCode==70)
    {
        location.reload();
    }
}
document.onkeypress = Refurbish;
//-->
</script>
```

其中 window.event.keyCode==70 表示按 F 键刷新页面。

疑问 2：如何在状态栏中显示鼠标的位置？

答：通过鼠标移动事件可以实现显示鼠标位置的目的。具体代码如下：

```
<script language="javascript">
<!--
var x=0,y=0;
function MousePlace()
{
    x = window.event.x;
    y = window.event.y;
    window.status = "X: " + x
     + " " + "Y: " + y;
}
document.onmousemove = MousePlace;
//-->
</script>
```

程序运行后的效果如图 8-29 所示。

疑问 3：在 JavaScript 编程中，键盘所对应的键码值是多少？

图 8-29　程序运行结果

答：为了便于读者对键盘进行操作，下面给出键盘上的字母和数字所对应的键码值，如表 8-5 所示。

表 8-5　字母和数字键的键码值

字母和数字键的键码值									
按 键	键 码	按 键	键 码	按 键	键 码	按 键	键 码
A	65	J	74	S	83	1	49
B	66	K	75	T	84	2	50
C	67	L	76	U	85	3	51
D	68	M	77	V	86	4	52
E	69	N	78	W	87	5	53
F	70	O	79	X	88	6	54
G	71	P	80	Y	89	7	55
H	72	Q	81	Z	90	8	56
I	73	R	82	0	48	9	57

数字键盘上的按键以及功能键所对应的键码值如表 8-6 所示。

表 8-6　数字键盘上的按键以及功能键所对应的键码值

数字键盘上的键的键码值				功能键的键码值			
按键	键码	按键	键码	按键	键码	按键	键码
0	96	8	104	F1	112	F7	118
1	97	9	105	F2	113	F8	119
2	98	*	106	F3	114	F9	120
3	99	+	107	F4	115	F10	121
4	100	Enter	108	F5	116	F11	122
5	101	-	109	F6	117	F12	123
6	102	.	110				
7	103	/	111				

键盘上的控制键的键码值如表 8-7 所示。

表 8-7　键盘上的控制键所对应的键码值

控制键的键码值							
按键	键码	按键	键码	按键	键码	按键	键码
BackSpace	8	Esc	27	Right Arrow	39	-_	189
Tab	9	Spacebar	32	Down Arrow	40	.>	190
Clear	12	Page Up	33	Insert	45	/?	191
Enter	13	Page Down	34	Delete	46	`~	192
Shift	16	End	35	Num Lock	144	[{	219
Control	17	Home	36	;:	186	|	220
Alt	18	Left Arrow	37	=+	187	]}	221
Cape Lock	20	Up Arrow	38	,<	188	'"	222

第 9 章

处理窗口和文档对象

　　JavaScript 除了可以访问本身内置的各种对象外,还可以访问浏览器提供的对象。通过对这些对象的访问,可以得到当前网页及浏览器本身的一些信息,并能完成有关的操作。本章介绍几种常见的浏览器对象,如 window 对象和 document 对象。document 对象是应用最频繁的 JavaScript 内部对象之一。document 对象是 window 对象的子对象,同时 document 可以直接在 JavaScript 中使用。document 对象多数用来获取 HTML 页面中的某个元素。document 对象具有大量内部属性和方法,可以供用户方便地使用。

9.1 窗口(window)对象

window 对象在客户端 JavaScript 中扮演着重要的角色，它是客户端程序的全局(默认)对象，还是客户端对象层次的根。它是 JS 中最大的对象。它描述的是一个浏览器窗口，一般要引用其属性和方法时，不需要用 window.XXX 这种形式，而是直接使用 XXX。一个框架页面也是一个窗口。window 对象表示浏览器中打开的窗口。

9.1.1 窗口(window)简介

window 对象表示一个浏览器窗口或一个框架。在客户端 JavaScript 中，window 对象是全局对象，所有的表达式都在当前的环境中计算。也就是说，要引用当前窗口，根本不需要特殊的语法，可以把那个窗口的属性作为全局变量来使用。例如，可以只写 document，而不必写 window.document。同样，可以把当前窗口对象的方法当作函数来使用，如只写 alert()，而不必写 window.alert()。

window 对象还实现了核心 JavaScript 定义的所有全局属性和方法。window 对象的 window 属性和 self 属性引用的都是其自己。window 对象的属性如表 9-1 所示。

表 9-1　window 对象的属性

属性名称	说　明
closed	一个布尔值，当窗口被关闭时此属性为 true，默认为 false
defaultStatus, status	一个字符串，用于设置在浏览器状态栏显示的文本
document	对 document 对象的引用，该对象表示在窗口中显示的 HTML 文件
Frames[]	window 对象的数组，代表窗口的各个框架
history	对 history 对象的引用，该对象代表用户浏览器窗口的历史
innerHeight, innerWidth, outerHeight, outerWidth	它们分别表示窗口的内外尺寸
location	对 location 对象的引用，该对象代表在窗口中显示的文档的 URL
locationbar, menubar, scrollbars, statusbar, toolbar	对窗口中各种工具栏的引用，像地址栏、工具栏、菜单栏、滚动条、状态条等。这些对象分别用来设置浏览器窗口中各个部分的可见性
name	窗口的名称，可被 HTML 标记 \<a> 的 target 属性使用
opener	对打开当前窗口的 window 对象的引用。如果当前窗口被用户打开，则它的值为 null
pageXOffset, pageYOffset	在窗口中滚动到右边和下边的数量
parent	如果当前的窗口是框架，它就是对窗口中包含这个框架的引用
self	自引用属性，是对当前 window 对象的引用，与 window 属性相同

续表

属性名称	说 明
top	如果当前窗口是一个框架，那么它就是对包含这个框架顶级窗口的 window 对象的引用。注意，对嵌套在其他框架中的框架来说，top 不等同于 parent
window	自引用属性，是对当前 window 对象的引用，与 self 属性相同

window 对象的常用方法如表 9-2 所示。

表 9-2　window 对象的常用方法

方法名称	说 明
close()	关闭窗口
find(), home(), print(), stop()	执行浏览器查找、主页、打印和停止按钮的功能，就像用户单击了窗口中的这些按钮一样
focus(), blur()	请求或放弃窗口的键盘焦点。focus()方法还将把窗口置于最上层，使窗口可见
moveBy(), moveTo()	移动窗口
resizeBy(), resizeTo()	调整窗口大小
scrollBy(), scrollTo()	滚动窗口中显示的文档
setInterval(), clearInterval()	设置或者取消重复调用的函数，该函数在两次调用之间有指定的延迟
setTimeout(), clearTimeout()	设置或者取消在指定的若干秒后调用一次的函数

【例 9.1】(示例文件 ch09\9.1.html)

使用窗口方法：

```
<!DOCTYPE html>
<html>
<head>
<title>window 属性</title>
</head>
<body>
 <script language="JavaScript">
   function shutwin(){
     window.close();
     return;}
 </script>
   <a href="javascript:shutwin();">关闭本窗口</a>
</body>
</html>
```

在上述代码中，创建了一个超级链接，并为超级链接添加了一个事件，即单击超级链接时，会调用函数 shutwin。在函数 shutwin 中，使用了 window 对象的 close 方法，来关闭当前窗口。在 IE 11.0 中浏览，效果如图 9-1 所示。单击超级链接"关闭本窗口"时，会弹出一个对话框，询问是否关闭当前窗口，单击"是(Y)"按钮关闭当前窗口，否则不关闭当前窗口。

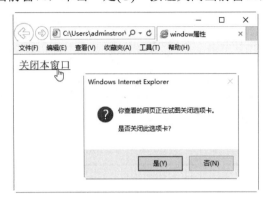

图 9-1　使用窗口方法

9.1.2　window 对象的属性

一个 HTML 文档至少有一个 window 对象，如果某个网页有多帧，则会有多个 window 对象。熟悉并了解 window 对象的各种属性、方法及事件处理程序，将有助于 Web 应用开发者的设计开发。

1. defaultStatus 属性

几乎所有的 Web 浏览器都有状态条(栏)。如果需要打开浏览器即在其状态条显示相关信息，可以为浏览器设置默认的状态条信息。window 对象的 defaultStatus 属性可实现此功能。其语法格式如下：

```
window.defaultStatus = "statusMsg";
```

其中，statusMsg 代表需要在状态条显示的默认信息。用户在浏览部分网页时，发现其状态条会显示某些信息，使用 defaultStatus 属性可以在用户打开网页时显示指定的信息。

使用 window.defaultStatus 属性可以设置网页的默认状态条信息，而使用 window.status 可以动态设置状态条的显示信息。将两者与鼠标事件结合，可以在状态条显示默认信息的同时，随着用户鼠标改变状态条的信息，以达到提示用户操作的效果。

【例 9.2】(示例文件 ch09\9.2.html)

使用 defaultStatus 属性与 status 属性结合鼠标事件控制状态条信息显示：

```
<!DOCTYPE html>
<html>
<head>
<title>显示状态条信息</title>
<script language="JavaScript" type="text/javaScript">
  <!--
    window.defaultStatus = "本站内容更加精彩！";
  //-->
</script>
```

```
</head>
<body>
请看状态条上显示的内容
</body>
</html>
```

在 IE 11.0 中浏览,效果如图 9-2 所示。

2. document 属性

window 对象用于获取当前显示的文档的属性是 document。通过 window 对象的 document 属性可以获取当前显示的文档,即 document 对象,其语法格式如下:

图 9-2 显示网页默认状态条信息

```
var documentObj = window.document;
```

其中 documentObj 是获取的当前显示的文档对象。document 本身也是 HTML 页面中的元素,通过 document 对象可以在 JavaScript 中操作页面中的所有元素。

3. 框架属性集

框架可以把浏览器窗口分成几个独立的部分,每部分显示单独的页面,页面的内容是互相联系的。如含有框架网页,顶端框架显示网页标题,下面是左右两个框架,左边显示导航栏,右边显示链接目标网页。单击左边框架导航栏中的超级链接,在右边框架里显示超级链接的对象。框架是一种特殊的窗口,在网页设计中经常遇到。

(1) 窗口框架。如果当前窗口是在框架<frame>或<iframe>中,通过 window 对象的 frameElement 属性可获取当前窗口所在的框架对象,其语法格式如下:

```
var documentObj = window.frameElement;
```

其中,frameObj 是当前窗口所在的框架对象。使用该属性获得框架对象后,可使用框架对象的各种属性和方法,从而实现对框架对象的各种操作。

例如下面的代码(9.3.html)列出了将窗口分为两部分的框架集,并指定名称为 mainFrame 的框架的源文件为 main.html,而指明 topFrame 的框架源文件是 top.html。当用户单击 mainFrame 框架中的"窗口框架"按钮时,即可获取当前窗口所在的框架对象,同时弹出提示信息,并显示框架的名称。

【例 9.3】(示例文件 ch09\9.3.html):

将窗口分为两部分的框架集:

```
<!DOCTYPE html>
<html>
  <head>
    <title>含有窗口框架的网页</title>
  </head>
  <frameset rows="60,*" cols="*" frameborder="1" border="1" framespacing="1">
    <frame src="top.html" name="topFrame" scrolling="no" id="top"
      marginheight="0" marginwidth="0" noresize/>
```

```
        <frame src="main.html" name="mainFrame" scrolling="auto" id="main">
    </frameset>
</html>
```

main.html 文件的具体内容如下:

```
<!DOCTYPE html>
<html>
    <head>
    <title>窗口框架</title>
    <script language="JavaScript" type="text/javaScript">
    <!--
    function getFrame()
    { //获取当前窗口所在的框架
    var frameObj = window.frameElement;
    window.alert("当前窗口所在框架的名称: " + frameObj.name);
    window.alert("当前窗口的框架数量: " + window.length);
    }

    function openWin()
    { //打开一个窗口
    window.open("top.html", "_blank");
    }
    //-->
    </script>
    </head>
    <body>
      <form name="frmData" method="post" action="#">
        <input type="hidden" name="hidObj" value="隐藏变量">
        <p>
            <center>
                <h1>显示框架页面的内容</h1>
            </center>
        </p>
        <p>
            <center>
                <input type="button" value="窗口框架" onclick="getFrame()">
            </center>
            <br>
            <center>
                <input type="button" value="打开窗口" onclick="openWin()">
            </center>
        </p>
      </form>
    </body>
</html>
```

top.html 文件的具体内容如下:

```
<!DOCTYPE html>
<html>
```

```
<head>
  <title>顶部框架页面</title>
</head>
<body>
  <form name="frmTop" method="post" action="#">
     <center>
         <h1>框架顶部页面
     </center>
  </form>
</body>
</html>
```

在 9.3.html 文件中使用一个<frameset>标记及两个<frame>标记组成了一个框架页面，其运行效果如图 9-3 所示。其中显示在框架顶部的是 top.html 文件，显示在框架边框以下的是 main.html 文件。单击"窗口框架"按钮，即可看到当前窗口所在框架的名称信息，如图 9-4 所示。

图 9-3 显示初始结果

图 9-4 显示当前框架名称信息

单击"确定"按钮，即可看到打开框架数量的提示信息，如图 9-5 所示。而单击图 9-3 中的"打开窗口"按钮时，即可转到链接的页面，如图 9-6 所示。

图 9-5 显示打开框架数量

图 9-6 链接的页面

(2) length 属性。如果想统计窗口中框架的数量，可以使用 window 对象的 length 属性。其语法格式如下：

```
var frameNum = windowObj.length;
```

其中，frameNum 用于记录窗口的框架数量，如果窗口中没有框架，则返回 0；而 windowObj 是用于记录需要获取框架数量的窗口对象。使用 length 属性获取的窗口的框架数量，与获取窗口框架(frames)数组的大小相同。即同一个窗口中，windowObj.length 的值与 windowObj.frames.length 的值相同。如果窗口是在框架中，并且窗口中没有框架，则可以使用 window.length 属性获得当前窗口的框架数量是 0。

(3) frameElement 属性。该属性可以获取窗口所在的框架。由于框架一般是多个同时作用的，所以多数情况下，窗口中存在一个框架数组。使用 window 对象的 frames 属性可以获取当前框架数组，其语法格式如下：

```
var frameAry = windowObj.frames;
```

其中 frameAry 是获取的窗口框架数组；而 windowObj 是指定的需要获取框架的窗口对象。使用 frames 属性获取的框架数组本身也是一个对象，有 length 等属性。如果窗口中没有框架，本属性仍然会返回一个对象，但其大小(length 属性)等于 0。使用 frames 属性获得的框架数组如果大小不为 0，则数组中按照框架在文档中先后顺序存放框架。

在获取窗口框架数组之后，使用框架数组中的元素有以下两种方法。

- 按照普通数组存取数组元素的方法使用数组中的某个框架。例如，获取框架数组 frameAry 的第 3 个位置的框架，其实现方法为：

```
var frameObj=frameAry[2];
```

- 根据框架名称获取框架数组中的元素。例如，获取框架数组 frameAry 中框架名称为 topFrame 的框架，其实现方法为：

```
var frameObj=frameAry["topFrame"];
```

(4) location 属性。该属性可以获取某个窗口的 URL 信息，该属性本身也是一个对象，用户可以指定窗口是当前窗口或其他框架中的窗口。通过 location 属性获取 URL 信息，如协议名、主机名、文件名等信息，如果获取本机的静态 HTML 文件的 URL，其格式为"file//绝对路径"。可以在 JavaScript 中通过设定 location 属性的值将页面跳转至指定地址；如果在本机，可以通过指定 location 属性的值为相对路径，跳转至另一个文件。

其语法格式如下：

```
<script language="JavaScript" type="text/javaScript">
<!--
function openWeb()
{ //跳转至网站,需要完整的URL地址
    window.location = "http://www.xyz.com";
}
function openFile()
{ //跳转至文件,使用相对路径
    window.location = "1.html";
```

```
}
//-->
</script>
```

需要说明的是，window 对象的 location 属性与 document 对象的 location 属性两者是不同的，前者获取的是窗口所显示文档的完整的 URL(绝对路径)，并且用户可以更改 window 对象的 location 属性值；而后者获取的是当前显示文档的 URL，同时用户只能查看，不能更改 document 对象的 location 属性值。

(5) Opener 属性。如果当前窗口是其他窗口使用 open 方法打开的窗口，那么在当前窗口中使用 opener 属性可以返回对当前窗口的创建者的引用。因此，通过 opener 属性可以访问创建当前窗口的副窗口中的数据。其语法格式如下：

```
[objWindow=]window.opener
```

其中，objWindow 为一个 window 对象，是对打开当前窗口的副窗口对象的引用。

4. history 属性

history 对象提供用户最近浏览过的 URL 的列表。在一个会话中，用户早些时候访问过的页面的相关信息是保密的，因此，在脚本中不允许直接查看显示过的 URL。然而，history 对象提供了逐个返回访问过的页面的方法。而 window 对象中 history 属性用于获取当前窗口加载的 URL 列表。history 对象具有两个属性，length 属性保存了历史清单的长度，current 属性保持的是当前页的 URL。history 对象提供的 back()、forward()、go()方法可实现站点导航。其中，back()方法与单击浏览器的"后退"导航按钮执行相同的操作，用于跳转至打开的当前窗口之前的页面。forward()方法与单击浏览器"前进"导航按钮的执行效果相同，可以跳转至当前窗口之后的页面。go()方法可以接收合法参数，并将浏览器定位到由参数指定的历史页面，其中参数值是相对于当前打开的页面的索引。

不同的参数值有着不同的含义，具体介绍如下。

- 如果参数值为 0，将会在浏览器中重新加载当前页面。
- 如果参数值小于 0(如-5)，则加载当前页面之前的页面(当前页面之前的第 5 个页面)，相当于后退指定次数。
- 如果参数值大于 0(如 5)，将会在浏览器中加载当前页面之后的页面(当前页面之后的第 5 个页面)，相当于前进指定次数。

在许多页面上可看到"返回前页"超链接，其代码如下：

```
<a href="Javascript:history.back();">返回前页</a>
```

由于 history 对象与 document 对象处于 HTML 文档树的同一级，同属于 window 对象的子对象，因此使用 window 对象的 history 属性时，可以直接使用 history。另外，history 对象的 back()和 forward()方法只能通过目标窗口或者框架的历史 URL 地址记录列表分别向后或向前延伸，二者互为平衡。

5. parent 属性

当使用框架时，多数情况下需要同时使用多个框架。

【例 9.4】(示例文件 ch09\9.4.html)

下面的代码就是使用框架将页面分成 top、left 和 right 三个部分：

```html
<!DOCTYPE html>
<html>
<head>
<title>在同一网页中使用多个框架</title>
</head>
<frameset rows="60,*" cols="*" frameborder="0" border="0" framespacing="0">
  <frame src="top.html" name="topFrame" scrolling="no" id="top"
    marginheight="0" marginwidth="0" noresize/>
  <frameset cols="200,*" frameborder="1" framespacing="2"
    marginwidth="0" marginheight="0" leftmargin="0" topmargin="0">
    <frame src="left.html" name="leftFrame" target="mainFrame"
      scrolling="auto" borderColor="#FBFBFB" id="left">
    <frame src="right.html" name="mainFrame" scrolling="auto" id="main">
  </frameset>
</frameset>
</html>
```

其中 top.html 就是前面展示过的 HTML 文档。

在 IE 浏览器中打开上面的 HTML 文件，其显示结果如图 9-7 所示。

图 9-7　使用多个框架的网页

使用上述页面分割的方法，可以直观地将各种信息展现给用户，这也是目前使用最为普遍的一种方法。在这种多框架的页面中，可能会需要跨框架进行各种操作。在进行跨框架的操作之前，需要先了解这种页面的框架结构。9.4.html 文件的框架结构如图 9-8 所示。

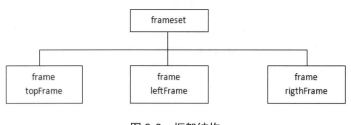

图 9-8　框架结构

虽然在 9.4.html 文件中，leftFrame 与 mainFrame 在另一个 frameset(框架集)中，但是在同一个页面中，所有的 frame 元素的父框架都是最原始的 frameset 元素。因此，在框架 mainFrame 中调用 topFrame，可以在获取框架 mainFrame 的父框架对象(最高层的 frameset)之后，直接调用父对象的框架数组获取名称为 topFrame 的框架。

获取一个对象框架数组中的某个框架有两种方法，其实现方法如下：

```
var parentObj = window.parent;   //获取当前窗口的父窗口(框架)
window.alert("父对象中第一个框架的框架名: " + parentObj.frames[0].name);
window.alert("父对象中名称为"topFrame"的框架名: "
  + parentObj.frames["topFrame"].name);
```

window 对象的 parent 属性的使用方法如下：

```
var parentObj = window.parent;
```

其中，parentObj 是当前窗口的父框架或窗口对象。由于是对象，所以可以直接使用其属性及方法或者调用其内部的信息。得到名称为 topFrame 的框架的方法，就是用来获取父对象的 frames 属性。可以调用父对象的 length 与 frames.length 属性分别获取父对象的框架数量和框架数组长度。

其实现方法如下：

```
var parentObj = window.parent; //获取当前窗口的父窗口(框架)
window.alert("父对象中框架数组长度: " + parentObj.frames.length);
window.alert("父对象中的框架数量: " + parentObj.length);
```

6. top 属性

当页面中存在多个框架时，可以使用 window 对象的 top 属性直接获取当前浏览器窗口中各子窗口的最顶层对象。其语法格式如下：

```
var topObj = window.top;
```

其中，topObj 是获取的最顶层对象。由于是对象，也可以使用其属性与方法对其进行各种操作。在前面的 mainFrame 中，获取当前窗口的顶层框架对象，再获取顶层对象的内容框架数量及内部框架数组的大小。其实现方法如下：

```
var topObj = window.top; //获取当前窗口的顶级对象
window.alert("顶级对象框架数量: " + topObj.length);
window.alert("顶级对象框架数组长度: " + topObj.frames.length);
```

9.1.3 对话框

对话框的作用就是与浏览者进行交流，有提示、选择和获取信息的功能。JavaScript 提供了三种标准的对话框，分别是弹出对话框、选择对话框和输入对话框。这三种对话框都是基于 window 对象产生的，即作为 window 对象的方法而使用的。

window 对象中的对话框如表 9-3 所示。

表 9-3 window 对象中的对话框

对 话 框	说 明
alert()	弹出一个只包含"确定"按钮的对话框
confirm()	弹出一个包含"确定"按钮和"取消"按钮的对话框,要求用户做出选择。如果用户单击"确定"按钮,则返回 true 值;如果单击"取消"按钮,则返回 false 值
prompt()	弹出一个包含"确定"按钮和"取消"按钮和一个文本框的对话框,要求用户在文本框输入一些数据。如果用户单击"确定"按钮,则返回文本框里已有的内容。如果用户单击"取消"按钮,则返回 null 值。如果指定<初始值>,则文本框里会有默认值

1. alert

window 对象的打开消息对话框的方法是 alert(),使用 alert()方法会弹出一个带有"确定"按钮及相关信息的消息框。其使用语法为:

```
window.alert("msg");
```

其中,msg 是在对话框中显示的提示信息。当使用 alert()方法打开消息框时,整个文档的加载以及所有脚本的执行等操作都会暂停,直到用户单击消息框中的"确定"按钮,所有的动作才继续进行。

【例 9.5】(示例文件 ch09\9.5.html)

利用 alert()方法弹出了一个含有提示信息的对话框:

```
<!DOCTYPE html>
<html>
   <head>
   <title>Windows 提示框</title>
   <script language="JavaScript" type="text/javaScript">
   <!--
   window.alert("提示信息");

   function showMsg(msg)
   {
      if(msg == "简介") window.alert("提示信息:简介");
      window.status = "显示本站的" + msg;
      return true;
   }
   window.defaultStatus = "欢迎光临本网站";
   //-->
   </script>
   </head>
   <body>
     <form name="frmData" method="post" action="#">
        <table width="400" align="center" border="1" cellspacing="0">
           <thead>
              <th colspan="3">在线购物网站</th>
           </thead>
```

```
                    <SCRIPT LANGUAGE="JavaScript" type="text/javaScript">
                    <!--
                    window.alert("加载过程中的提示信息");
                    //-->
                    </script>
                    <tr>
                        <td valign="top" width="200">
                            <ul>
                    <li><a href="#" onmouseover="return showMsg('主页')">主页
                    </a></li>
                    <li><a href="#" onmouseover="return showMsg('简介')">简介
                    </a></li>
                    <li><a href="#" onmouseover="return showMsg('联系方式')">
                    联系方式</a></li>
                    <li><a href="#" onmouseover="return showMsg('业务介绍')">
                    业务介绍</a></li>
                            </ul>
                        </td>
                        <td valign="top" width="300">
                            上网购物是新的一种购物理念
                        </td>
                    </tr>
                </table>
            </form>
        </body>
</html>
```

当在上述代码中加载至 JavaScript 中的第一条 window.alert()语句时，会弹出一个提示框，如图 9-9 所示。

当页面加载至 table 时，状态条已经显示"欢迎光临本网站"提示消息，说明设置状态条默认信息的语句已经执行，如图 9-10 所示。

当鼠标移至超级链接"简介"时，即可看到相应的提示信息，如图 9-11 所示。待整个页面加载完毕，状态条会显示默认的信息。

图 9-9　页面加载的初始效果

图 9-10　页面加载至 table 的效果

图 9-11　鼠标移至超链接时的提示信息

2. confirm

当需要用户对其进行的操作进行确认时,可以使用 window 对象的 confirm()方法。其语法格式如下:

```
var rtnVal = window.confirm("cfmMsg");
```

其中,rtnVal 表示的是 confirm()方法的返回值,它是属于 boolean 型的数据;而 cfmMsg 是弹出对话框的提示信息。

使用 window.confirm()方法,弹出一个带有"确定"按钮和"取消"按钮及用户指定的提示信息的对话框。在确认对话框弹出后,用户做出反应之前,文档的加载、脚本的执行也会像 window.alert()一样,暂停执行,直到用户单击"确定"按钮、"取消"按钮或直接关闭对话框。当用户单击"确定"按钮时,window.confirm()方法返回 true;当用户单击"取消"按钮或直接单击"关闭"按钮时,将返回 false。

【例 9.6】(示例文件 ch09\9.6.html)

confirm()方法的具体使用过程:

```
<!DOCTYPE html>
<html>
    <head>
    <title>alert 方法与 confirm 方法比较</title>
    <meta http-equiv="content-type" content="text/html; charset=gb2312">

    <script type="text/javascript">
        <!--
        function destroy()
        {
        if (confirm("确定关闭该网页吗?"))         // confirm()方法用作判断条件
            alert("是的,我确定要关闭此网页");     //显示确定信息
        else                                      //如果没有确定
            alert("您选择的是不关闭网页!");        //显示信息
        }
        // -->
    </script>

    </head>
    <body>
        <div align="center">
            <h1>alert()方法与 confirm()方法</h1>
            <hr>
            <form action="#" method="get">
                <!--通过 onclick 调用 destroy()函数-->
                <input type="button" value="确定" onclick="destroy();" >
            </form>
        </div>
    </body>
</html>
```

在 IE 浏览器中打开上述 HTML 文件,在打开的页面中单击"确定"按钮,即可弹出是否关闭该网页的提示框,如图 9-12 所示。

图 9-12　弹出的是否关闭网页提示框

然后单击"确定"按钮,即可看到"是的,我确定要关闭此网页"提示框,如图 9-13 所示。若单击"取消"按钮,即可看到"您选择的是不关闭网页!"提示框,如图 9-14 所示。

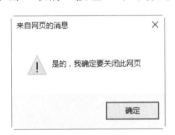 

图 9-13　弹出提示框　　　　　　　　图 9-14　"您选择的是不关闭网页!"提示框

3. prompt

如果需要用户输入简单的信息,可以使用 window 对象的 prompt()方法,其使用方法为:

```
var str = window.prompt("strShow","strInput");
```

其中,str 表示的是接收用户输入的字符串信息;strShow 是一个在对话框中显示的提示信息字符串;strInput 是在打开输入对话框时,其文本框中默认显示的信息。

使用 window.prompt()方法,会在页面中弹出一个带有"确定"按钮、"取消"按钮与相关信息提示以及信息输入框的对话框。

在输入对话框弹出后、用户做出反应前,文档的加载、脚本的执行也会像 window.alert()一样暂停执行,直到用户做出单击"确定"按钮、"取消"按钮或直接关闭输入对话框的操作。当用户单击对话框中的"确定"按钮时,如果已经在输入框中输入了信息,则返回用户输入的信息;如果用户没有输入信息并且输入框中没有默认值,会返回一个空字符串。如果用户单击"取消"按钮,则会返回 null。

使用 window 对象的 alert()方法、confirm()方法、prompt()方法都会弹出一个对话框，并且在对话框弹出后，如果用户没有对其进行操作，那么当前页面及 JavaScript 会暂停执行。这是因为使用这三种方法弹出的对话框都是模式对话框，除非用户对对话框进行操作，否则无法进行其他应用(包括无法操作页面)。

【例 9.7】(示例文件 ch09\9.7.html)

prompt()方法的具体使用过程：

```html
<!DOCTYPE html>
<html>
    <head>
        <title>Prompt 方法使用实例</title>
        <meta http-equiv="content-type" content="text/html;
          charset=gb2312" >
        <script type="text/javascript">
            <!--
            function askGuru()
            {
                var question = prompt("请输入数字?","")
                if (question != null)
                {
                    if (question == "")              //如果输入为空
                        alert("您还没有输入数字！");    //弹出提示
                    else                             //否则
                        alert("你输入的是数字哦！");    //弹出信息框
                }
            }
            //-->
        </script>
    </head>
    <body>
        <div align="center">
        <h1>Prompt 方法使用实例</h1>
        <hr>
        <br>
        <form action="#" method="get">
            <!--通过 onclick 调用 askGuru()函数-->
            <input type="button" value="确定" onclick="askGuru();" >
        </form>
        </div>
    </body>
</html>
```

在 IE 浏览器中打开上面的 HTML 文件，在打开的页面中单击"确定"按钮，即可弹出输入提示对话框，如图 9-15 所示。在"请输入数字？"文本框中输入相应的数后单击"确定"按钮，即可看到"你输入的是数字哦！"提示框，如图 9-16 所示。如果没有输入数字就单击"确定"按钮，即可看到"您还没有输入数字！"提示框，如图 9-17 所示。

图 9-15　输入提示对话框　　　　图 9-16　提示信息　　　图 9-17　提示未输入

9.1.4　窗口操作

上网的时候会遇到这样的情况，进入首页时或者单击一个链接或按钮时，会弹出一个窗口，通常窗口里会显示一些注意事项、版权信息、警告、欢迎光顾之类的话或者作者想要特别提示的信息。实现弹出窗口非常简单，需要使用 window 对象的 open()方法。

open()方法提供了很多可供用户选择的参数，其语法格式如下：

open(<URL 字符串>, <窗口名称字符串>, <参数字符串>)；

其中，各个参数的含义如下。

<URL 字符串>：指定新窗口要打开网页的 URL 地址，如果为空，则不打开任何网页。

<窗口名称字符串>：指定被打开新窗口的名称(window.name)，可以使用_top、_blank 等内置名称。这里的名称跟<a href="..." target="...">里的 target 属性是一样的。

<参数字符串>：指定被打开新窗口的外观。open()方法的第 3 个参数有下列可选值。

- top=0：窗口顶部离开屏幕顶部的像素数。
- left=0：窗口左端离开屏幕左端的像素数。
- width=400：窗口的宽度。
- height=100：窗口的高度。
- menubar=yes|no：窗口是否有菜单，取值 yes 或 no。
- toolbar=yes|no：窗口是否有工具栏，取值 yes 或 no。
- location=yes|no：窗口是否有地址栏，取值 yes 或 no。
- directories=yes|no：窗口是否有连接区，取值 yes 或 no。
- scrollbars=yes|no：窗口是否有滚动条，取值 yes 或 no。
- status=yes|no：窗口是否有状态栏，取值 yes 或 no。
- resizable=yes|no：窗口是否可以调整大小，取值 yes 或 no。

1. open

例如，打开一个宽为 500、高为 200 的窗口，使用语句：

```
open('','_blank','width=500,height=200,menubar=no,toolbar=no,
 location=no,directories=no,status=no,scrollbars=yes,resizable=yes')
```

【例 9.8】(示例文件 ch09\9.8.html)
打开新窗口：

```
<!DOCTYPE html>
<html>
<head>
<title>打开新窗口</title>
</head>
<body>
<script language="JavaScript">
<!--
  function setWindowStatus()
  {
    window.status = "Window 对象的简单应用案例，这里的文本是由 status 属性设置的。";
  }
  function NewWindow(){
     msg = open("","DisplayWindow","toolbar=no,directories=no,menubar=no");
     msg.document.write("<HEAD><TITLE>新窗口</TITLE></HEAD>");
     msg.document.write(
       "<CENTER><h2>这是由 Window 对象的 Open 方法所打开的新窗口!</h2></CENTER>");
  }
-->
</script>
<body onload="setWindowStatus()">
  <input type="button" name="Button1" value="打开新窗口"
    onclick="NewWindow()">
</body>
</html>
```

在上述代码中，使用 onload 加载事件，调用 JavaScript 函数 setWindowStatus，用于设置状态栏的显示信息。创建了一个按钮，并为按钮添加了单击事件，其事件处理程序是 NewWindow 函数，在这个函数中使用 open()方法打开了一个新的窗口。

在 IE 11.0 中浏览，效果如图 9-18 所示，当单击页面中的"打开新窗口"按钮时，会显示如图 9-19 所示的窗口。在新窗口中没有显示地址栏和菜单栏等信息。

图 9-18　使用 open()方法

图 9-19　新窗口

2. close

用户可以在 JavaScript 中使用 window 对象的 close()方法关闭指定的、已经打开的窗口。关闭窗口时使用的方法为：

```
winObj.close();
```

其中，winObj 代表需要关闭的 window 对象，可以是当前窗口的 window 对象，也可以是用户指定的任何 window 对象。关闭当前窗口还可以使用 self.close()方法。使用 close()方法关闭窗口时，如果指定被关闭的窗口有状态条，浏览器会弹出警告信息。当浏览器弹出此提示信息后，其运行效果与打开确认对话框类似，所有页面的加载及 JavaScript 脚本的执行都暂停，直到用户做出反应。

在 JavaScript 中使用 window.close()方法关闭当前窗口时，如果当前窗口是通过 JavaScript 打开的，则不会有提示信息。在某些浏览器中，如果打开需要关闭窗口的浏览器只有当前窗口的历史访问记录，使用 window.close()方法关闭窗口时，同样不会有提示信息。

3. blur

如果需要将当前窗口变为非活动窗口，可以使用 window 对象的 blur()方法，本方法相当于将焦点从当前窗口移开，即让当前窗口失去焦点。

blur()方法的使用语法为：

```
window.blur();
```

将焦点从指定窗口移开后，当前窗口仍然高亮显示，但是屏幕上会显示打开当前窗口之前的另一个窗口。例如，使用 window.open()方法打开一个新的窗口，但是要求不能显示新的窗口。当打开新窗口时，可以使用 window.blur()方法，使用新窗口的 blur()方法让新打开的窗口失去焦点，其实现方法如下：

```
var win = window.open(url,_name,_feature);    //得到打开的窗口对象
win.blur();    //打开的窗口失去焦点
```

当新窗口打开后使用 blur()方法，新窗口会在原来窗口的后面高亮显示，而且状态栏仍然是新窗口选中的状态。此时原窗口的显示会在新打开的窗口之前，如果原来的窗口是最大化状态，新窗口使用 blur()方法后，新窗口在屏幕中将不可见，从而达到显示原来的窗口、隐藏新打开的窗口的效果。

4. focus

window 对象的 focus()方法可以让指定的窗口获得焦点，变为活动窗口。本方法与 blur()方法执行相反的操作，会将焦点从当前窗口转向指定的窗口。使用语法为：

```
window.focus();
```

focus()方法将焦点移动到指定窗口后，指定窗口会高亮显示。例如，打开新的窗口后显示原来的窗口，使用 focus()方法实现显示效果的方法如下：

```
var win = window.open(url,_name,_feature); //得到打开的窗口对象
window.focus(); //原来的窗口获得焦点
```

这样，使用 window.open()方法打开的窗口在屏幕上一闪，即让原来的窗口获得焦点。

focus()方法与 blur()方法有区别，前者可以让指定的窗口获得焦点，同时获得焦点的窗口高亮显示；后者则只能让指定的窗口失去焦点，但是失去焦点的窗口仍然高亮显示，只是被打开新窗口的原窗口覆盖了。因此，使用 focus()方法可以更好地实现让指定窗口获得焦点的效果。

9.2 文档(document)对象

document 对象是客户端使用最多的 JavaScript 对象，document 对象除了常用的 write()方法之外，document 对象还定义了文档整体信息属性，如文档 URL、最后修改日期、文档要链接到的 URL、显示颜色等。

9.2.1 文档的属性

window 对象具有 document 属性。该属性表示在窗口中显示 HTML 文件的 document 对象。客户端 JavaScript 可以把静态 HTML 文档转换成交互式的程序，因为 document 对象提供交互访问静态文档内容的功能。除了提供文档整体信息的属性外，document 对象还有很多重要属性。这些属性提供文档内容的信息，具体说明如表 9-4 所示。

表 9-4　document 对象的属性

属性名称	说　明
alinkColor、linkColor、vlinkColor	这些属性描述了超链接的颜色。linkColor 指未访问过的链接的正常颜色，vlinkColor 指访问过的链接的颜色，alinkColor 指被激活的链接的颜色。这些属性对应于 HTML 文档中 body 标记的属性 alink、link 和 vlink
anchors[]	Anchor 对象的一个数组，该对象保存着代表文档中锚的集合
applets[]	Applet 对象的一个数组，该对象代表文档中的 Java 小程序
bgColor、fgColor	文档的背景色和前景色，这两个属性对应于 HTML 文档中 body 标记的 bgcolor 和 text 属性
cookie	一个特殊属性，允许 JavaScript 脚本读写 HTTP cookie
domain	该属性使处于同一域中的相互信任的 Web 服务器在网页间交互时能协同忽略某项案例性限制
forms[]	Form 对象的一个数组，该对象代表文档中 form 标记的集合
images[]	Image 对象的一个数组，该对象代表文档中<img>标记的集合
lastModified	一个字符串，包含文档的最后修改日期
links[]	Link 对象的一个数组，该对象代表文档的链接<a>标记的集合
location	等价于属性 URL
referrer	文档的 URL，包含把浏览器带到当前文档的链接
title	当前文档的标题，即<title>和</title>之间的文本
URL	一个字符串。声明装载文件的 URL，除非发生了服务器重定向，否则该属性的值与 window 对象的 location.href 相同

document 对象包括当前浏览器窗口或框架区域中的所有内容，包含文本域、按钮、单选按钮、图片、链接等 HTML 页面可访问元素，但不包含浏览器的菜单栏、工具栏和状态栏。document 对象提供了一系列属性和方法，可以对页面元素进行各种属性设置。

1. 颜色属性

document 对象提供了 alinkColor、fgColor、bgColor 等几个颜色属性，来设置 Web 页面的显示颜色，一般定义在<body>标记中，在文档布局确定之前完成设置。

1) alinkColor

该属性的作用是设置文档中活动链接的颜色，而活动链接是指用户正在使用的超级链接，即用户将鼠标移动到某个链接上并按下鼠标按键，此链接就是活动链接。使用 document 的 alinkColor 属性，可以自己定义活动链接的颜色，其语法格式如下：

```
document.alinkColor = "colorValue";
```

其中，colorValue 是用户指定的颜色，其值可以是 red、blue、green、black、gray 等颜色名称，也可以是十六进制 RGB 值，如白色对应的十六进制 RGB 值是#FFFF。在 IE 浏览器中，活动链接的默认颜色为蓝色，用颜色表示就是 blue 或#0000FF。用户设定活动链接的颜色时，需要在页面的<script>标记中添加指定活动链接颜色的语句。

例如，需要指定用户单击链接时链接的颜色为红色，其方法如下：

```
<Script language="JavaScript" type="text/javascript">
<!--
    document.alinkColor = "red";
//-->
</Script>
```

也可以在<body>标记的 onload 事件中添加，其方法如下：

```
<body onload="document.alinkColor='red';">
```

提示　　使用基于 RGB 的十六进制颜色时，需要注意在值前面加上#号，同时颜色值不区分大小写，red 与 Red、RED 的效果相同，#ff0000 与#FF0000 的效果相同。

2) bgColor

bgColor 表示文档的背景颜色，文档的背景色通过 document 对象的 bgColor 属性进行获取或更改。使用 bgColor 获取背景色的语法格式如下：

```
var colorStr = document.bgColor;
```

其中，colorStr 是当前文档的背景色的值。使用 document 对象的 bgColor 属性时，需要注意由于 JavaScript 区分大小写，因此必须严格按照背景色的属性名 bgColor 来对文档的背景色进行操作。使用 bgColor 属性获取的文档的背景色是以#号开头的基于 RGB 的十六进制颜色字符串。在设置背景色时，可以使用颜色字符串 red、green、blue 等。

3) fgColor

可以使用 document 对象的 fgColor 属性来修改文档中的文字颜色，即设置文档的前景色。其语法格式如下：

```
var fgColorObj = document.fgColor;
```

其中，fgColorObj 表示当前文档的前景色的值。获取与设置文档前景色的方法与操作文档背景色的方法相似。

4) linkColor

可以使用 document 对象的 linkColor 属性来设置文档中未访问链接的颜色。其属性值与 alinkColor 类似，可以使用十六进制 RGB 颜色字符串表示。

使用 JavaScript 可以设置文档链接的颜色，其语法格式如下：

```
var colorVal = document.linkColor;        //获取当前文档中链接的颜色
document.linkColor = "colorValue";        //设置当前文档链接的颜色
```

其中，colorVal 是获取的当前文档的链接颜色字符串，其值与获取文档背景色的值相似，都是十六进制 RGB 颜色字符串。而 colorValue 是需要给链接设置的颜色值。由于 JavaScript 区分大小写，因此使用此属性时仍然要注意大小写，否则在 JavaScript 中，无法通过 linkColor 属性获取或修改文档未访问链接的颜色。

用户设定文档链接的颜色时，需要在页面的<script>标记中添加指定文档未访问链接颜色的语句。如需要指定文档未访问链接的颜色为红色，其方法如下：

```
<Script language ="JavaScript" type="text/javascript">
<!--
document.linkColor = "red";
//-->
</Script>
```

与设定活动链接的颜色相同，设置文档链接的颜色也可以在<body>标记的 onload 事件中添加，其方法如下：

```
<body onload="document.linkColor='red';">
```

5) vlinkColor

使用 document 对象的 vlinkColor 属性可以设置文档中用户已访问链接的颜色。其实现方法如下：

```
var colorStr = document.vlinkColor;      //获取用户已观察过的文档链接的颜色
document.vlinkColor = "colorStr";        //设置用户已观察过的文档链接的颜色
```

document 对象的 vlinkColor 属性的使用方法与使用 alinkColor 属性相似。在 IE 浏览器中，默认的用户已观察过的文档链接的颜色为紫色。用户在设置已访问链接的颜色时，需要在页面的<script>标记中添加指定已访问链接颜色的语句。例如，需要指定用户已观察过的链接的颜色为绿色，其方法如下：

```
<Script language="JavaScript" type="text/javascript">
<!--
document.vlinkColor = "green";
//-->
</Script>
```

也可以在<body>标记的 onload 事件中添加，其方法如下：

```
<body onload="document.vlinkColor='green';">
```

下面的 HTML 文档中包含有上面各个颜色属性，其作用是动态改变页面的背景颜色和查看已访问链接的颜色。

【例 9.9】 (示例文件 ch09\9.9.html)

设置页面各个颜色的初始值：

```
<!DOCTYPE html>
<html>
    <head>
        <meta http-equiv=content-type content="text/html; charset=gb2312">
        <title>综合应用 Document 对象中的颜色属性</title>
        <script language="JavaScript" type="text/javascript">
            <!--
            //设置文档的颜色显示
            function SetColor()
            {
              document.bgColor = "yellow";
              document.fgColor = "green";
              document.linkColor = "red";
              document.alinkColor = "blue";
              document.vlinkColor = "purple";
            }
            //改变文档的背景色为海蓝色
            function ChangeColorOver()
            {
              document.bgColor = "navy";
              return;
            }
            //改变文档的背景色为黄色
            function ChangeColorOut()
            {
              document.bgColor = "yellow";
              return;
            }
            //-->
        </script>
    </head>
    <body onload="SetColor()">
        <center>
            <br>
            <p>设置颜色</p>
            <a href="8-1-1-1.html">链接颜色</a>
            <form name="MyForm3">
                <input type="submit" name="MySure" value="动态背景色"
                  onmouseover="ChangeColorOver()"
                  onmouseOut="ChangeColorOut()">
            </form>
```

```
        <center>
    </body>
</html>
```

上述代码应用 onload()事件调用 SetColor 方法来设置页面各个颜色属性的初始值。该文件在 IE 浏览器中的运行结果如图 9-20 所示。

鼠标移动到"动态背景色"按钮时，触发 onmouseOver()事件，调用 ChangeColorOver()函数来动态改变文档的背景颜色为海蓝色，如图 9-21 所示。而当鼠标移离"动态背景色"按钮时，触发 onmouseOut()事件，调用 ChangeColorOut()函数，将页面背景颜色恢复为黄色。

图 9-20　设置页面各个颜色的初始值

图 9-21　动态改变文档的背景颜色

同时还可以单击"链接颜色"链接来查看设置的已访问链接的颜色，如图 9-22 所示。

2. anchor

锚就是在文档中设置位置标记，并给该位置一个名称，以便于引用。通过创建锚点，可以使链接指向当前文档或不同文档中的指定位置。锚点常常被用来跳转到特定的主题或文档的顶部，使访问者能够快速浏览到选定的位置，加快信息检索速度。例如，在多数帮助文档中，由于文档内容多、页面很长，单击当前

图 9-22　查看设置的已访问链接的颜色

文档中列表信息的某个锚点，会跳转到当前锚点所代表的内容的详细信息处，在详细信息的底部有一个"返回"锚点，单击返回锚点，再次回到页面顶部。

使用这种方式进行跳转的语法格式如下：

```
<a href="#hrefName">锚点</a>
```

其中，hrefName 是需要跳转到目标锚点的 name 属性值。另外，如果页面中有多个锚点的 name 属性与目标锚点的值相同，则系统会按照文档的先后顺序跳转至第一个锚点。如果页面中不存在名称为指定锚点的锚点，则单击此锚点时，不会有任何动作。如果需要跳转到另一个页面中的某个锚点位置，可使用的方法如下：

```
<a href="#fileName#hrefName">锚点</a>
```

其中,fileName 指定了需要跳转到另一个页面的 URL。hrefName 则指定了需要跳转到的目标页面中的目标锚点。

 如果需要锚点的跳转,则 hrefName 是必需的,并且必须在目标锚点的名称前添加#号,否则无法跳转至指定锚点。如果在文档锚点的描述符中指定了其 href 属性值(<a href="">锚点链接</a>),则此文档锚点也是一个链接。

如果文档中存在多个锚点,可以使用 document 对象的 anchors 属性,获取当前文档锚点数组。其使用方法为:

```
var anchorAry = document.anchors;
```

其中,anchorAry 代表获得的文档的锚点对象数组。anchors 锚点数组本身是一个对象,可以使用其 length 属性得到当前文档中锚点对象的个数。如果一个锚点对象也是链接,则这个对象在锚点对象数组中出现的同时,也会出现在链接数组中。下面的 HTML 文档是使用 document 对象的 anchors 属性获得文档中锚点对象数组并将其遍历出来。

【例 9.10】(示例文件 ch09\9.10.html)

获取锚点数组大小:

```
<!DOCTYPE html>
<html>
   <head>
       <title>文档中的锚点</title>
       <script language="JavaScript" type="text/javaScript">
           <!--
           function getAnchors()
           {
               var anchorAry = document.anchors; //得到锚点数组
               window.alert("锚点数组大小: " + anchorAry.length);
               for(var i=0; i<anchorAry.length; i++)
               {
                   window.alert("第" + (i + 1) + "个锚点是: "
                       + anchorAry[i].name);
               }
           }
           //-->
       </script>
   </head>
   <body>
     <form name="frmData" method="post" action="#">
       <center>
           <ul>
               <li><a href="#linkName" name="whatLink">电子商务</a></li>
               <li><a href="#" name="colorLink">时尚服饰</a></li>
           </ul>
       </center>
       <br>
       <p><input type="button" value="锚点数组" onclick="getAnchors()"></p>
       <br>
       <p></p>
```

```
        <p>
            <a name="linkName">电子商务</a>
            <br>
            电子商务通常是指在全球各地广泛的商业贸易活动中，在因特网开放的网络环境下，基于浏
        览器/服务器应用方式，而买卖双方不用见面地进行各种商贸活动。
        </p>
        <a href="#whatLink">返回</a>
        </form>
    </body>
</html>
```

在 IE 中打开上面的 HTML 文档，单击其中的"锚点数组"按钮，即可显示锚点数组大小，其显示结果如图 9-23 所示。

图 9-23　获取锚点数组的大小

依次单击"确定"按钮，即可遍历锚点对象数组，其显示效果如图 9-24 所示。

图 9-24　遍历锚点对象数组

从运行效果可以发现，文档中有 4 个<a>标记，但是使用 anchors 属性获得的锚点对象数组大小却是 3。遍历锚点对象数组之后，如果发现没有为锚点赋予 name 属性，则使用 anchors 属性，不会获取到本锚点。如果需要获取所有的锚点，可以使用如下的 DOM 方法：

```
var aAry = document.getElementsByTagName("a");
```

3. form

窗体对象是文档对象的一个元素，它含有多种格式的对象储存信息。使用它可以在 JavaScript 脚本中编写程序进行文字输入，并可以用来动态改变文档的行为。

通过 document.Forms[]数组来使得在同一个页面上可以有多个相同窗体，使用 forms[]数组要比使用窗体名字更方便。尽管如此，所有支持脚本的浏览器都支持以下两种通过 form 名获取窗体的方法：

```
var formObj = document.forms["formName"];
var formObj = document.formName;
```

其中，formObj 代表获得的文档的窗体对象。formName 代表页面中指定的 form 的 name 属性值。下面的 HTML 文档使用两种方式获取页面中 name 属性值为 frmData 的窗体，并获取窗体内部称为 hidField 的隐藏域的值。

【例 9.11】(示例文件 ch09\9.11.html)

获取文档中的窗体：

```html
<html>
    <head>
    <title>文档中的表单</title>
    <script language="JavaScript" type="text/javaScript">
    <!--
    function getWin()
    {
      window.alert("窗体的长度：" + document.forms.lenght);
      window.alert("窗体中隐藏域的值：" + document.frmData.hidField.value);
      window.alert("使用名称数组得到的隐藏域的值："
         + document.forms["frmData"].hidField.value);
    }
    //-->
    </script>
    </head>
    <body>
      <form name="frmData" method="post" action="#">
         <input type="hidden" name="hidField" value="123">
         <input type="button" value="得到窗体" onclick="getWin()">
      </form>
    </body>
</html>
```

上述代码中使用了表达式 document.forms.length，从运行效果中可以发现，length 是 document 对象的 forms 数组的长度，这是因为使用 document.forms 获取的是一个对象。

在 IE 中打开上面的 HTML 文档，效果如图 9-25 所示。

单击其中的"得到窗体"按钮，即可显示窗体的相关信息，其显示效果如图 9-26 所示。

图 9-25 程序运行初始结果

图 9-26　获取文档中的窗体

9.2.2　document 对象的方法

document 对象有很多方法，其中包括以前程序中经常看到的 document.write()，如表 9-5 所示。

表 9-5　document 对象的方法

方法名称	说　明
close()	关闭或结束 open()方法打开的文档
open()	产生一个新文档，并清除已有文档的内容
write()	输入文本到当前打开的文档
writeln()	输入文本到当前打开的文档，并添加一个换行符
document.createElement(Tag)	创建一个 HTML 标签对象
document.getElementById(ID)	获得指定 ID 值的对象
document.getElementsByName(Name)	获得指定 Name 值的对象

document 对象提供的属性和方法主要用于设置浏览器当前载入文档的相关信息、管理页面中已存在的标记元素对象、往目标文档中添加新文本内容、产生并操作新的元素等方面。document 对象的常用方法有清除指定内容的 clear()方法、关闭文档的 close()方法、打开文档的 open()方法、把文本写入文档的 write()方法、把文本写入文档并换行的 writeln()方法。

1. write()方法和 writeln()方法

document 对象的 write()方法可以向指定文档中写入内容。write()方法可以在如下两种情况下使用。
(1) 在网页加载过程中，使用动态生成的内容创建或者更改网页。
(2) 在当前页面加载完毕后，使用指定的 HTML 字符串创建新的页面内容。
write()方法的使用语法为：

```
docObj.write(htmlStr);
```

其中，docObj 是指定的 document 对象；htmlStr 是需要生成的内容，其值是一个包含有生成页面内容的字符串。如果给 write()方法的参数不是字符串，则数值型数据将转换为对应数据信息的字符串；布尔型数据将转换为字符串 true 或 false；如果是一个对象，将调用对象的 toString()方法，将对象转换为字符串。

writeln()方法与 write()方法两者功能大体相同，只是后者会在每一次调用时输出一个换行符。writeln()方法与 write()方法使用方法相同，具体如下：

```
docObj.writeln(str);
```

与 write()方法相同，docObj 是指定的 document 对象；str 是需要生成的内容，并且在输出内容时，会把非字符串的变量转换成字符串。二者的不同之处在于：writeln()方法会在其输出结果后添加一个换行符(\n)，而 write()方法则不会。

下面的 HTML 文档使用<pre>标签说明二者的区别。

【例 9.12】(示例文件 ch09\9.12.html)

write()与 writeln()的区别：

```
<html>
    <head>
        <title>document.write()与 document.writeln()</title>
    </head>
    <body>
        <h1>write()与 writeln()的区别</h1><p>
        <pre>
            <script type="text/javascript">
                document.write("电子商务通常是指在全球各地广泛的商业贸易活动中，在因特网开放的网络环境下,");
                document.writeln("基于浏览器/服务器应用方式");
                document.writeln("现在已经换行。");
                document.write("总是可以使用 &lt;br&gt; 元素<br>在 HTML 中进行换行。");
            </script>
        </pre>
    </body>
</html>
```

上述 HTML 文件在 Chrome 浏览器中的运行结果如图 9-27 所示。

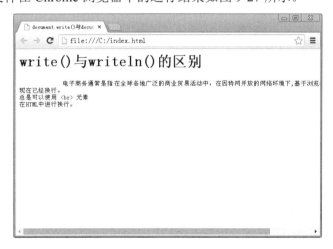

图 9-27　write()与 writeln()的区别

2. Clear()方法

clear()方法的作用是用来清除文档的所有内容。其语法格式如下：

```
docObj.clear();
```

其中 docObj 代表需要清除的文档对象。

但 document.clear()方法是一种不被建议使用的方法，而且在新版本的多数浏览器中，此方法不进行任何操作。如果需要清除指定文档的内容，则需要先关闭当前文档(document 对象的 close()方法)，按照顺序先后调用 document.open()、document.write()或 document.writeln()方法，此时，指定文档的内容已经被清空了。

3. Open()方法

document 对象的 open()方法用于打开指定文档。其语法格式如下：

```
docObj.open([arg]);
```

其中，docObj 代表需要打开的 document 对象；arg 代表是指定发送到窗口的 MIME 类型，而 MIME 类型是在互联网上描述和传输多媒体的规范。指定 MIME 类型可以帮助系统识别窗口中信息的类型。如果没有指定 MIME 类型，默认的类型是 text/html。

4. close()方法

document 对象的 close()方法用来关闭输出流。当需要使用 JavaScript 动态生成页面时，可以使用此方法关闭输出流。其语法格式如下：

```
docObj.close();
```

其中，docObj 代表需要关闭输出流的 document 对象。本方法同样不需要参数，没有返回值。当页面加载完毕后，调用此方法不会有效果，这是因为页面加载完毕后，document 对象的 close()方法自动执行。但是当使用 JavaScript 调用 document 对象的 write()方法动态生成页面时，如果没有使用 close()方法关闭输出流，系统会一直等待。如果为窗口添加了 onload 事件，在没有调用 close()方法的情况下，onload 事件不会被触发。

9.2.3 文档中的表单和图片

一个 HTML 文档中的每个<form>标记都会在 Document 对象的 Forms[]数组中创建一个元素，同样，每个<img>标记也会创建一个 images[]数组的元素。同时，这一规则还适用于<a>和<applet>标记，它们分别对应于 Links[]和 applets[]数组的元素。

在一个页面中，document 对象具有 Form、Image 和 Applet 子对象。通过在对应的 HTML 标记中设置 name 属性，就可以使用名字来引用这些对象。包含有 name 属性时，它的值将被用作 document 对象的属性名，用来引用相应的对象。

【例 9.13】(示例文件 ch09\9.13.html)

document 对象的使用：

```
<!DOCTYPE html>
<html>
```

```
<head>
<title>document 属性使用</title>
</head>
<body>
<DIV>
  <H2>在文本框中输入内容,注意第二个文本框变化:</H2>
  <form>
  内容:<input type=text onChange="document.my.elements[0].value=this.value;">
  </form>
  <form name="my">
  结果:<input type=text
  onChange="document.forms[0].elements[0].value= this.value;">
  </form>
</DIV>
</body>
</html>
```

在上述代码中,document.forms[0]引用了当前文档中的第一个表单对象,document.my 则引用了当前文档中 name 属性为 my 的表单。完整的 document.forms[0].elements[0].value 引用了第一个表单中第一个文本框的值,而 document.my.elements[0].value 引用了名为 my 的表单中第一个文本框的值。

在 IE 11.0 中浏览,效果如图 9-28 所示。当在第一个文本框中输入内容时,鼠标放到第二个文本框时,会显示第一个文本框输入的内容。在第一个表单的文本框中输入内容,然后触发了 onChange 事件(当文本框的内容改变时触发),使第二个文本框中的内容与此相同。

如果要使用 JavaScript 代码对文档中的图像标记<img>进行操作,需要用到 document 对象。document 对象提供了多种访问文档中标记的方法。这里以图像标记为例讨论。

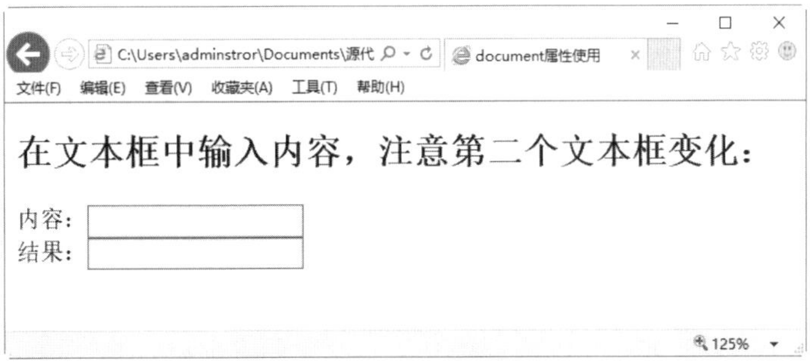

图 9-28　document 对象的使用

通过集合引用:

```
document.images              //对应页面上的<img>标记
document.images.length       //对应页面上<img>标记的个数
document.images[0]           //第 1 个<img>标记
document.images[i]           //第 i-1 个<img>标记
```

通过 name 属性直接引用:

```
<img name="oImage">
<script language="javascript">
document.images.oImage      //document.images.name 属性
</script>
```

引用图片的 src 属性：

```
document.images.oImage.src   //document.images.name属性.src
```

【例 9.14】(示例文件 ch09\9.14.html)
在文档中设置图片：

```
<html>
<head>
<title>文档中的图片</title>
</head>
<body>
<p>下面显示了一张图片</p>
<img name=image1 width=200 height=120>

<script language="javascript">
  var image1;
  image1 = new Image();
  document.images.image1.src="f:/源文件/ch09/12.jpg";
</script>

</body>
</html>
```

在上述代码中，首先创建了一个 img 标记，此标记没有使用 src 属性来获取显示的图片。在 JavaScript 代码中，创建了一个 image1 对象，该对象使用 new image 实例化，然后使用 document 属性设置 img 标记的 src 属性。

在 IE 11.0 中浏览，效果如图 9-29 所示，会显示一张图片和段落信息。

图 9-29　在文档中设置图片

9.2.4　文档中的超链接

文档对象 document 中有个 links 属性，该属性返回页面中所有链接标记所组成的数组，同样可以用于进行一些通用的链接标记处理。例如，在 Web 标准的 strict 模式下，链接标记的 target 属性是被禁止的，如果使用，则无法通过 W3C 关于网页标准的验证。若要在符合 strict 标准的页面中能让链接在新建窗口中打开，可以使用如下代码：

```
var links = document.links;
for(var i=0; i<links.length; i++){
    links[i].target = "_blank";
}
```

【例 9.15】(示例文件 ch09\9.15.html)
获取所有链接：

```
<!DOCTYPE html>
<html>
<head>
```

```
<title>显示页面的所有链接</title>
<script language="JavaScript1.2">
<!--
function extractlinks(){
  //var links = document.all.tags("A");
  var links = document.links;
  var total = links.length;
  var win2 = window.open("","","menubar,scrollbars,toolbar");
  win2.document.write("<font size='2'>一共有" + total + "个连接</font><br>");
  for (i=0; i<total; i++){
   win2.document.write("<font size='2'>"+links[i].outerHTML+"</font><br>");
  }
}
//-->
</script>
</head>
<body>
<input type="button" onClick="extractlinks()" value="显示所有的连接">
 <p> </p>
 <p><a target="_blank" href="http://www.sohu.com/">搜狐</a></p>
 <p><a target="_blank" href="http://www.sina.com/">新浪</a></p>
 <p><a target="_blank" href="http://www.163.com/">163</a></p>
 <p>连接 1</p>
 <p>连接 1</p>
 <p>连接 1</p>
 <p>连接 1</p>
</body>
</html>
```

在上述 HTML 代码中，创建了多个标记，如表单标记 input、段落标记和三个超级链接标记。在 JavaScript 函数中，函数 extractlinks 的功能就是获取当前页面中的所有超级链接，并在新窗口中输出。其中 document.links 就是获取当前页面中的所有链接，并存储到数组中，其功能与 document.all.tags("A")的功能相同。

在 IE 11.0 中浏览，效果如图 9-30 所示。在页面单击"显示所有的连接"按钮，会弹出一个新的窗口，并显示原来窗口中所有的超级链接，如图 9-31 所示。当单击按钮时，就触发了一个按钮单击事件，并调用事件处理程序，即函数。

图 9-30 获取所有链接

图 9-31 超级链接新窗口

9.3 实战演练 1——综合使用各种对话框

本案例讲述如何综合使用各种对话框。

【例 9.16】(示例文件 ch09\9.16.html)

使用各种对话框：

```html
<!DOCTYPE html>
<html>
<head>
<script type="text/javascript">
function display_alert()
{
    alert("我是弹出对话框");
}
function disp_prompt()
{
    var name = prompt("请输入名称","");
    if (name!=null && name!="")
    {
        document.write("你好 " + name + "!");
    }
}
function disp_confirm()
{
    var r = confirm("按下按钮");
    if (r==true)
    {
        document.write("单击确定按钮");
    }
    else
    {
        document.write("单击返回按钮");
    }
}
</script>
</head>
<body>
<input type="button" onclick="display_alert()" value="弹出对话框" />
<input type="button" onclick="disp_prompt()" value="输入对话框" />
<input type="button" onclick="disp_confirm()" value="选择对话框" />
</body>
</html>
```

在上述 HTML 代码中，创建了 3 个表单按钮，并分别为 3 个按钮添加了单击事件，即单击不同的按钮时，调用了不同的 JavaScript 函数。在 JavaScript 代码中，创建了 3 个 JavaScript 函数，分别调用 window 对象的 alert、confirm 和 prompt 方法，创建不同形式的对话框。

在 IE 11.0 中浏览，效果如图 9-32 所示。当单击 3 个按钮时，会显示不同的对话框类型，如弹出对话框、输入对话框和选择对话框。

图 9-32　显示对话框

9.4　实战演练 2——设置弹出的窗口

下面的 HTML 文件就是通过单击页面中的某个按钮，打开一个在屏幕中央显示的大小为 500×400 且大小不可变的新窗口，当文档大小大于窗口大小时显示滚动条，窗口名称为 _blank，目标 URL 为 index.html。

【例 9.17】(示例文件 ch09\9.17.html)

设置弹出的窗口：

```
<!DOCTYPE html>
<html>
<head>
<title>打开新窗口</title>
<script language="JavaScript" type="text/javaScript">
<!--
function openWin()
{
   var _url = "index.html";              //指定 URL
   var _name = "_blank";                 //指定打开窗口的名称
   var _feature = "";                    //打开窗口的效果
   var _left =
      (window.screen.width - 400)/2;     //计算新窗口居中时距屏幕左边的距离
   var _top =
      (window.screen.Height - 300)/2;    //计算新窗口居中时距屏幕上方的距离
   _feature += "left=" + _left + ",";    //新窗口距离屏幕上方的距离
   _feature += "top=" + _top + ",";      //新窗口距离屏幕左边的距离
   _feature += "width=500,";             //新窗口的宽度
   _feature += "height=400,";            //新窗口的高度
   _feature += "resizable=0,";           //大小不可更改
```

```
        _feature += "scrollbars=1,";              //滚动条显示
        _feature +=
           "menubar=0,toolbar=0,status=0,location=0,directories=0"; //其他显示效果
        var win = window.open(_url, _name, _feature);
    }
//-->
</script>
</head>
<body>
   <form name="frmData" method="post" action="#">
      <table width="600" align="center" border="1" cellspacing="0">
         <thead>
            <th colspan="3">网上购物</th>
         </thead>
         <tr>
            <td valign="top" width="200">
               <ul>
                  <li><a href="#" onmouseover="return showMsg('主页')">主页
                  </a></li>
                  <li><a href="#" onmouseover="return showMsg('简介')">简介
                  </a></li>
                  <li><a href="#" onmouseover="return showMsg('联系方式')">
                  联系方式</a></li>
                  <li><a href="#" onmouseover="return showMsg('业务介绍')">
                  业务介绍</a></li>
               </ul>
            </td>
            <td valign="top" width="300">
                  上网购物是新的一种消费理念
            </td>
         </tr>
         <tr align="center">
            <td colspan="3" align="center">
                  <input type="button" value="打开新窗口" onclick="openWin()">
            </td>
         </tr>
      </table>
   </form>
</body>
</html>
```

在上述代码中，使用了 window.open()方法的 top 与 left 参数来设置窗口的居中显示。在 IE 11.0 中浏览上面的文件，在打开的页面中单击"打开新窗口"按钮，效果如图 9-33 所示。

图 9-33 打开新窗口的效果

9.5 疑难解惑

疑问 1：如何实现页面自动滚动？

答：利用 window 对象的 scroll()方法，可以指定窗口的当前位置，从而实现窗口滚动效果。具体实现页面滚动效果的代码如下：

```
<script language="JavaScript">
var position = 0;
function scroller(){
  if (true){
    position++;
    scroll(0,position);
    clearTimeout(timer);
    var timer = setTimeout("scroller()",10);
  }
}
scroller();
</script>
```

疑问 2：如何设置计时器效果？

答：setTimeout()方法用于在指定的毫秒数后调用函数或计算表达式。例如，下面的代码就是实现了单击按钮后，依次根据时间的流逝而显示不同的内容：

```html
<!DOCTYPE html>
<html>
<head>
<script type="text/javascript">
function timedText()
{
  var t1 =
    setTimeout("document.getElementById('txt').value='2 seconds!'",2000);
  var t2 =
    setTimeout("document.getElementById('txt').value='4 seconds!'",4000);
  var t3 =
    setTimeout("document.getElementById('txt').value='6 seconds!'",6000);
}
</script>
</head>
<body>
<form>
<input type="button" value="显示计时的文本！" onClick="timedText()">
<input type="text" id="txt">
</form>
<p>在按钮上面点击。输入框会显示出已经流逝的 2、4、6 秒钟。</p>
</body>
</html>
```

在 IE 11.0 中浏览，当单击完"显示计时的文本！"按钮后，依次显示不同的秒数，效果如图 9-34 所示。

图 9-34　程序运行效果

第 10 章

JavaScript 的调试和错误处理

当 JavaScript 引擎执行 JavaScript 代码时，会发生各种错误：可能是语法错误，通常是程序员造成的编码错误或错别字；可能是拼写错误或语言中缺少的功能(可能由于浏览器差异)；可能是由于来自服务器或用户的错误输入而导致的错误。当然，也可能是由于许多其他不可预知的因素导致的错误。

10.1 常见的错误和异常

错误和异常是编程中经常出现的问题。下面主要介绍常见的错误和异常。

1. 拼写错误

拼写代码时，要求程序员要非常仔细，并且编写完成的代码还需要认真地去检查，否则会出现不少编写上的错误。

另外，JavaScript 中的方法和变量都是区分大小写的。例如，把 else 写成 ELSE，将 Array 写成 array，这些都会出现语法错误。JavaScript 中的变量或者方法命名规则通常都是首字母小写。如果是由多个单词组成的，那么除了第一个单词的首字母小写外，其余单词的首字母都是大写，而其余字母都是小写。知道这些规则，程序员就可以避免大小写错误了。

另外，编写代码有时需要输入中文字符。编程人员容易在输完中文字符后忘记切换输入法，从而导致输入的小括号、分号或者引号等出现错误。当然，这种错误输入在大多数编程软件中显示的颜色会跟正确的输入显示的颜色不一样，较容易发现，但还是应该细心谨慎，来减少错误的出现。

2. 单引号和双引号的混乱

单引号、双引号在 JS 中没有特殊的区别，都可以用来创建字符串。但作为一般性规则，大多数开发人员喜欢用单引号而不是双引号，但是 XHTML 规范要求所有属性值都必须使用双引号括起来。这样在 JS 中使用单引号，而对 XHTML 使用双引号会使混合两者代码时更方便，也更清晰。单引号可以包含双引号，同理，双引号也可以包含单引号。

3. 括号使用混乱

首先需要说明的是，在 JavaScript 中，括号包含两种语义，可以是分隔符，也可以是表达式。例如：

- 分隔符的作用比较常用，比如(1+4)*4 等于 20。
- 在"(function(){})();"中，function 之前的配对括号作为分隔符，后面的括号表示立即执行这个方法。

4. 等号与赋值混淆

等号与赋值符号混淆这种错误一般经常出现在 if 语句中，而且这种错误在 JavaScript 中不会产生错误信息，所以在查找错误时往往不容易被发现。

例如：

```
if(s = 1)
  alert("没有找到相关信息");
```

上述代码的运行结果是将 1 赋值给了 s，如果成功，则弹出对话框，而不是对 s 和 1 进行比较。上述代码在运行上没有问题，但却不符合开发者的本意。

10.2 处理异常的方法

常见的处理异常的方式有两种：使用 onerror 事件处理异常和使用 try-catch-finally 模型。下面重点讲述这两种方法。

10.2.1 用 onerror 事件处理异常

使用 onerror 事件是一种早期的、标准的在网页中捕获 JavaScript 错误的方法。需要注意的是，目前 Chrome、Opera、Safari 浏览器都不支持。

只要页面中出现脚本错误，就会产生 onerror 事件。如果需要利用 onerror 事件，就必须创建一个处理错误的函数。可以把这个函数叫作 onerror 事件处理器。这个事件处理器使用 3 个参数来调用：msg(错误消息)、url(发生错误的页面的URL)、line(发生错误的代码行)。

使用的语法格式如下：

```
<script language="javascript">
window.onerror = function(sMessage,sUrl,sLine){
    alert("您调用的函数不存在！");
    return true;     //屏蔽系统事件
}
</script>
```

浏览器是否显示标准的错误消息，取决于 onerror 的返回值。如果返回值为 false，浏览器的错误报告也会显示出来，所以为了隐藏报告，函数需要返回 true。

【例 10.1】(示例文件 ch10\10.1.html)

window 对象触发 onerror 事件：

```
<!DOCTYPE html>
<html>
<head>
<title></title>
<script language="javascript">
window.onerror = function(aMsg,aUrl,aLine){
    alert("您调用的函数不存在！\n" + aMsg + "\nUrl: " + aUrl
      + "\n出错行: " + aLine);
    return true;     //屏蔽系统事件
}
</script>
</head>
<body onload="abc();">
</body>
</html>
```

在 IE 11.0 中浏览，效果如图 10-1 所示。

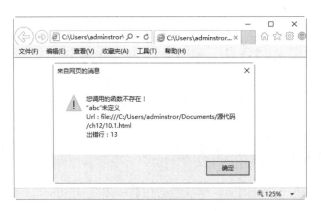

图 10-1　window 对象触发 onerror 事件

上述例子使用了 window 对象触发 onerror 事件。另外，图像对象也可以触发 onerror 事件。具体使用的语法格式如下：

```
<script language="javascript">
Document.images[0].onerror = function(sMessage,sUrl,sLine){
    alert("您调用的函数不存在！");
    return true;     //屏蔽系统事件
}
</script>
```

其中 Document.images[0]表示页面中的第一个图像。

【例 10.2】(示例文件 ch10\10.2.html)

图像对象触发 onerror 事件：

```
<!DOCTYPE html PUBLIC "-//W3C//DTD XHTML 1.0 Transitional//EN"
 "http://www.w3.org/TR/xhtml1/DTD/xhtml1-transitional.dtd">
<html>
<head>
<meta http-equiv="Content-Type" content="text/html; charset=gb2312" />
<title>onerror 事件</title>
<script language="javascript">
function ImgLoad(){
    document.images[0].onerror=function(){
        alert("您调用的图像并不存在\n");
    };
    document.images[0].src = "test.gif";
}
</script>
</head>
<body onload="ImgLoad()">
<img/>
</body>
</html>
```

在 IE 11.0 中浏览，效果如图 10-2 所示。

提示　在上述代码中定义了一个图像，由于没有定义图像的 src，所以会出现异常，调用异常处理事件，弹出错误提示对话框。

图 10-2　图像对象触发 onerror 事件

10.2.2　用 try-catch-finally 语句处理异常

在 JavaScript 中，try-catch-finally 语句可以用来捕获程序中某个代码块中的错误，同时不影响代码的运行。该语句的语法格式如下：

```
try {
    someStatements
}
catch(exception){
    someStatements
}
finally {
    someStatements
}
```

上述语句首先运行 try 里面的代码，代码中任何一个语句发生异常时，try 代码块就结束运行。此时 catch 代码块开始运行。如果最后还有 finally 语句块，那么无论 try 代码块是否有异常，该代码块都会被执行。

【例 10.3】(示例文件 ch10\10.3.html)

用 try-catch-finally 语句处理异常：

```
<!DOCTYPE html
>
<html>
<head>
<title> </title>
<script language="javascript">
try{
    document.forms.input.length;
}catch(exception){
    alert("运行时有异常发生");
}finally{
    alert("结束 try...catch...finally 语句");
}
</script>
</head>
<body></body>
</html>
```

在 IE 11.0 中运行，弹出的信息提示框如图 10-3 所示。单击"确定"按钮，弹出 finally 区域的信息提示框，如图 10-4 所示。

图 10-3 弹出异常提示对话框

图 10-4 finally 区域的信息提示框

10.2.3 使用 throw 语句抛出异常

当异常发生时，JavaScript 引擎通常会停止，并生成一个异常消息。描述这种情况的技术术语是：JavaScript 将抛出一个异常。

在程序中使用 throw 语句，也可以主动抛出异常，具体语法格式如下：

```
throw exception
```

其中，异常可以是 JavaScript 字符串、数值、逻辑值或对象。

下面的例子检测输入变量的值，如果值是错误的，会抛出一个异常。catch 会捕捉到这个错误，并显示一段自定义的错误消息。

【例 10.4】(示例文件 ch10\10.4.html)

使用 throw 语句抛出异常：

```
<!DOCTYPE html>
<html>
<body>
<script>
function myFunction()
{
   try
   {
      var x = document.getElementById("demo").value;
      if(x=="") throw "值为空";
      if(isNaN(x)) throw "不是数字";
      if(x>10) throw "太大";
      if(x<5) throw "太小";
   }
   catch(err)
   {
      var y = document.getElementById("mess");
      y.innerHTML = "错误: " + err + "。";
   }
}
</script>
```

```
<h1>使用 throw 语句抛出异常 </h1>
<p>请输入 5 到 10 之间的数字：</p>
<input id="demo" type="text">
<button type="button" onclick=
"myFunction()">测试输入值</button>
<p id="mess"></p>
</body>
</html>
```

在 IE 11.0 中浏览效果，用户可以输入值进行测试，例如输入 20，然后单击"测试输入值"按钮，弹出错误提示信息，如图 10-5 所示。

图 10-5　使用 throw 语句抛出异常

10.3　使用调试器

每种浏览器都有自己的 JavaScript 错误调试器，只是调试器不同而已。下面讲述常见的调试器的设置方法和技巧。

10.3.1　IE 浏览器内建的错误报告

如果需要 IE 浏览器弹出错误报告对话框，可以设置 IE 浏览器的选项。选择 IE 浏览器菜单中的"工具"选项，在弹出的下拉菜单中选择"Internet 选项"命令，弹出"Internet 选项"对话框，选择"高级"选项卡，然后勾选"显示每个脚本错误的通知"复选框，单击"确定"按钮，如图 10-6 所示。

设置完成后，运行 10.3.html 文件，将弹出相应的错误提示对话框，如图 10-7 所示。

图 10-6　"Internet 选项"对话框

图 10-7　错误提示对话框

10.3.2 用 Firefox 错误控制台调试

在 Firefox 中可以使用自带的 JavaScript 调试器，即 Web 控制台，来对 JavaScript 程序进行调试。选择 Firefox 浏览器菜单中的"工具"选项，在弹出的下拉菜单中选择"Web 开发者"→"Web 控制台"命令，如图 10-8 所示。

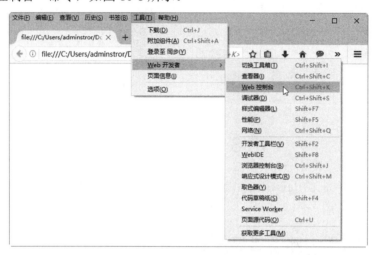

图 10-8 选择"Web 控制台"命令

设置完成后，同样运行 10.3.html 文件，在窗口的下方即可看到错误提示信息，如图 10-9 所示。

图 10-9 错误提示信息

10.4 JavaScript 语言调试技巧

在编程过程中，异常经常会出现。下面讲述如何解析和跟踪 JavaScript 程序中的异常。

10.4.1　用 alert()语句进行调试

在很多情况下，程序员并不能定位程序发生错误引发异常的具体位置，这时可以把 alert()语句放在程序的不同位置，用它来显示程序中的变量、函数或者返回值等，从而以跟踪的方式查找错误。

alert()是弹出对话框的方法，具体使用的语法格式如下：

```
<script language="javascript">
 alert();
</script>
```

例如，查看以下的示例代码：

```
<script language="javascript">
function alertTest(){
   alert("程序开始处！");
   var a = 123;
   var b = 321;
   alert("程序执行过程！");
   b = a+b;
   alert("程序执行结束！");
}
</script>
```

上述代码就是使用 alert()语句调试的例子，用户可以大致查询出错误的位置。但是上述方法也有缺点，就是如果嵌入太多的 alert()语句，删除这些语句也是不小的工作量。

10.4.2　用 write()语句进行调试

如果用户想让所有的调试信息以列表的方式显示在页面中，可以使用 write()方法进行调试。write()语句的主要作用是将信息写入到页面中，具体的语法格式如下：

```
<script language="javascript">
 document.write();
</script>
```

例如以下的示例代码：

```
<script language="javascript">
function alertTest(){
   document.write("程序开始处！");
   var a = 123;
   var b = 321;
   document.write("程序执行过程！");
   document.write(a+b);
   document.write("程序执行结束！");
}
</script>
```

10.5 疑难解惑

疑问1：调试时通常应注意哪些问题？

答：调试时应注意以下几个方面。

(1) 若错误定位到一个函数的调用上，说明函数体有问题。

(2) 若出现对象为 null 或找不到对象，可能是 id、name 或 DOM 写法的问题。

(3) 多增加 alert(xxx)语句来查看变量是否得到了期望的值，尽管这样比较慢，但是比较有效。

(4) 用/*...*/注释屏蔽掉运行正常的部分代码，然后逐步缩小范围检查。

(5) IE 的错误报告行数往往不准确，出现此情况就在错误行前后几行找错。

(6) 变量大小写、中英文符号的影响。大小写容易找到，但是对于有些编译器，在对中英文标点符号的显示上不易区分，此时可以尝试用其他文本编辑工具查看。

疑问2：如何优化 JavaScript 代码？

答：JavaScript 的优化主要优化的是脚本程序代码的下载时间和执行效率。因为 JavaScript 运行前不需要进行编译而直接在客户端运行，所以代码的下载时间和执行效率直接决定了网页的打开速度，从而影响着客户端的用户体验效果。

1) 合理地声明变量

在 JavaScript 中，变量的声明方式可分为显式声明和隐式声明，使用 var 关键字进行声明的就是显式声明，而没有使用 var 关键字的就是隐式声明。在函数中显式声明的变量为局部变量，隐式声明的变量为全局变量。

2) 简化代码

简化 JavaScript 代码是优化代码的一个非要重要的方法。将工程上传到服务器前，尽量缩短代码的长度，去除不必要的字符，包括注释、不必要的空格、换行等。

3) 多使用内置的函数库

与 C、Java 等语言一样，JavaScript 也有自己的函数库，函数库里有很多内置函数，用户可以直接调用这些函数。当然，开发人员也可以自己去写那些函数，但是 JavaScript 中的内置函数的属性方法都是经过 C、C++之类的语言编译的，而开发者自己编写的函数在运行前还要进行编译，所以在运行速度上 JavaScript 的内置函数要比自己编写的函数快很多。

第 11 章

JavaScript 和 Ajax 技术

Ajax 是目前很新的一项网络技术。确切地说，Ajax 不是一项技术，而是一种用于创建更好、更快、交互性更强的 Web 应用程序的技术。它能使浏览器为用户提供更为自然的浏览体验，就像在使用桌面应用程序一样。

11.1 Ajax 快速入门

Ajax 是一项很有生命力的技术，它的出现引发了 Web 应用的新革命。目前，网络上的许多站点中，使用 Ajax 技术的还非常有限；但是，可以预见在不远的将来，Ajax 技术会成为整个网络的主流。

11.1.1 什么是 Ajax

Ajax 的全称为 Asynchronous JavaScript And XML，是一种 Web 应用程序客户机技术，它结合了 JavaScript、层叠样式表(Cascading Style Sheets，CSS)、HTML、XMLHttpRequest 对象和文档对象模型(Document Object Model，DOM)多种技术。运行在浏览器上的 Ajax 应用程序，以一种异步的方式与 Web 服务器通信，并且只更新页面的一部分。通过利用 Ajax 技术，可以提供丰富的、基于浏览器的用户体验。

Ajax 让开发者在浏览器端更新被显示的 HTML 内容而不必刷新页面。换句话说，Ajax 可以使基于浏览器的应用程序更具交互性，而且更类似传统型桌面应用程序。Google 的 Gmail 和 Outlook Express 就是两个使用 Ajax 技术的例子。而且，Ajax 可以用于任何客户端脚本语言中，这包括 JavaScript、JScript 和 VBScript。

下面给出一个简单的例子，来具体了解什么是 Ajax。

【例 11.1】(示例文件 ch11\HelloAjax.jsp)

本例从简单的角度入手，实现客户端与服务器异步通信，获取"你好，Ajax"的数据，并在不刷新页面的情况下将获得的"你好，Ajax"数据显示到页面中。

具体操作步骤如下。

(1) 使用记事本创建 HelloAjax.jsp 文件。代码如下：

```
<%@ page language="java" pageEncoding="gb2312"%>

<html>
  <head>
    <title>第一个 Ajax 实例</title>
    <style type="text/css">
      <!--
      body {
        background-image: url(images/img.jpg);
      }
      -->
    </style>
  </head>
  <script type="text/javascript">
    ...//省略了 script 代码
  </script>
  <body>
    <br>
```

```
<center>
    <button onclick="hello()">Ajax</button>
    <P id="p">
        单击按钮后你会有惊奇的发现哟！
    </P>
</center>
</body>
</html>
```

JavaScript 代码嵌入在标签<script></script>之内，这里定义了一个函数 hello()，这个函数是通过一个按钮来驱动的。

(2) 在步骤(1)中省略的代码部分创建 XML Http Request 对象，创建完成后，把此对象赋值给 xmlHttp 变量。为了获得多种浏览器支持，应使用 createXMLHttpRequest()函数试着为多种浏览器创建 XMLHttpRequest 对象。代码如下：

```
var xmlHttp = false;

function createXMLHttpRequest()
{
    if (window.ActiveXObject)                    //在 IE 浏览器中创建 XMLHttpRequest 对象
    {
        try{
            xmlHttp = new ActiveXObject("Msxml2.XMLHTTP");
        }
        catch(e){
            try{
                xmlHttp = new ActiveXObject("Microsoft.XMLHTTP");
            }
            catch(ee){
                xmlHttp = false;
            }
        }
    }
    else if (window.XMLHttpRequest)              //在非 IE 浏览器中创建 XMLHttpRequest 对象
    {
        try{
            xmlHttp = new XMLHttpRequest();
        }
        catch(e){
            xmlHttp = false;
        }
    }
}
```

(3) 在步骤(1)省略的代码部分再定义 hello()函数，为要与之通信的服务器资源创建一个 URL。"xmlHttp.onreadystatechange=callback;"与"xmlHttp.open("post", "HelloAjaxDo.jsp",true);"定义了 JavaScript 回调函数，一旦响应它就自动执行，而 open 函数中所指定的 true 标志说明想要异步执行该请求，在没有指定的情况下默认为 true。代码如下：

```
function hello()
{
    createXMLHttpRequest();    //调用创建 XMLHttpRequest 对象的方法
    xmlHttp.onreadystatechange = callback;    //设置回调函数

    //向服务器端 HelloAjaxDo.jsp 发送请求
    xmlHttp.open("post","HelloAjaxDo.jsp",true);
    xmlHttp.setRequestHeader("Content-Type",
      "application/x-www-form-urlencoded;charset=gb2312");
    xmlHttp.send(null);

    function callback()
    {
        if(xmlHttp.readyState==4)
        {
            if(xmlHttp.status==200)
            {
                var data = xmlHttp.responseText;
                var pNode = document.getElementById("p");
                pNode.innerHTML = data;
            }
        }
    }
}
```

函数 callback()是回调函数，它首先检查 XMLHttpRequest 对象的整体状态以保证它已经完成(readyStatus==4)，然后根据服务器的设定询问请求状态。如果一切正常(status==200)，就使用"var data = xmlHttp.responseText;"来取得返回的数据，并且用 innerHTML 属性重写 DOM 的 pNode 节点的内容。

JavaScript 的变量类型使用的是弱类型，都使用 var 来声明。document 对象就是文档对应的 DOM 树。通过"document.getElementById("p");"可以从标签的 id 值来取得此标签的一个引用(树的节点)。而"pNode.innerHTML=str;"是为节点添加内容，这样就覆盖了节点的原有内容；如果不想覆盖，可以使用"pNode.innerHTML+=str;"来追加内容。

(4) 通过步骤(3)可以知道，要异步请求的是 HelloAjaxDo.jsp，下面创建此文件：

```
<%@ page language="java" pageEncoding="gb2312"%>
<%
  out.println("你好, Ajax");
%>
```

(5) 将上述文件保存在 Ajax 站点下，启动 Tomcat 服务器打开浏览器，在地址栏中输入 http://localhost:8080/Ajax/HelloAjax.jsp，然后单击"转到"按钮，看到的结果如图 11-1 所示。

(6) 单击 Ajax 按钮，发现变为如图 11-2 所示。注意按钮下内容的变化，这个变化没有看到刷新页面的过程。

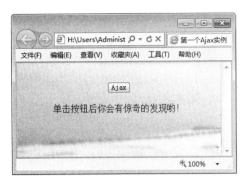

图 11-1　会变的页面

图 11-2　动态改变页面

11.1.2　Ajax 的关键元素

Ajax 不是单一的技术，而是四种技术的结合，要灵活地运用 Ajax，必须深入了解这些不同的技术。下面列出这些技术，并说明它们在 Ajax 中所扮演的角色。

- JavaScript：是通用的脚本语言，用来嵌入在某种应用中。Web 浏览器中嵌入的 JavaScript 解释器允许通过程序与浏览器的很多内建功能进行交互。Ajax 应用程序是使用 JavaScript 编写的。
- CSS：为 Web 页面元素提供了一种可重用的可视化样式的定义方法。它提供了简单而又强大的方法，以一致的方式定义和使用可视化样式。在 Ajax 应用中，用户界面的样式可以通过 CSS 独立修改。
- DOM：以一组可以使用 JavaScript 操作的可编程对象展现出 Web 页面的结构。通过使用脚本修改 DOM，Ajax 应用程序可以在运行时改变用户界面，或者高效地重绘页面中的某个部分。
- XMLHttpRequest：该对象允许 Web 程序员从 Web 服务器以后台活动的方式获取数据。数据格式通常是 XML，但是也可以很好地支持任何基于文本的数据格式。

在 Ajax 的四种技术中，CSS、DOM 和 JavaScript 都是很早就出现的技术，它们以前结合在一起，称为动态 HTML，即 DHTML。

Ajax 的核心是 JavaScript 对象 XmlHttpRequest。该对象在 Internet Explorer 5 中首次引入，是一种支持异步请求的技术。简而言之，XmlHttpRequest 可以使用 JavaScript 向服务器提出请求并处理响应，而不阻塞用户。

11.1.3　CSS 在 Ajax 应用中的地位

CSS 在 Ajax 中主要用于美化网页，是 Ajax 的美术师。无论 Ajax 的核心技术采用什么形式，任何时候显示在用户面前的都是一个页面，是页面就需要美化，那么就需要 CSS 对显示在用户浏览器上的界面进行美化。

如果用户在浏览器中查看页面的源代码，就可以看到众多的<div>块及 CSS 属性占据了源代码的很多部分。图 11-3 中也表明页面引用了外部的 CSS 样式文件。由此可见 CSS 在页面美化方面的重要性。

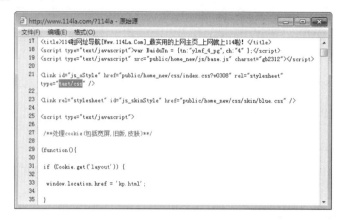

图 11-3　源文件中引用了外部 CSS 文件

11.2　Ajax 的核心技术

Ajax 作为一个新技术，结合了 4 种不同的技术，实现了客户端与服务器端的异步通信，并且对页面实现局部更新，大大提高了浏览器的工作速度。

11.2.1　全面剖析 XMLHttpRequest 对象

XMLHttpRequest 对象是当今所有 Ajax 和 Web 2.0 应用程序的技术基础。尽管软件经销商和开源社团现在都在提供各种 Ajax 框架以进一步简化 XMLHttpRequest 对象的使用，但是，我们仍然很有必要理解这个对象的详细工作机制。

1. XMLHttpRequest 概述

Ajax 利用一个构建到所有现代浏览器内部的 XMLHttpRequest 对象来实现发送和接收 HTTP 请求与响应信息。一个经由 XMLHttpRequest 对象发送的 HTTP 请求并不要求页面中拥有或回发一个<form>元素。

微软 Internet Explorer(IE) 5 中作为一个 ActiveX 对象形式引入了 XMLHttpRequest 对象。其他认识到这一对象重要性的浏览器制造商也都纷纷在其浏览器内实现了 XMLHttpRequest 对象，但是作为一个本地 JavaScript 对象而不是作为一个 ActiveX 对象实现。

微软已经从 IE 7 开始把 XMLHttpRequest 实现为一个窗口对象属性。幸运的是，尽管其实现细节不同，但是所有的浏览器实现都具有类似的功能，并且实质上是相同的方法。

目前，W3C 组织正在努力进行 XMLHttpRequest 对象的标准化。

2. XMLHttpRequest 对象的属性和事件

XMLHttpRequest 对象暴露各种属性、方法和事件以便于脚本处理和控制 HTTP 请求与响应。下面进行详细的讨论。

1) readyState 属性

当 XMLHttpRequest 对象把一个 HTTP 请求发送到服务器时,将经历若干种状态,一直等待直到请求被处理;然后,它才接收一个响应。这样一来,脚本才正确响应各种状态,XMLHttpRequest 对象暴露描述对象当前状态的 readyState 属性,如表 11-1 所示。

表 11-1 XMLHttpRequest 对象的 readyState 属性

readyState 取值	描 述
0	描述一种"未初始化"状态;此时,已经创建一个 XMLHttpRequest 对象,但是还没有初始化
1	XMLHttpRequest 已经准备好把一个请求发送到服务器
2	描述一种"发送"状态;此时,已经通过 send()方法把一个请求发送到服务器端,但是还没有收到一个响应
3	描述一种"正在接收"状态;此时,已经接收到 HTTP 响应头部信息,但是消息体部分还没有完全接收结束
4	描述一种"已加载"状态;此时,响应已经被完全接收

2) onreadystatechange 事件

无论 readyState 值何时发生改变,XMLHttpRequest 对象都会激发一个 readystatechange 事件。其中,onreadystatechange 属性接收一个 EventListener 值,该值向该方法指示无论 readyState 值何时发生改变,该对象都将激活。

3) responseText 属性

这个 responseText 属性包含客户端接收到的 HTTP 响应的文本内容。当 readyState 值为 0、1 或 2 时,responseText 包含一个空字符串。当 readyState 值为 3(正在接收)时,响应中包含客户端还未完成的响应信息。当 readyState 为 4(已加载)时,该 responseText 包含完整的响应信息。

4) responseXML 属性

responseXML 属性用于当接收到完整的 HTTP 响应时描述 XML 响应;此时,Content-Type 头部指定 MIME(媒体)类型为 text/xml、application/xml 或以+xml 结尾。如果 Content-Type 头部并不包含这些媒体类型之一,那么 responseXML 的值为 null。无论何时,只要 readyState 值不为 4,那么该 responseXML 的值也为 null。

其实,这个 responseXML 属性值是一个文档接口类型的对象,用来描述被分析的文档。如果文档不能被分析(例如,如果文档不支持文档相应的字符编码),那么 responseXML 的值将为 null。

5) status 属性

status 属性描述了 HTTP 状态代码,其类型为 short。而且,仅当 readyState 值为 3(正在接收中)或 4(已加载)时,这个 status 属性才可用。当 readyState 的值小于 3 时,试图存取 status 的值将引发一个异常。

6) statusText 属性

statusText 属性描述了 HTTP 状态代码文本;并且仅当 readyState 值为 3 或 4 时才可用。

当 readyState 为其他值时，试图存取 statusText 属性将引发一个异常。

3. 创建 XMLHttpRequest 对象的方法

XMLHttpRequest 对象提供了各种方法，用于初始化和处理 HTTP 请求，下面详细介绍。

1) abort()方法

用户可以使用 abort()方法来暂停与一个 XMLHttpRequest 对象相联系的 HTTP 请求，从而把该对象复位到未初始化状态。

2) open()方法

用户需要调用 open()方法来初始化一个 XMLHttpRequest 对象。其中，method 参数是必须提供的，用于指定我们想用来发送请求的 HTTP 方法。为了把数据发送到服务器，应该使用 POST 方法；为了从服务器端检索数据，应该使用 GET 方法。

3) send()方法

在通过调用 open()方法准备好一个请求之后，用户需要把该请求发送到服务器。仅当 readyState 值为 1 时，才可以调用 send()方法；否则 XMLHttpRequest 对象将引发一个异常。

4) setRequestHeader()方法

setRequestHeader()方法用来设置请求的头部信息。当 readyState 值为 1 时，用户可以在调用 open()方法后调用这个方法；否则，将得到一个异常。

5) getResponseHeader()方法

getResponseHeader()方法用于检索响应的头部值。仅当 readyState 值是 3 或 4(换句话说，在响应头部可用以后)时，才可以调用这个方法；否则，该方法返回一个空字符串。

6) getAllResponseHeaders()方法

getAllResponseHeaders()方法以一个字符串形式返回所有的响应头部(每一个头部占单独的一行)。如果 readyState 的值不是 3 或 4，则该方法返回 null。

11.2.2 发出 Ajax 请求

在 Ajax 中，许多使用 XMLHttpRequest 的请求都是从一个 HTML 事件(例如一个调用 JavaScript 函数的按钮点击(onclick)或一个按键(onkeypress))中被初始化的。Ajax 支持包括表单校验在内的各种应用程序。有时，在填充表单的其他内容之前要求校验一个唯一的表单域。例如，要求使用一个唯一的 UserID 来注册表单。如果不是使用 Ajax 技术来校验这个 UserID 域，那么整个表单都必须被填充和提交。如果该 UserID 不是有效的，这个表单必须被重新提交。例如，相应于一个要求必须在服务器端进行校验的 Catalog ID 的表单域可按下列形式来指定：

```
<form name="validationForm" action="validateForm" method="post">
<table>
<tr>
    <td>Catalog Id:</td>
    <td>
        <input type="text" size="20" id="catalogId" name="catalogId"
        autocomplete="off" onkeyup="sendRequest()">
```

```
      </td>
      <td><div id="validationMessage"></div></td>
   </tr>
</table>
</form>
```

在 HTML 中使用 validationMessage div 来显示相应于这个输入域 Catalog Id 的一个校验消息。onkeyup 事件调用一个 JavaScript sendRequest()函数。这个 sendRequest()函数创建一个 XMLHttpRequest 对象。创建一个 XMLHttpRequest 对象的过程因浏览器实现的不同而不同。

如果浏览器支持 XMLHttpRequest 对象作为一个窗口属性，则代码可以调用 XMLHttpRequest 的构造器。如果浏览器把 XMLHttpRequest 对象实现为一个 ActiveXObject 对象，则代码可以使用 ActiveXObject 的构造器。下面的函数将调用一个 init()函数：

```
<script type="text/javascript">
function sendRequest(){
   var xmlHttpReq = init();
   function init(){
      if (window.XMLHttpRequest) {
         return new XMLHttpRequest();
      }
      else if (window.ActiveXObject) {
         return new ActiveXObject("Microsoft.XMLHTTP");
      }
   }
}
</script>
```

接下来，用户需要使用 open()方法初始化 XMLHttpRequest 对象，从而指定 HTTP 方法和要使用的服务器 URL：

```
var catalogId = encodeURIComponent(document.getElementById("catalogId").value);
xmlHttpReq.open("GET", "validateForm?catalogId=" + catalogId, true);
```

在默认情况下，使用 XMLHttpRequest 发送的 HTTP 请求是异步进行的，但是用户可以显式地把 async 参数设置为 true。在这种情况下，对 URL validateForm 的调用将激活服务器端的一个 Servlet。但是用户应该能够注意到服务器端技术不是根本性的；实际上，该 URL 可能是一个 ASP、ASP.NET 或 PHP 页面或一个 Web 服务，只要该页面能够返回一个响应，指示 catalogID 值是否是有效的即可。因为用户在做异步调用时，需要注册一个 XMLHttpRequest 对象来调用回调事件处理器，当它的 readyState 值改变时调用。记住，readyState 值的改变将会激发一个 readystatechange 事件。这时可以使用 onreadystatechange 属性来注册该回调事件处理器：

```
xmlHttpReq.onreadystatechange = processRequest;
```

然后，需要使用 send()方法发送该请求。因为这个请求使用的是 HTTP GET 方法，所以，用户可以在不指定参数或使用 null 参数的情况下调用 send()方法：

```
xmlHttpReq.send(null);
```

11.2.3 处理服务器响应

在上述示例中，因为 HTTP 方法是 GET 方式，所以服务器在接收 Servlet 时将调用一个 doGet()方法，该方法将检索在 URL 中指定的 catalogId 参数值，并且从一个数据库中检查它的有效性。

该示例中的 Servlet 需要构造一个发送到客户端的响应，而且这个示例返回的是 XML 类型。因此，它把响应的 HTTP 内容类型设置为 text/xml，并且把 Cache-Control 头部设置为 no-cache。设置 Cache-Control 头部可以阻止浏览器简单地从缓存中重载页面。

具体代码如下：

```
public void doGet(HttpServletRequest request,HttpServletResponse response)
   throws ServletException,IOException {
   ...
   response.setContentType("text/xml");
   response.setHeader("Cache-Control", "no-cache");
}
```

从上述代码中可以看出，来自服务器端的响应是一个 XML DOM 对象，此对象将创建一个 XML 字符串，其中包含要在客户端进行处理的指令。另外，该 XML 字符串必须有一个根元素。代码如下：

```
out.println("<catalogId>valid</catalogId>");
```

> **注意**：XMLHttpRequest 对象设计的目的是处理由普通文本或 XML 组成的响应；但是，一个响应也可能是另外一种类型(如果用户代理支持这种内容类型的话)。

当请求状态改变时，XMLHttpRequest 对象调用使用 onreadystatechange 注册的事件处理器。因此，在处理该响应之前，用户的事件处理器应该首先检查 readyState 的值和 HTTP 状态。当请求完成加载(readyState 值为 4)并且响应已经完成(HTTP 状态为 OK)时，用户就可以调用一个 JavaScript 函数来处理该响应内容。下列脚本负责在响应完成时检查相应的值并调用一个 processResponse()方法：

```
function processRequest(){
   if(xmlHttpReq.readyState==4){
      if(xmlHttpReq.status==200){
         processResponse();
      }
   }
}
```

该 processResponse()方法使用 XMLHttpRequest 对象的 responseXML 和 responseText 属性来检索 HTTP 响应。如上面所解释的，仅当在响应的媒体类型是 text/xml、application/xml 或以+xml 结尾时，这个 responseXML 才可用。这个 responseText 属性将以普通文本形式返回响应。对于一个 XML 响应，用户将按如下方式检索内容：

```
var msg = xmlHttpReq.responseXML;
```

借助于存储在 msg 变量中的 XML，用户可以使用 DOM 方法 getElementsByTagName()来检索该元素的值，代码如下：

```
var catalogId =
  msg.getElementsByTagName("catalogId")[0].firstChild.nodeValue;
```

最后，通过更新 Web 页面的 validationMessage div 中的 HTML 内容并借助于 innerHTML 属性，用户可以测试该元素值以创建一个要显示的消息，代码如下：

```
if(catalogId=="valid"){
   var validationMessage = document.getElementById("validationMessage");
   validationMessage.innerHTML = "Catalog Id is Valid";
}
else
{
   var validationMessage = document.getElementById("validationMessage");
   validationMessage.innerHTML = "Catalog Id is not Valid";
}
```

11.3 实战演练 1——制作自由拖放的网页

Ajax 综合了各个方面的技术，不但能够加快用户的访问速度，还可以实现各种特效。下面就制作一个自由拖放的网页，来巩固 CSS 与 Ajax 综合使用知识。

具体操作步骤如下。

step 01 在 HTML 页面中建立用于存放数据的表格。代码如下：

```
<!DOCTYPE html>
<html>
<head>
<title>能够自由拖动布局区域的网页</title>
</head>
<body>
<table cellspacing="4" width="100%" id="parentTable">
<tr>
   <td width="25%" valgin="top">
      <table class="dragTable" cellspacing="0">
         <tr><td>蜂蜜</td></tr>
         <tr><td>蜂蜜，是昆虫蜜蜂从开花植物的花中采得的花蜜在蜂巢中酿制的蜜。蜜蜂从植物的花中采取含水量约为 80%的花蜜或分泌物，存入自己第二个胃中，在体内转化酶的作用下经过30 分钟的发酵，回到蜂巢中吐出，蜂巢内温度经常保持在 35℃左右，经过一段时间，水分蒸发，成为水分含量少于 20%的蜂蜜，存贮到巢洞中，用蜂蜡密封。
         </td><tr>
      </table>
      <table class="dragTable" cellspacing="0">
         <tr><td>蜂王浆</td></tr>
         <tr><td>蜂王浆(royal jelly)，又名蜂皇浆、蜂乳、蜂王乳，是蜜蜂巢中培育幼虫的青年工蜂咽头腺的分泌物，是供给将要变成蜂王的幼虫的食物。蜂王浆是高蛋白，并含有维生素 B 类和乙酰胆碱等。蜂王浆不能用开水或茶水冲服，并应该低温贮存。
```

```
                </td><tr>
            </table>
        </td>
        <td width="25%">
            <table class="dragTable" cellspacing="0">
                <tr><td>蜂花粉</td></tr>
                <tr><td>蜂花粉是有花植物雄蕊中的雄性生殖细胞，它不仅携带着生命的遗传信息，
而且包含着孕育新生命所必需的全部营养物质，是植物传宗接代的根本，热能的源泉。蜂花粉是由蜜蜂
从植物花中采集的花粉经蜜蜂加工成的花粉团，被誉为"全能的营养食品""浓缩的天然药库""全能
的营养库""内服的化妆品""浓缩的氨基酸"等，是"人类天然食品中的瑰宝"。
                </td><tr>
            </table>
        </td>
        <td width="25%">
            <table class="dragTable" cellspacing="0">
                <tr><td>蜂毒</td></tr>
                <tr><td>蜂毒是一种透明液体，具有特殊的芳香气味，味苦、呈酸性反应，pH 为
5.0~5.5，比重为 1.1313。在常温下很快就挥发干燥至原来液体重量的 30%~40%。
                </td><tr>
            </table>
            <table class="dragTable" cellspacing="0">
                <tr><td>蜂胶</td></tr>
                <tr><td>蜂胶是蜜蜂从植物芽孢或树干上采集的树脂(树胶)，混入蜜蜂口器中腺体的
分泌物，再和花粉、蜂蜡加工制成的一种胶状物质，是蜂巢的保护伞。一个 5 万~6 万只的蜂群一年只
能生产蜂胶 100~150 克，被誉为"紫色黄金"
                </td><tr>
            </table>
        </td>
    </tr>
</table>
</body>
</html>
```

在 IE 11.0 中浏览，效果如图 11-4 所示。

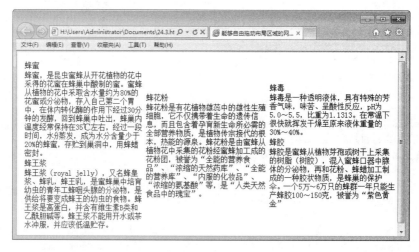

图 11-4　制作基本页面表格

step 02 为页面添加 Ajax 的 JavaScript 代码，以及 CSS 样式控制，使各个功能模块自由拖放：

```css
<style type="text/css">
<!--
body{
    font-size: 12px;
    font-family: Arial, Helvetica, sans-serif;
    margin: 0px;
    padding: 0px;
    /*background-color: #ffffd5;*/
    background-color: #e6ffda;
}
.dragTable{
    font-size: 12px;
    /*border: 1px solid #003a82;*/
    border: 1px solid #206100;
    margin-bottom: 5px;
    width: 100%;
    /*background-color: #cfe5ff;*/
    background-color: #c9ffaf;
}
td{
    padding: 3px 2px 3px 2px;
    vertical-align: top;
}
.dragTR{
    cursor: move;
    /*color: #FFFFFF;
    background-color: #0073ff;*/
    color: #ffff00;
    background-color: #3cb500;
    height: 20px;
    font-weight: bold;
    font-size: 14px;
    font-family: Arial, Helvetica, sans-serif;
}
#parentTable{
    border-collapse: collapse;
}
-->
</style>
<script language="javascript" defer="defer">
var Drag={
    dragged:false,
    ao:null,
    tdiv:null,
    dragStart:function(){
        Drag.ao=event.srcElement;
        if((Drag.ao.tagName=="TD")||(Drag.ao.tagName=="TR")){
```

```
            Drag.ao=Drag.ao.offsetParent;
            Drag.ao.style.zIndex=100;
        }else
            return;
        Drag.dragged=true;
        Drag.tdiv=document.createElement("div");
        Drag.tdiv.innerHTML=Drag.ao.outerHTML;
        Drag.ao.style.border="1px dashed red";
        Drag.tdiv.style.display="block";
        Drag.tdiv.style.position="absolute";
        Drag.tdiv.style.filter="alpha(opacity=70)";
        Drag.tdiv.style.cursor="move";
        Drag.tdiv.style.border="1px solid #000000";
        Drag.tdiv.style.width=Drag.ao.offsetWidth;
        Drag.tdiv.style.height=Drag.ao.offsetHeight;
        Drag.tdiv.style.top=Drag.getInfo(Drag.ao).top;
        Drag.tdiv.style.left=Drag.getInfo(Drag.ao).left;
        document.body.appendChild(Drag.tdiv);
        Drag.lastX=event.clientX;
        Drag.lastY=event.clientY;
        Drag.lastLeft=Drag.tdiv.style.left;
        Drag.lastTop=Drag.tdiv.style.top;
    },
    draging:function(){//判断MOUSE的位置
        if(!Drag.dragged||Drag.ao==null) return;
        var tX=event.clientX;
        var tY=event.clientY;
        Drag.tdiv.style.left=parseInt(Drag.lastLeft)+tX-Drag.lastX;
        Drag.tdiv.style.top=parseInt(Drag.lastTop)+tY-Drag.lastY;
        for(var i=0;i<parentTable.cells.length;i++){
            var parentCell=Drag.getInfo(parentTable.cells[i]);
            if(tX>=parentCell.left&&tX<=parentCell.right
              &&tY>=parentCell.top&&tY<=parentCell.bottom){
                var subTables=
                  parentTable.cells[i].getElementsByTagName("table");
                if(subTables.length==0){
                    if(tX>=parentCell.left&&tX<=parentCell.right
                      &&tY>=parentCell.top&&tY<=parentCell.bottom){
                        parentTable.cells[i].appendChild(Drag.ao);
                    }
                    break;
                }
                for(var j=0;j<subTables.length;j++){
                    var subTable=Drag.getInfo(subTables[j]);
                    if(tX>=subTable.left&&tX<=subTable.right
                      &&tY>=subTable.top&&tY<=subTable.bottom){
                        parentTable.cells[i].insertBefore(Drag.ao,subTables[j]);
                        break;
                    }else{
                        parentTable.cells[i].appendChild(Drag.ao);
```

```
                }
            }
        }
    }
},
dragEnd:function(){
    if(!Drag.dragged)
        return;
    Drag.dragged=false;
    Drag.mm=Drag.repos(150,15);
    Drag.ao.style.borderWidth="0px";
    //Drag.ao.style.border="1px solid #003a82";
    Drag.ao.style.border="1px solid #206100";
    Drag.tdiv.style.borderWidth="0px";
    Drag.ao.style.zIndex=1;
},
getInfo:function(o){//取得坐标
    var to=new Object();
    to.left=to.right=to.top=to.bottom=0;
    var twidth=o.offsetWidth;
    var theight=o.offsetHeight;
    while(o!=document.body){
        to.left+=o.offsetLeft;
        to.top+=o.offsetTop;
        o=o.offsetParent;
    }
    to.right=to.left+twidth;
    to.bottom=to.top+theight;
    return to;
},
repos:function(aa,ab){
    var f=Drag.tdiv.filters.alpha.opacity;
    var tl=parseInt(Drag.getInfo(Drag.tdiv).left);
    var tt=parseInt(Drag.getInfo(Drag.tdiv).top);
    var kl=(tl-Drag.getInfo(Drag.ao).left)/ab;
    var kt=(tt-Drag.getInfo(Drag.ao).top)/ab;
    var kf=f/ab;
    return setInterval(function(){
        if(ab<1){
            clearInterval(Drag.mm);
            Drag.tdiv.removeNode(true);
            Drag.ao=null;
            return;
        }
        ab--;
        tl-=kl;
        tt-=kt;
        f-=kf;
        Drag.tdiv.style.left=parseInt(tl)+"px";
        Drag.tdiv.style.top=parseInt(tt)+"px";
```

```
            Drag.tdiv.filters.alpha.opacity=f;
        }
        ,aa/ab)
    },
    inint:function(){
        for(var i=0;i<parentTable.cells.length;i++){
            var subTables=parentTable.cells[i].getElementsByTagName("table");
            for(var j=0;j<subTables.length;j++){
                if(subTables[j].className!="dragTable")
                    break;
                subTables[j].rows[0].className="dragTR";
                subTables[j].rows[0].attachEvent("onmousedown",Drag.dragStart);
            }
        }
        document.onmousemove=Drag.draging;
        document.onmouseup=Drag.dragEnd;
    }
}

Drag.inint();
</script>
```

在 IE 11.0 中浏览，效果如图 11-5 所示。

图 11-5　自由拖放布局区域

11.4　实战演练 2——制作加载条

加载条的显示效果是，当打开网页时，页面中的黄色加载条位于初始位置，然后进度条慢慢增长，同时会在进度条上显示相应的百分比数。

首先创建 HTML 页面，具体代码如下：

```
<!DOCTYPE html>
<html>
```

```
<head>
<title>加载条</title>
<head>
<body>
<div class="load_">
<p style="width:1%;" id="load_"></p>
正在载入，请稍后...
</div>
</body>
</html>
```

在上述代码中搭建了一个 DIV 层，这个 DIV 层是整个网页的容器。

下面引入 CSS 样式。CSS 的具体代码如下：

```
<style type="text/css">
.load_ { width:200px; height:40px; padding:20px 50px; margin:20px;
font-size:9pt; background:#eee; }
.load_ p { margin-bottom:8px; height:12px; line-height:12px; border:1px
solid; border-color:#fff #000 #000 #fff; padding:4px 2px 2px; text-align:
right; font-size:7pt; font-family:Lucida Sans!important; color:#333;
background:#ff0; }
</style>
```

在这段代码中定义了加载条的长度、宽度、背景颜色等信息。

最后加入 Ajax 代码，以实现页面的动态效果。具体代码如下：

```
function $(id,tag){if(!tag){return document.getElementById(id);}else{return
document.getElementById(id).getElementsByTagName(tag);}}
function loads_(obj,s){
    var objw=$(obj).style.width;
    if(objw!="101%"){
        if(!s){var s=0;}
        $(obj).innerHTML=objw;
        $(obj).style.width=s+"%";
        s++;
        setTimeout(function (){loads_(obj,s)},50);
    }
    else{
        $(obj).innerHTML="完毕!!!!";
    }
}
loads_("load_");
```

至此，就完成了代码的相关设定，然后将文件保存为后缀名为.html 的文件。在 IE 11.0 中预览，效果如图 11-6 所示。

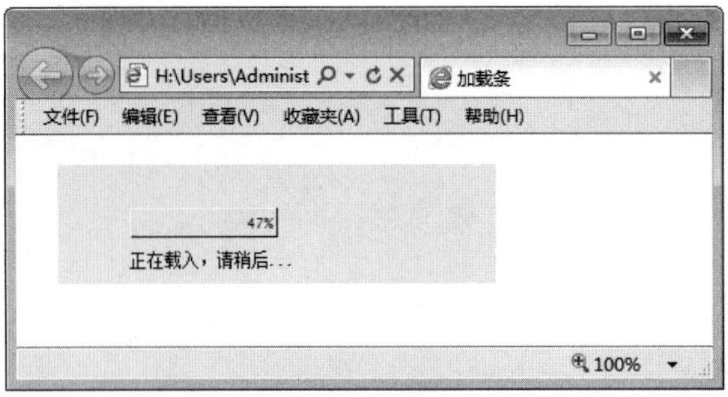

图 11-6 加载条

11.5 疑难解惑

疑问 1：在发送 Ajax 请求时，是使用 GET 还是 POST？

答：与 POST 相比，GET 更简单也更快，并且在大部分情况下都能用。然而，在以下情况中，应使用 POST 请求：

- 无法使用缓存文件(更新服务器上的文件或数据库)。
- 向服务器发送大量数据(POST 没有数据量限制)。
- 发送包含未知字符的用户输入时，POST 比 GET 更稳定，也更可靠。

疑问 2：在指定 Ajax 的异步参数时，应该将该参数设置为 true 还是 false？

答：Ajax 指的是异步 JavaScript 和 XML(Asynchronous JavaScript and XML)。XMLHttpRequest 对象如果要用于 Ajax 的话，其 open()方法的 async 参数必须设置为 true，代码如下：

```
xmlhttp.open("GET","ajax_test.asp",true);
```

对 Web 开发人员来说，发送异步请求是一个巨大的进步。很多在服务器执行的任务都相当费时。Ajax 出现之前，这可能会引起应用程序挂起或停止。通过 Ajax，JavaScript 无须等待服务器的响应，而是在等待服务器响应时执行其他脚本；当响应就绪后，再对响应进行处理即可。

第 3 篇

jQuery 高级应用

- 第 12 章　jQuery 的基础知识
- 第 13 章　jQuery 的选择器
- 第 14 章　用 jQuery 控制页面
- 第 15 章　jQuery 的动画特效
- 第 16 章　jQuery 的事件处理
- 第 17 章　jQuery 的功能函数
- 第 18 章　jQuery 插件的开发与使用

第 12 章

jQuery 的基础知识

当今,随着互联网的快速发展,程序员开始越来越多地重视程序功能上的封装与开发,进而可以从烦琐的 JavaScript 中解脱出来,以便以后在遇到相同问题时可以直接使用,从而提高项目的开发效率,其中 jQuery 就是一个优秀的 JavaScript 脚本库。

12.1 jQuery 概述

jQuery 是一个兼容多浏览器的 JavaScript 框架，其核心理念是"写得更少，做得更多"。jQuery 在 2006 年 1 月由美国人 John Resig 在纽约的 Barcamp 发布，吸引了来自世界各地众多 JavaScript 高手的加入。如今，jQuery 已经成为最流行的 JavaScript 框架之一。

12.1.1 jQuery 能做什么

最开始时，jQuery 所提供的功能非常有限，仅仅能增强 CSS 的选择器功能。而如今 jQuery 已经发展成为集 JavaScript、CSS、DOM 和 Ajax 于一体的优秀框架，其模块化的使用方式使开发者可以很轻松地开发出功能强大的静态或动态网页。目前，很多网站的动态效果就是利用 jQuery 脚本库制作出来的，如中国网络电视台、CCTV、京东商城等。

下面介绍京东商城应用的 jQuery 效果。访问京东商城的首页时，在右侧有一个"话费""旅行""彩票""游戏"栏目，这里应用 jQuery 实现了选项卡的效果，将鼠标移动到"话费"栏目上，选项卡中将显示手机话费充值的相关内容，如图 12-1 所示；将鼠标移动到"游戏"栏目上，选项卡中将显示游戏充值的相关内容，如图 12-2 所示。

图 12-1　显示手机话费充值的相关内容

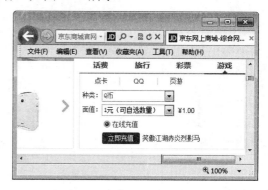

图 12-2　显示游戏充值的相关内容

12.1.2 jQuery 的特点

jQuery 是一个简洁快速的 JavaScript 脚本库，其独特的选择器、链式的 DOM 操作方式、事件绑定机制、封装完善的 Ajax 都是其他 JavaScript 库望尘莫及的。

jQuery 的主要特点如下。

(1) 代码短小精悍。jQuery 是一个轻量级的 JavaScript 脚本库，其代码非常短小，采用 Dean Edwards 的 Packer 压缩后，只有不到 30KB 的大小，如果服务器端启用 gzip 压缩后，甚至只有 16KB 的大小。

(2) 强大的选择器支持。jQuery 可以让操作者使用从 CSS 1 到 CSS 3 几乎所有的选择器，以及 jQuery 独创的高级而复杂的选择器。

(3) 出色的 DOM 操作封装。jQuery 封装了大量常用的 DOM 操作，使用户编写 DOM 操作相关程序时能够得心应手,优雅地完成各种原本非常复杂的操作,让 JavaScript 新手也能写出出色的程序。

(4) 可靠的事件处理机制。jQuery 的事件处理机制吸取了 JavaScript 专家 Dean Edwards 编写的事件处理函数的精华,使得 jQuery 处理事件绑定的时候相当可靠。在预留退路方面,jQuery 也做得非常不错。

(5) 完善的 Ajax。jQuery 将所有的 Ajax 操作封装到一个$.ajax 函数中,使得用户处理 Ajax 时能够专心处理业务逻辑,而无须关心复杂的浏览器兼容性和 XMLHttpRequest 对象的创建和使用的问题。

(6) 出色的浏览器兼容性。作为一个流行的 JavaScript 库,浏览器的兼容性自然是必须具备的条件之一。jQuery 能够在 IE 6.0+、FF 2+、Safari 2.0+和 Opera 9.0+下正常运行。同时修复了一些浏览器之间的差异,使用户不用在开展项目前因为忙于建立一个浏览器兼容库而焦头烂额。

(7) 丰富的插件支持。任何事物的壮大,如果没有很多人的支持,是永远无法实现的。jQuery 的易扩展性,吸引了来自全球的开发者来共同编写 jQuery 的扩展插件。目前已经有超过几百种的官方插件支持。

(8) 开源特点。jQuery 是一个开源的产品,任何人都可以自由地使用。

12.1.3 jQuery 的技术优势

jQuery 最大的技术优势就是简洁实用,能够使用短小的代码来实现复杂的网页预览效果。下面通过具体示例介绍 jQuery 的技术优势。

在日常生活中,经常会遇到各种各样以表格形式出现的数据,当数据量很大或者表格格式过于一致时,会使人感觉混乱,所以工作人员常常通过奇偶行异色来实现使数据一目了然的效果。如果利用 JavaScript 来实现隔行变色的效果,需要用 for 循环遍历所有行,当行数为偶数的时候,添加不同类别即可。

【例 12.1】(示例文件 ch12\12.1.html)

用 JavaScript 实现表格奇偶行异色:

```
<!DOCTYPE html>
<html>
<head>
<title>JavaScript 表格奇偶行异色</title>
<style>
<!--
.datalist{
    border: 1px solid #007108;        /* 表格边框 */
    font-family: Arial;
    border-collapse: collapse;        /* 边框重叠 */
    background-color: #d999dc;        /* 表格背景色:紫色 */
    font-size: 14px;
}
.datalist th{
    border: 1px solid #007108;        /* 行名称边框 */
```

```css
        background-color: #000000;          /* 行名称背景色：黑色*/
        color: #FFFFFF;                     /* 行名称颜色：白色 */
        font-weight: bold;
        padding-top: 4px; padding-bottom: 4px;
        padding-left: 12px; padding-right: 12px;
        text-align: center;
}
.datalist td{
        border: 1px solid #007108;          /* 单元格边框 */
        text-align: left;
        padding-top: 4px; padding-bottom: 4px;
        padding-left: 10px; padding-right: 10px;
}
.datalist tr.altrow{
        background-color: #a5e5ff;          /* 隔行变色：蓝色 */
}
-->
</style>
<script language="javascript">
window.onload = function(){
        var oTable = document.getElementById("Table");
        for(var i=0; i<Table.rows.length; i++){
            if(i%2==0)                      //偶数行时
                Table.rows[i].className = "altrow";
        }
}
</script>
</head>
<body>
<table class="datalist" summary="list of members in EE Study" id="Table">
    <tr>
        <th scope="col">姓名</th>
        <th scope="col">性别</th>
        <th scope="col">出生日期</th>
        <th scope="col">移动电话</th>
    </tr>
    <tr>
        <td>张三</td>
        <td>女</td>
        <td>8 月 10 日</td>
        <td>13012345678</td>
    </tr>
    <tr>
        <td>李四</td>
        <td>男</td>
        <td>5 月 25 日</td>
        <td>13112345678</td>
    </tr>
    <tr>
        <td>王五</td>
```

```
            <td>男</td>
            <td>7月3日</td>
            <td>13312345678</td>
        </tr>
        <tr>
            <td>赵六</td>
            <td>男</td>
            <td>10月2日</td>
            <td>13212345678</td>
        </tr>
</table>
</body>
</html>
```

运行结果如图 12-3 所示。

下面使用 jQuery 来实现表格奇偶行异色。当引入 jQuery 使用时，jQuery 的选择器会自动选择奇偶行。

【例 12.2】(示例文件 ch12\12.2.html)

用 jQuery 实现表格奇偶行异色：

```
<script language="javascript" src="jquery.min.js"></script>
<script language="javascript">
$(function(){
    $("table.datalist tr:nth-child(odd)").addClass("altrow");
});
</script>
```

运行结果与 JavaScript 的结果完全一样，如图 12-4 所示，但是代码量减少，一行代码就能够轻松实现，语法也十分简单。

图 12-3　用 JavaScript 实现表格奇偶行异色　　　图 12-4　用 jQuery 实现表格奇偶行异色

12.2　下载并配置 jQuery

要想在开发网站的过程中应用 jQuery 库，需要下载并配置它。下面介绍如何下载与配置 jQuery。

12.2.1 下载 jQuery

jQuery 是一个开源的脚本库,可以从其官方网站(http://jquery.com)下载。下载 jQuery 库的具体操作步骤如下。

step 01 打开 IE 浏览器,在地址栏中输入 http://jquery.com,按 Enter 键,即可进入 jQuery 官方网站的首页,如图 12-5 所示。

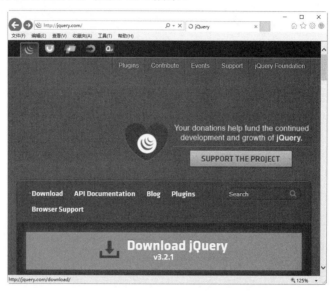

图 12-5　jQuery 官方网站的首页

step 02 在 jQuery 官方网站的首页中,可以下载最新版本的 jQuery 库,在其中单击 jQuery 的库下载链接,如图 12-6 所示。

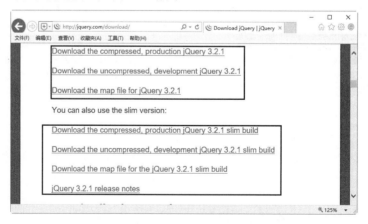

图 12-6　单击 jQuery 库的下载链接

step 03 这样即可打开迅雷下载对话框,在其中设置下载文件保存的位置,单击"立即下载"按钮,即可下载 jQuery 库,如图 12-7 所示。

图 12-7　下载 jQuery 库

12.2.2　配置 jQuery

将 jQuery 库下载到本地计算机后，还需要在项目中配置 jQuery 库，即把下载的后缀名为.js 的文件放置到项目的指定文件夹中，通常放置在 JS 文件夹中，然后根据需要应用到 jQuery 的页面中。使用下面的语句将其引用到文件中：

```
<script src="jquery.min.js" type="text/javascript"></script>
<!--或者-->
<script Language="javascript" src="jquery.min.js"></script>
```

> **注意**　引用 jQuery 的<script>标签必须放在所有的自定义脚本的<script>之前，否则在自定义的脚本代码中应用不到 jQuery 脚本库。

12.3　jQuery 的开发工具

适合开发 jQuery 的工具很多，常用的有 JavaScript Editor Pro、Dreamweaver、文本编辑器 UltraEdit 等。其中，最普通的文本编辑器就可以用来作为 jQuery 的开发工具。

12.3.1　JavaScript Editor Pro

JavaScript Editor Pro 是一款专业的 JavaScript 脚本编辑器，支持多种网页脚本语言编辑(JavaScript、HTML、CSS、VBScript、PHP 和 ASP(.NET)语法标注等)和内嵌的预览功能，还提供了大量的 HTML 标签、属性、事件和 JavaScript 事件、功能、属性、语句、动作等代码库，同时有着贴心的代码自动补全功能，可轻松插入到网页中。

JavaScript Editor 编辑器可以使用内置的"函数和变量"导航工具帮助用户浏览代码提供的智能提示，以简化代码编写过程，有效地减少了语法等错误。

软件发布者提供了免费版的下载，免费版的软件名称叫 Free JavaScript Editor。需要注意的是，该免费版提供了 21 天的试用期限，下载地址是 http://www.yaldex.com/Free_JavaScript_Editor.htm。在 IE 浏览器中输入该下载地址，然后按 Enter 键，即可进入下载页面，如图 12-8 所示。

图 12-8　进入下载页面

下载完毕后，双击下载的安装程序，按照软件安装提示，即可将 Free JavaScript Editor 安装到自己的电脑中，最后双击桌面上的快捷图标，即可打开 Free JavaScript Editor 工作界面，如图 12-9 所示。

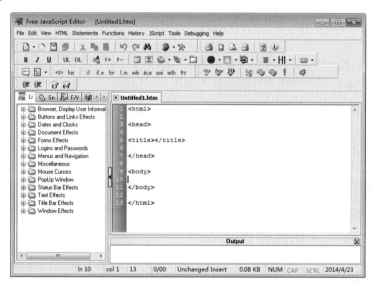

图 12-9　Free JavaScript Editor 工作界面

12.3.2　Dreamweaver

Dreamweaver 是由 Macromedia 公司所开发的著名网站开发工具。它使用所见即所得的接口，是一款非常优秀并深受广大用户喜爱的开发工具，同时还具有 HTML 编辑功能。目前，该工具有 Mac 和 Windows 系统的版本，其中，最新的版本已经更新到 CC。Dreamweaver CC 的主界面如图 12-10 所示。

图 12-10　Dreamweaver CC 的主界面

12.3.3　UltraEdit

UltraEdit 是一套功能强大的文本编辑器，可以编辑文本、HTML、十六进制、ASCII 码，完全可以取代记事本文件，内建英文单词检查、C++及 VB 指令突显，可同时编辑多个文件，而且即使开启很大的文件，速度也不会慢。同时，也是高级 PHP、Perl、Java 和 JavaScript 程序编辑器。软件附有 HTML 标签颜色显示、搜寻替换以及无限制的还原功能。目前最新的版本为 UltraEdit v18.00。如图 12-11 所示为 UltraEdit 的工作界面。该软件总的特点有：打开文件速度快、列操作功能强大、有代码折叠功能、可以进行 16 进制编辑。

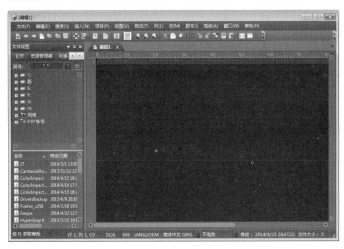

图 12-11　UltraEdit 的工作界面

12.3.4　记事本工具

单击 Windows 桌面上的"开始"按钮，选择"所有程序"→"附件"→"记事本"命令，打开一个记事本窗口，在其中输入相关的 HTML、CSS、jQuery 代码，如图 12-12 所示。然后将记事本文件以扩展名.html 或.htm 进行保存。可以在浏览器中打开文档以查看效果。

图 12-12　在记事本窗口中输入相关的 HTML、CSS、jQuery 代码

12.4　jQuery 的调试小工具

jQuery 的常用调试工具主要有 Firebug、Blackbird、Visual Studio 等。下面介绍 jQuery 调试工具的使用方法。

12.4.1　Firebug

Firebug 是火狐(Firefox)浏览器的一个插件，该插件可以调试所有网站语言，如 HTML、CSS、JavaScript 等，使用起来非常方便。

使用 Firebug 调试 jQuery 的具体操作步骤如下。

(1) 双击桌面上的 Firefox 快捷图标，打开火狐浏览器的工作界面，效果如图 12-13 所示。

图 12-13　火狐浏览器的工作界面

(2) 选择"工具"→"附加组件"命令，如果 12-14 所示。

图 12-14 选择"附加组件"命令

(3) 随即进入火狐浏览器的"附加组件管理器"工作界面中,如图 12-15 所示。

(4) 在"附加组件管理器"工作界面的搜索文本框中输入 FireBug,然后单击后面的搜索按钮,即可在界面中显示有关的插件信息,如图 12-16 所示。

图 12-15 火狐浏览器的"附加组件管理器"
　　　　　工作界面

图 12-16 显示有关的插件信息

(5) 单击 Firebug 插件后面的"更多信息"超级链接,即可在打开的界面中查看有关 Firebug 的相关说明性信息,如图 12-17 所示。

(6) 单击 Firebug 页面下方的"安装"按钮,Firefox 开始自动下载并安装 Firebug 插件,如图 12-18 所示。

(7) 安装完毕后,重新启动 FireFox 浏览器,选择"工具"→"Web 开发者"→Firebug →"打开 Firebug"命令,如图 12-19 所示。

(8) 这时,可以在 Firefox 浏览器工作界面的下方显示 Firebug 的工作界面,包括 HTML、CSS、脚本(Script)、DOM、网络(Net)等标签,默认显示 Cookies 工作界面,如图 12-20 所示。

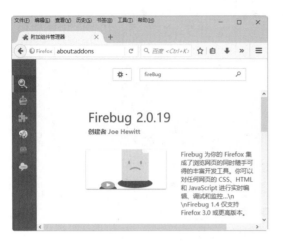
图 12-17　Firebug 的相关说明性信息

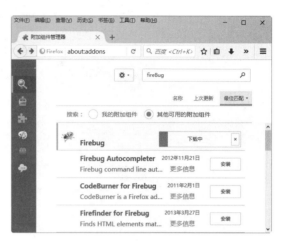
图 12-18　开始自动下载并安装 Firebug 插件

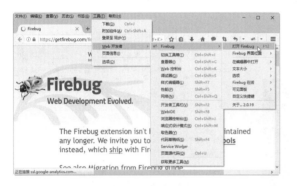
图 12-19　选择"打开 Firebug"命令

图 12-20　默认显示 Cookies 工作界面

（9）选择"控制台"标签，进入"控制台"工作界面，在其中可以查看程序的错误和日志信息，如图 12-21 所示。

（10）选择 HTML 标签，进入 HTML 工作界面，在其中可以看到程序的 HTML 相关代码信息，如图 12-22 所示。

图 12-21　查看程序的错误和日志信息

图 12-22　程序的 HTML 相关代码信息

(11) 选择 CSS 标签，进入 CSS 工作界面，在其中可以查看有关程序的 CSS 代码信息，如图 12-23 所示。

(12) 选择 DOM 标签，进入 DOM 工作界面，在其中可以查看有关程序的 DOM 代码信息，如图 12-24 所示。

图 12-23　查看有关程序的 CSS 代码信息

图 12-24　查看有关程序的 DOM 代码信息

提示　　Firebug 插件功能强大，而且它已经与 Firefox 浏览器无缝地结合在一起，使用简单直观。如果担心它会占用太多的系统资源，可以将其关闭，还可以对特定站点开启这个插件。

12.4.2　Blackbird

Blackbird 是一个开源的 JavaScript 库，提供了一种简单的记录日志的方式和一个控制台窗口，有了它之后，用户就可以抛弃 alert() 了。如图 12-25 所示为 Blackbird 工作界面。

图 12-25　Blackbird 工作界面

Blackbird 有 4 个文件，即 blackbird.css、blackbird.js、blackbird_icons.png 和 blackbird_panel.png。使用也非常简单，保持 CSS 文件和 PNG 文件在同一目录下即可。当然，用户也可以修改 CSS 文件，使之按我们想要的目录方式存放，然后在我们想调试的页面的<head>和</head>之间加载该 .js 和 .css 文件即可，代码如下：

```html
<html>
<head>
<script type="text/javascript" src="/PATH/TO/blackbird.js"></script>
<link type="text/css" rel="Stylesheet" href="/PATH/TO/blackbird.css" />
...
</head>
</html>
```

Blackbird 支持当前主流浏览器，如 IE 6+、Firefox 2+、Safari 2+、Opera 9.5 等，并支持快捷键操作，Blackbird 的快捷键详细说明如下。

- F2：显示和隐藏控制台。
- Shift + F2：移动控制台。
- Alt + Shift + F2：清空控制台信息。

同时，Blackbird 还提供多个公共 API，详细说明如下。

- log.toggle()：显示控制台面板。
- log.move()：移动控制台面板的位置。
- log.resize()：调整控制台面板的大小。
- log.clear()：清空控制台的内容。
- log.debug(message)：添加一个 Debug 信息。
- log.info(message)：添加一个 Info 信息。
- log.warn(message)：添加一个警告信息。
- log.error(message)：添加一个错误信息。
- log.profile(label)：计算两个 label 相同的两句语句之间的执行时间。

公共 API 的用法也很简单。例如，想要在 JavaScript 代码中调用 Blackbird，代码如下：

```javascript
log.debug('this is a debug message');
log.info('this is an info message');
log.warn('this is a warning message');
log.error('this is an error message');
```

下面是一个更为详细、具体的例子(计算消耗时间)，代码如下：

```javascript
log.profile('local anchors');
var anchors = document.getElementsByTagName('A');
for (var i=0; i<anchors.length; i++) {
    if (anchors[i].name) {
        log.debug(anchors[i].name);
    }
}
log.profile('local anchors');
```

12.4.3 jQueryPad

jQueryPad 是一款方便快捷的 JavaScript/HTML 编辑调试器。启动后，左边输入要操作的 HTML，右侧输入 jQuery 代码，按 F5 键，就可以看到结果。如图 12-26 所示为 jQueryPad 的工作界面。

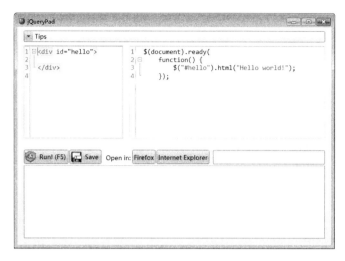

图 12-26　jQueryPad 的工作界面

这款软件的基本原理是：在调试时，将用户写的 HTML 和 JavaScript 代码拷贝到一个文件中(当然，这个文件加载了 jQuery 框架，所有 jQuery 函数都可用)，然后显示。

对网页程序员来说，在代码编辑器和浏览器之间不停地使用 Alt+Tab 来相互切换是家常便饭的事；而 jQueryPad 是一个整合 HTML/jQuery 代码编辑与测试的小软件，让程序员摆脱了来回切换的麻烦。但是 jQueryPad 也存在一些明显的问题，它没有任何帮助使用文档和基本的提示功能，也无法设断点 debug，有些可惜。

但是总体来讲，jQueryPad 算是一款方便实用的 jQuery 调试工具。

12.5　jQuery 与 CSS 3

对设计者来说，CSS 3 是一个非常灵活的工具，使用户不必再把复杂的样式定义编写在文档结构中，而将有关文档的样式内容全部脱离出来。这样做的最大优势就是在后期维护中只需要修改代码即可。

12.5.1　CSS 3 构造规则

CSS 3 样式表是由若干样式规则组成的。这些样式规则可以应用到不同的元素或文档，来定义它们显示的外观。每一条样式规则由 3 部分构成：选择符(selector)、属性(properties)和属性值(value)，基本语法格式如下：

```
selector{property: value}
```

(1) selector 选择符可以采用多种形式，可以是文档中的 HTML 标记，如<body>、<table>、<p>等，但是也可以是 XML 文档中的标记。

(2) property 属性则是选择符指定的标记所包含的属性。

(3) value 指定了属性的值。如果定义选择符的多个属性，则属性和属性值为一组，组与组之间用分号(;)隔开。基本语法格式如下：

```
selector{property1: value1; property2: value2; ...}
```

下面给出一条样式规则：

```
p{color: red}
```

该样式规则的选择符是 p，即为段落标记<p>提供样式，color 为指定文字颜色属性，red 为属性值。此样式表示标记<p>指定的段落文字为红色。

如果要为段落设置多种样式，则可以使用如下语句：

```
p{font-family:"隶书"; color:red; font-size:40px; font-weight:bold}
```

12.5.2 浏览器的兼容性

CSS 3 制定完成后，具有了很多新功能，即新样式，但这些新样式在浏览器中不能获得完全支持，主要在于各个浏览器对 CSS 3 细节处理上存在差异。例如，一种标记某个属性浏览器支持，而另一种浏览器不支持，或者两者浏览器都支持，但其显示效果不一样。

针对 CSS 3 与浏览器的兼容性，用户可以通过 http://www.css3.info 网站来测试自己所使用的浏览器版本对属性选择器的兼容性程度。

具体的操作步骤如下。

(1) 打开 IE 浏览器，在地址栏中输入 http://www.css3.info，按 Enter 键，进入该网站的首页，选择 CSS SELECTORS TEST 选项卡，进入 CSS SELECTORS TEST 工作界面，如图 12-27 所示。

图 12-27　CSS SELECTORS TEST 工作界面

(2) 单击 Start the CSS Selectors test 按钮，即可开始测试本机浏览器版本(IE 11.0)与 CSS 属性选择的兼容性，其中红色部分说明兼容效果不好，绿色部分说明兼容效果好，如图 12-28 所示。

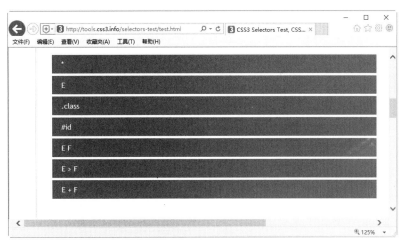

图 12-28　IE 11.0 的测试结果

12.5.3　jQuery 的引入

jQuery 的引入弥补了浏览器与 CSS 3 兼容性不好的缺陷，因为 jQuery 提供了几乎所有的 CSS 3 属性选择器，而且 jQuery 的兼容性很好。目前的主流浏览器几乎都可以完美实现。开发者只需要按照以前的方法定义 CSS 类别，在引入 jQuery 后，通过 addClass()方法添加至指定元素中即可。

【例 12.3】(示例文件 ch12\12.3.html)

jQuery 的引入为 CSS 3 带来的便利：

```
<!DOCTYPE html>
<html>
<head>
<title>属性选择器</title>
<style type="text/css">
.NewClass{ /* 设定某个CSS 类别 */
    background-color: #223344;
    color: #22ff37;
}
</style>
<script language="javascript" src="jquery.min.js"></script>
<script language="javascript">
$(function(){ /*先用CSS 3的选择器，然后添加样式风格*/
    $("a:nth-child4)").addClass("NewClass");
});
</script>
</head>
<body>
```

```
<a href="#">精选特卖</a>
<a href="#">51 特价</a>
<a href="#">满千降百</a>
<a href="#">精品荟萃</a>
<a href="#">特价包邮</a>
</body>
</html>
```

运行结果如图 12-29 所示。

图 12-29 属性选择器

12.6 实战演练——我的第一个 jQuery 程序

开发 jQuery 程序其实很简单,首先需要引入 jQuery 库,然后调用即可。下面制作一个简单的 jQuery 程序,来介绍如何引用 jQuery 库。

12.6.1 开发前的一些准备工作

由于 jQuery 是一个免费开源项目,任何人都可以在 jQuery 的官方网站 http://jquery.com 下载到最新版本的 jQuery 库文件。

jQuery 库文件有两种类型:完整版和压缩版。前者主要用于测试开发,后者主要用于项目应用。例如 jQuery 3.2.1 版本有 jquery-3.2.1.js 和 jquery-3.2.1.min.js 两个文件,它们分别对应完整版和压缩版。

下载完 jQuery 库之后,将其放置在具体的项目目录下,然后在 HTML 页面引入该 jQuery 库文件,代码如下:

```
<script language="javascript" src="../jquery.min.js"></script>
```

可以看出,在 HTML 页面上引入 jQuery 库文件和引入外部的 JavaScript 程序文件,形式上没有任何区别。同时,在 HTML 页面直接插入 jQuery 代码或引入外部 jQuery 程序文件,需要符合的格式也跟 JavaScript 一样。

值得一提的是,外部 jQuery 程序文件是不同页面共享相同 jQuery 代码的一种高效方式。这样当修改 jQuery 代码时,只需要编辑一个外部文件,操作更为方便。此外,一旦载入某个外部 jQuery 文件,它就会存储在浏览器的缓存中。因此,不同页面重复使用它时无须再次下载,从而加快了网页的访问速度。

12.6.2 具体的程序开发

环境配置好之后，下面就可以来开发程序了。这里以在记事本文件中开发程序为例。具体操作步骤如下。

step 01 打开记事本文件，在其中输入代码：

```
<html>
<head>
<title>第一个实例</title>
<script language="javascript" src="jquery-3.2.1.min.js"></script>
<script language="javascript">
$(document).ready(function(){
alert("Hello jQuery!");});
</script>
</head>
</body>
</html>
```

step 02 将记事本文件以.html 的格式进行保存，然后在 IE 11.0 浏览器中运行，结果如图 12-30 所示。

图 12-30　运行结果

12.7　疑 难 解 惑

疑问：jQuery 变量与普通 JavaScript 变量是否容易混淆？

答：jQuery 作为一个跨多个浏览器的 JavaScript 库，有助于写出高度兼容的代码。但其中有一点需要强调的是，jQuery 的函数调用返回的变量，与浏览器原生的 JavaScript 变量是有区别的，不可混用，如以下代码是有问题的：

```
var a = $('#abtn');
a.click(function(){...});
```

可以这样理解，$('')选择器返回的变量属于"jQuery 变量"，通过复制给原生 var a，将其转换为普通变量了，因而无法支持常见的 jQuery 操作。一个解决方法是将变量名加上$标记，使得其保持为"jQuery 变量"：

```
var $a = $('#abtn');
$a.click(function(){...});
```

除了上述例子，实际 jQuery 编程中还会有很多不经意间的转换，从而导致错误，也需要读者根据这个原理仔细调试和修改。

第 13 章

jQuery 的选择器

在 JavaScript 中，要想获取网页的 DOM 元素，必须使用该元素的 ID 和 TagName。但是在 jQuery 库中却提供了许多功能强大的选择器，帮助开发人员获取页面上的 DOM 元素，而且获取到的每个对象都以 jQuery 包装集的形式返回。本章介绍如何应用 jQuery 的选择器选择匹配的元素。

13.1 jQuery 的$

$是 jQuery 中最常用的一个符号，用于声明 jQuery 对象。可以说，在 jQuery 中，无论使用哪种类型的选择器，都需要从一个$符号和一对"()"开始。在"()"中通常使用字符串参数，参数中可以包含任何 CSS 选择符表达式。

13.1.1 $符号的应用

$是 jQuery 选取元素的符号，用来选择某一类或者某一个元素。其通用语法格式如下：

```
$(selector)
```

$通常的用法有以下几种。

(1) 在参数中使用标记名，如$("div")，用于获取文档中全部的<div>。

(2) 在参数中使用 ID，如$("#usename")，用于获取文档中 ID 属性值为 usename 的一个元素。

(3) 在参数中使用 CSS 类名，如$(".btn_grey")，用于获取文档中使用 CSS 类名为 btn_grey 的所有元素。

【例 13.1】(示例文件 ch13\13.1.html)

选择文本段落中的奇数行：

```
<!DOCTYPE html>
<html>
<head>
<title>$符号的应用</title>
<script language="javascript" src="jquery-3.2.1.min.js"></script>
<script language="javascript">
window.onload = function(){
    var oElements = $("p:odd");      //选择匹配元素
    for(var i=0; i<oElements.length; i++)
        oElements[i].innerHTML = i.toString();
}
</script>
</head>
<body>
<div id="body">
<p>第一行</p>
<p>第二行</p>
<p>第三行</p>
<p>第四行</p>
<p>第五行</p>
</div>
</body>
</html>
```

运行结果如图 13-1 所示。

13.1.2 功能函数的前缀

$是功能函数的前缀。例如，JavaScript 中没有提供清理文本框中空格的功能，但在引入 jQuery 后，开发者就可以直接调用 trim()函数来轻松地去掉文本框前后的空格，不过需要在函数前加上$符号。当然，jQuery 中这种函数还有很多，后面章节涉及时会继续介绍。

图 13-1　$符号的应用

【例 13.2】(示例文件 ch13\13.2.html)
jQuery 的$.trim()函数的使用：

```
<!DOCTYPE html>
<html>
<head>
<title>$.trim()</title>
<script language="javascript" src=
"jquery-3.2.1.min.js"></script>
<script language="javascript">
var String = " Open in a new window ";
String = $.trim(String);
alert(String);
</script>
</head>
<body>
清除空格前" Open in a new window "
</body>
</html>
```

图 13-2　使用 trim()函数

运行结果如图 13-2 所示，可以看到这段代码的功能是将字符串中首尾的空格全部去掉。

13.1.3 创建 DOM 元素

jQuery 可以使用$创建 DOM 元素。例如，下面一段 JavaScript 就是用来创建 DOM 的代码：

```
var NewElement = document.createElement("p");
var NewText = document.createTextNode("Hello World!");
NewElement.appendChild(NewText);
```

其中，append()方法用于在节点之下加入新的文本。上面的一段代码在 jQuery 中可以直接简化为：

```
var NewElement = $("<p>Hello World!</p>");
```

【例 13.3】(示例文件 ch13\13.3.html)

创建 DOM 元素：

```
<!DOCTYPE html>
<html>
<head>
<title>创建 DOM 元素</title>
<script language="javascript" src="jquery-3.2.1.min.js"></script>
<script language="javascript">
$(document).ready(function(){
    var New = $("<a>(Open in a new window)</a>");     //创建 DOM 元素
    New.insertAfter("#target");      //insertAfter()方法
});
</script>
</head>
<body>
    <a id="target" href=
    "https://www.google.com.hk/">
    Google</a>
    <a href="http://www.baidu.com">
    Baidu</a>
</body>
</html>
```

运行结果如图 13-3 所示。

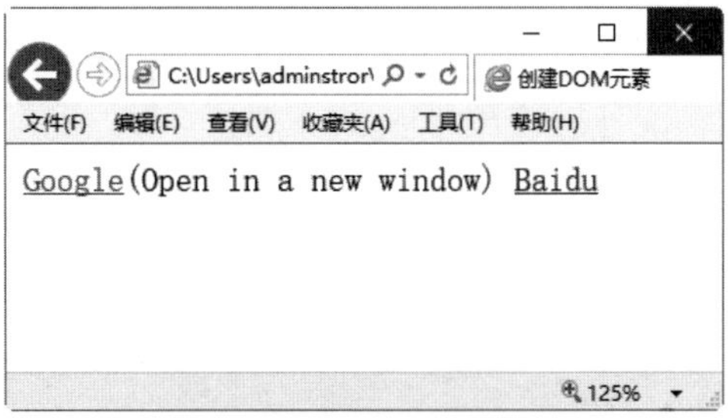

图 13-3 创建 DOM 元素

13.2 基本选择器

jQuery 的基本选择器是应用最广泛的选择器，它是其他类型选择器的基础，是 jQuery 选择器中最为重要的部分。这里建议读者重点掌握。jQuery 的基本选择器包括：ID 选择器、元素选择器、类别选择器、复合选择器等。

13.2.1 通配符选择器(*)

*选择器选取文档中的每个单独的元素，包括 html、head 和 body。如果与其他元素(如嵌套选择器)一起使用，该选择器选取指定元素中的所有子元素。

*选择器的语法格式如下：

```
$(*)
```

【例 13.4】(示例文件 ch13\13.4.html)

选择<body>内的所有元素：

```
<!DOCTYPE html>
<html>
<head>
<script language="javascript" src="jquery-3.2.1.min.js"></script>
```

```
<script language="javascript">
$(document).ready(function(){
    $("body *").css("background-color","#B2E0FF");
});
</script>
</head>

<body>
<h1>欢迎光临我的网站主页</h1>
<p class="intro">网站管理员介绍</p>
<p>姓名：张三</p>
<p>性别：男</p>
<div id="choose">
兴趣爱好：
<ul>
<li>读书</li>
<li>听音乐</li>
<li>跑步</li>
</ul>
</div>
</body>
</html>
```

运行结果如图 13-4 所示，可以看到网页中用背景色显示出 body 中所有的元素内容。

13.2.2 ID 选择器(#id)

ID 选择器是利用 DOM 元素的 ID 属性值来筛选匹配的元素，并以 jQuery 包装集的形式返回给对象。ID 选择器的语法格式如下：

```
$("#id")
```

【例 13.5】(示例文件 ch13\13.5.html)
选择<body>中 id 为 choose 的所有元素：

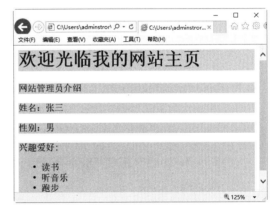

图 13-4　使用*选择器

```
<!DOCTYPE html>
<html>
<head>
<script language="javascript" src="jquery-3.2.1.min.js"></script>
<script language="javascript">
$(document).ready(function(){
    $("#choose").css("background-color","#B2E0FF");
});
</script>
</head>
<body>
<h1>欢迎光临我的网站主页</h1>
```

```
<p class="intro">网站管理员介绍</p>
<p>姓名:张三</p>
<p>性别:男</p>
<div id="choose">
兴趣爱好:
<ul>
<li>读书</li>
<li>听音乐</li>
<li>跑步</li>
</ul>
</div>
</body>
</html>
```

运行结果如图 13-5 所示,可以看到网页中只用背景色显示 id 为 choose 的元素内容。

图 13-5　使用 ID 选择器

注意

不要使用数字开头的 ID 名称,因为在某些浏览器中可能会出现问题。

13.2.3　类名选择器(.class)

类名选择器是通过元素拥有的 CSS 类的名称查找匹配的 DOM 元素。与 ID 选择器不同,类名选择器常用于多个元素,这样就可以为带有相同 class 的任何 HTML 元素设置特定的样式了。

类名选择器的语法格式如下:

```
$(".class")
```

【例 13.6】(示例文件 ch13\13.6.html)
选择<body>中拥有指定 CSS 类名称的所有元素:

```
<!DOCTYPE html>
<html>
<head>
<script language="javascript" src="jquery-3.2.1.min.js"></script>
<script language="javascript">
$(document).ready(function(){
    $(".intro").css("background-color","#B2E0FF");
});
</script>
</head>
<body>
<html>
<body>
<h1>欢迎光临我的网站主页</h1>
<p class="intro">网站管理员介绍</p>
<p>姓名:张三</p>
```

```
<p>性别：男</p>
<div id="choose">
兴趣爱好：
<ul>
<li>读书</li>
<li>听音乐</li>
<li>跑步</li>
</ul>
</div>
</body>
</html>
```

运行结果如图 13-6 所示，可以看到网页中只突出显示拥有 CSS 类名称的匹配元素。

图 13-6　使用类名选择器

13.2.4　元素选择器(element)

元素选择器是根据元素名称匹配相应的元素。通俗地讲，元素选择器是根据选择的标记名来选择的。其中，标签名引用 HTML 标签的<与>之间的文本。多数情况下，元素选择器匹配的是一组元素。

元素选择器的语法格式如下：

```
$("element")
```

【例 13.7】(示例文件 ch13\13.7.html)
选择<body>中标记名为<p>的元素：

```
<!DOCTYPE html>
<html>
<head>
<script language="javascript" src="jquery-3.2.1.min.js"></script>
<script language="javascript">
$(document).ready(function(){
   $("p").css("background-color","#B2E0FF");
});
</script>
</head>
<body>
<html>
<body>
<h1>欢迎光临我的网站主页</h1>
<p class="intro">网站管理员介绍</p>
<p>姓名：张三</p>
<p>性别：男</p>
<div id="choose">
兴趣爱好：
<ul>
```

```
<li>读书</li>
<li>听音乐</li>
<li>跑步</li>
</ul>
</div>
</body>
</html>
```

运行结果如图 13-7 所示，可以看到网页中只突出显示标记名为<p>所对应的元素。

13.2.5 复合选择器

复合选择器是将多个选择器组合在一起，可以是 ID 选择器、类名选择器或元素选

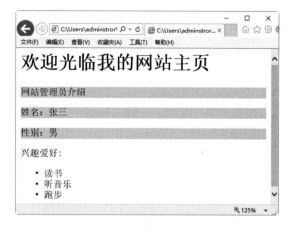

图 13-7 使用元素选择器

择器，它们之间用逗号分开，只要符合其中的任何一个筛选条件，就会匹配，并以集合的形式返回 jQuery 包装集。

复合选择器的语法格式如下：

```
$("selector1,selector2,selectorN")
```

各参数的含义如下。

- selector1：一个有效的选择器，可以是 ID 选择器、元素选择器或者类名选择器等。
- selector2：另一个有效的选择器，可以是 ID 选择器、元素选择器或者类名选择器等。
- selectorN：任意多个选择器，可以是 ID 选择器、元素选择器或者类名选择器等。

【例 13.8】(示例文件 ch13\13.8.html)

获取<body>中 id 为 choose 和 CSS 类为 intro 的所有元素：

```
<!DOCTYPE html>
<html>
<head>
<script language="javascript" src="jquery-3.2.1.min.js"></script>
<script language="javascript">
$(document).ready(function(){
    $("#choose,.intro").css("background-color","#B2E0FF");
});
</script>
</head>
<body>
<html>
<body>
<h1>欢迎光临我的网站主页</h1>
<p class="intro">网站管理员介绍</p>
<p>姓名：张三</p>
<p>性别：男</p>
<div id="choose">
```

```
兴趣爱好：
<ul>
<li>读书</li>
<li>听音乐</li>
<li>跑步</li>
</ul>
</div>
</body>
</html>
```

运行结果如图 13-8 所示，可以看到网页中突出显示 id 为 choose 和 CSS 类为 intro 的元素内容。

图 13-8　使用复合选择器

13.3　层级选择器

层级选择器是根据 DOM 元素之间的层次关系来获取特定的元素，如后代元素、子元素、相邻元素、兄弟元素等。

13.3.1　祖先后代选择器(ancestor descendant)

ancestor descendant 为祖先后代选择器，其中 ancestor 为祖先元素，descendant 为后代元素，用于选取给定祖先元素下的所有匹配的后代元素。

ancestor descendant 的语法格式如下：

```
$("ancestor descendant")
```

各参数的含义如下。

- ancestor：为任何有效的选择器。
- descendant：为用以匹配元素的选择器，并且是 ancestor 指定的元素的后代元素。

例如，想要获取 ul 元素下的全部 li 元素，就可以使用如下 jQuery 代码：

```
$("ul li")
```

【例 13.9】(示例文件 ch13\13.9.html)

使用 jQuery 为新闻列表设置样式：

```
<!DOCTYPE html>
<html>
<head>
<title>祖先后代选择器</title>
<style type="text/css">
body{
    margin: 0px;
}
#top{
    background-color: #B2E0FF;  /*设置背景颜色*/
```

```
    width: 450px;      /*设置宽度*/
    height: 150px;     /*设置高度*/
    clear: both; /*设置左右两侧无浮动内容*/
    padding-top: 10px;    /*设置顶边距*/
    font-size: 12pt;/*设置字体大小*/
}
.css{
    color: #FFFFFF; /*设置文字颜色*/
    line-height: 20px;    /*设置行高*/
}
</style>
<script type="text/javascript" src="jquery-3.2.1.min.js"></script>
<script type="text/javascript">
$(document).ready(function(){
    $("div ul").addClass("css");           //为div元素的子元素ul添加样式
});
</script>
</head>
<body>
<div id="top">
<ul>
    <li>贵阳北京现代瑞纳最高优惠0.3万 现车销售</li>
    <li>新宝来车型最高现金优惠6000元 现车供应</li>
    <li>2017款荣威现车充足 优惠1万元送礼包</li>
    <li>世乒赛官方媒体指南力推国乒：定会蝉联 毫无弱点</li>
    <li>日女乒主帅：没福原爱四强都悬 乒超比日本联赛有钱</li>
    <li>俄美外长电话会谈 俄要求尽快叫停乌特别行动</li>

</ul>
</div>
<ul>
    <li>贵阳北京现代瑞纳最高优惠0.3万 现车销售</li>
    <li>新宝来车型最高现金优惠6000元 现车供应</li>
    <li>2017款荣威现车充足 优惠1万元送礼包</li>
    <li>世乒赛官方媒体指南力推国乒：定会蝉联 毫无弱点</li>
    <li>日女乒主帅：没福原爱四强都悬 乒超比日本联赛有钱</li>
    <li>俄美外长电话会谈 俄要求尽快叫停乌特别行动</li>
</ul>
</body>
</html>
```

运行结果如图 13-9 所示，其中上面的新闻列表是通过 jQuery 添加的样式效果，下面的是默认的显示效果。

代码中的 addClass()方法用于为元素添加 CSS 类。

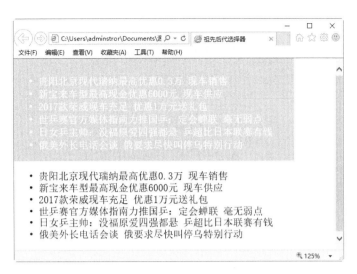

图 13-9 使用祖先后代选择器

13.3.2 父子选择器(parent>child)

父子选择器(parent>child)中的 parent 代表父元素，child 代表子元素，该选择器用于选择 parent 的直接子节点 child，而且 child 必须包含在 parent 中，并且父类是 parent 元素。

父子选择器的语法格式如下：

```
$("Parent>child")
```

各参数的含义如下。

- parent：指任何有效的选择器。
- child：用以匹配元素的选择器，是 parent 元素的子元素。

  例如，想要获取表单中的所有元素的子元素 input，就可以使用如下 jQuery 代码：

```
$("form>input")
```

【例 13.10】(示例文件 ch13\13.10.html)

使用 jQuery 为表单元素添加背景色：

```
<!DOCTYPE html>
<html>
<head>
<title>父子选择器</title>
<style type="text/css">
input{
    margin: 5px;                      /*设置input元素的外边距为5像素*/
}
.input{
    font-size: 12pt;                  /*设置文字大小*/
    color: #333333;                   /*设置文字颜色*/
    background-color: #cef;           /*设置背景颜色*/
    border: 1px solid #000000;        /*设置边框*/
```

```
}
</style>
<script type="text/javascript" src="jquery-3.2.1.min.js"></script>
<script type="text/javascript">
$(document).ready(function(){
    $("#change").ready(function(){
        //为表单元素的直接子元素 input 添加样式
        $("form>input").addClass("input");
    });
});
</script>
</head>
<body>
<h1>注册会员</h1>
<form id="form1" name="form1" method="post" action="">
  会员昵称：<input type="text" name="name" id="name" />
  <br />
  登录密码：<input type="password" name="password" id="password" />
  <br />
  确认密码：<input type="password" name="password" id="password" />
  <br />
  E-mail: <input type="text" name="email" id="email" />
  <br />
  <input type=submit value="同意协议并注册" class=button>
</form>
</body>
</html>
```

运行结果如图 13-10 所示，可以看到表单中直接子元素 input 都添加上了背景色。

13.3.3　相邻元素选择器(prev+next)

相邻元素选择器(prev+next)用于获取所有紧跟在 prev 元素后的 next 元素，其中 prev 和 next 是两个同级别的元素。

相邻元素选择器的语法格式如下：

`$("prev+next")`

各参数的含义如下。

- prev：指任何有效的选择器。
- next：是一个有效选择器并紧接着 prev 的选择器。

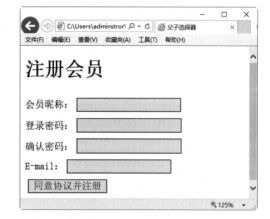

图 13-10　使用父子选择器

例如，想要获取 div 标记后的<p>标记，就可以使用如下 jQuery 代码：

`$("div+p")`

【例 13.11】(示例文件 ch13\13.11.html)

使用 jQuery 制作隔行变色新闻列表：

```
<!DOCTYPE html>
<html>
<head>
<title>相邻元素选择器</title>
<style type="text/css">
    .background{background: #cef}
    body{font-size: 20px;}
</style>
<script type="text/javascript" src="jquery-3.2.1.min.js"></script>
<script type="text/javascript">
    $(document).ready(function() {
        $("label+p").addClass("background");
    });
</script>
</head>
<body>
<h2>新闻列表</h2>
    <label>贵阳北京现代瑞纳最高优惠 0.3 万现车销售</label>
    <p>新宝来车型最高现金优惠 6000 元  现车供应</p>
    <label>2016 款荣威现车充足  优惠 1 万元送礼包</label>
    <p>世乒赛官方媒体指南力推国乒：定会蝉联  毫无弱点</p>
    <label>日女乒主帅：没福原爱四强都悬  乒超比日本联赛有钱</label>
    <p>俄美外长电话会谈  俄要求尽快叫停乌特别行动</p>
</body>
</html>
```

运行结果如图 13-11 所示，可以看到页面中的新闻列表进行了隔行变色。

图 13-11　使用相邻元素选择器

13.3.4 兄弟选择器(prev~siblings)

兄弟选择器(prev~siblings)用于获取 prev 元素之后的所有 siblings，prev 和 siblings 是两个同辈的元素。兄弟选择器的语法格式如下：

```
$("prev~siblings");
```

各参数的含义如下。
- prev：指任何有效的选择器。
- siblings：是有效选择器且并列跟随 prev 的选择器。

例如，想要获取与 div 标记同辈的 ul 元素，就可以使用如下 jQuery 代码：

```
$("div~ul")
```

【例 13.12】(示例文件 ch13\13.12.html)

使用 jQuery 筛选所需的新闻信息：

```html
<!DOCTYPE html>
<html>
<head>
<title>兄弟元素选择器</title>
<style type="text/css">
    .background{background: #cef}
    body{font-size: 20px;}
</style>
<script type="text/javascript" src="jquery-3.2.1.min.js"></script>
<script type="text/javascript">
    $(document).ready(function() {
        $("div~p").addClass("background");
    });
</script>
</head>
<body>
<h2>新闻列表</h2>
<div>
    <p>贵阳北京现代瑞纳最高优惠 0.3 万现车销售</p>
    <p>新宝来车型最高现金优惠 6000 元 现车供应</p>
    <p>2017 款荣威现车充足 优惠 1 万元送礼包</p>
</div>
<p>世乒赛官方媒体指南力推国乒：定会蝉联 毫无弱点</p>
<p>日女乒主帅：没福原爱四强都悬 乒超比日本联赛有钱</p>
<p>俄美外长电话会谈 俄要求尽快叫停乌特别行动</p>
</body>
</html>
```

运行结果如图 13-12 所示，可以看到页面中与 div 同级别的<p>元素被筛选出来了。

图 13-12 使用兄弟选择器

13.4 过滤选择器

jQuery 过滤选择器主要包括简单过滤选择器、内容过滤选择器、可见性过滤选择器、表单对象的属性选择器、子元素选择器等。

13.4.1 简单过滤选择器

简单过滤选择器通常是以冒号开头,用于实现简单过滤效果的过滤器,常用的简单过滤选择器包括:first、:last、:even、:odd 等。

1. :first 选择器

:first 选择器用于选取第一个元素,最常见的用法就是与其他元素一起使用,选取指定组合中的第一个元素。

:first 选择器的语法格式如下:

```
$(":first")
```

例如,想要选取 body 中的第一个<p>元素,就可以使用如下 jQuery 代码:

```
$("p:first")
```

【例 13.13】(示例文件 ch13\13.13.html)

使用 jQuery 筛选新闻列表中的第一个信息:

```
<!DOCTYPE html>
<html>
<head>
<title>:first 选择器</title>
```

```
<style type="text/css">
    .background{background: #cef}
    body{font-size: 20px;}
</style>
<script type="text/javascript" src="jquery-3.2.1.min.js"></script>
<script type="text/javascript">
    $(document).ready(function() {
        $("p:first").addClass("background");
    });
</script>
</head>
<body>
<h2>新闻列表</h2>
    <p>贵阳北京现代瑞纳最高优惠 0.3 万现车销售</p>
    <p>新宝来车型最高现金优惠 6000 元 现车供应</p>
    <p>2017 款荣威现车充足 优惠 1 万元送礼包</p>
    <p>世乒赛官方媒体指南力推国乒：定会蝉联 毫无弱点</p>
    <p>日女乒主帅：没福原爱四强都悬 乒超比日本联赛有钱</p>
    <p>俄美外长电话会谈 俄要求尽快叫停乌特别行动</p>
</body>
</html>
```

运行结果如图 13-13 所示，可以看到，页面中第一个<p>元素被筛选出来了。

图 13-13　使用:first 选择器

2. :last 选择器

:last 选择器用于选取最后一个元素，最常见的用法就是与其他元素一起使用，选取指定组合中的最后一个元素。

:last 选择器的语法格式如下：

$(":last")

例如，想要选取 body 中的最后一个<p>元素，就可以使用如下 jQuery 代码：

$("p:last")

【例 13.14】(示例文件 ch13\13.14.html)

使用 jQuery 筛选新闻列表中的最后一个<p>元素信息：

```
<!DOCTYPE html>
<html>
<head>
<title>:last 选择器</title>
<style type="text/css">
    .background{background: #cef}
    body{font-size: 20px;}
</style>
<script type="text/javascript" src="jquery-3.2.1.min.js"></script>
<script type="text/javascript">
    $(document).ready(function() {
        $("p:last").addClass("background");
    });
</script>
</head>
<body>
<h2>新闻列表</h2>
    <p>贵阳北京现代瑞纳最高优惠 0.3 万现车销售</p>
    <p>新宝来车型最高现金优惠 6000 元 现车供应</p>
    <p>2017 款荣威现车充足 优惠 1 万元送礼包</p>
    <p>世乒赛官方媒体指南力推国乒：定会蝉联 毫无弱点</p>
    <p>日女乒主帅：没福原爱四强都悬 乒超比日本联赛有钱</p>
    <p>俄美外长电话会谈 俄要求尽快叫停乌特别行动</p>
</body>
</html>
```

运行结果如图 13-14 所示，可以看到页面中最后一个<p>元素被筛选出来了。

图 13-14 使用:last 选择器

3. :even

:even 选择器用于选取每个带有偶数 index 值的元素(如 2、4、6)。index 值从 0 开始,所有第一个元素是偶数(0)。最常见的用法是与其他元素/选择器一起使用,来选择指定的组中偶数序号的元素。

:even 选择器的语法格式如下:

```
$(":even")
```

例如,想要选取表格中的所有偶数序号的元素,就可以使用如下 jQuery 代码:

```
$("tr:even")
```

【例 13.15】(示例文件 ch13\13.15.html)

使用 jQuery 制作隔行(偶数行)变色的表格:

```
<!DOCTYPE html>
<html>
<head>
<script type="text/javascript" src="jquery-3.2.1.min.js "></script>
<script type="text/javascript">
$(document).ready(function(){
    $("tr:even").css("background-color", "#B2E0FF");
});
</script>
<style>
*{
  padding: 0px;
  margin: 0px;
}
body{
font-family: "黑体";
font-size: 20px;
}
table{
  text-align: center;
  width: 500px;
  border: 1px solid green;
}
td{
  border: 1px solid green;
  height: 30px;
}
h2{
  text-align: center;
}
</style>
</head>
<body>
<h2>学生成绩表</h2>
```

```html
<table>
<tr>
<th>学号</th>
<th>姓名</th>
<th>语文</th>
<th>数学</th>
<th>英语</th>
</tr>

<tr>
<td>1</td>
<td>张三</td>
<td>87</td>
<td>68</td>
<td>89</td>
</tr>

<tr>
<td>2</td>
<td>李四</td>
<td>89</td>
<td>84</td>
<td>86 </td>
</tr>

<tr>
<td>3</td>
<td>王五</td>
<td>96</td>
<td>94</td>
<td>85</td>
</tr>

<tr>
<td>4</td>
<td>李六</td>
<td>98</td>
<td>87</td>
<td>67</td>
</tr>

</table>
</body>
</html>
```

运行结果如图 13-15 所示，可以看到表格中的偶数行被选取出来了。

图 13-15　使用:even 选择器

4. :odd

:odd 选择器用于选取每个带有奇数 index 值的元素(如 1、3、5)。最常见的用法是与其他元素/选择器一起使用,来选择指定的组中奇数序号的元素。

:odd 选择器的语法格式如下:

```
$(":odd")
```

例如,想要选取表格中的所有奇数序号的元素,就可以使用如下 jQuery 代码:

```
$("tr:odd")
```

【例 13.16】(示例文件 ch13\13.16.html)

使用 jQuery 制作隔行(奇数行)变色的表格:

```
<!DOCTYPE html>
<html>
<head>
<script type="text/javascript" src="jquery-3.2.1.min.js "></script>
<script type="text/javascript">
$(document).ready(function(){
    $("tr:odd").css("background-color","#B2E0FF");
});
</script>
<style>
*{
  padding: 0px;
  margin: 0px;
}
body{
  font-family: "黑体";
  font-size: 20px;
}
table{
  text-align: center;
  width: 500px;
  border: 1px solid green;
}
td{
  border: 1px solid green;
  height: 30px;
}
h2{
  text-align: center;
}
</style>
</head>
<body>
<h2>学生成绩表</h2>
<table>
<tr>
<th>学号</th>
<th>姓名</th>
<th>语文</th>
<th>数学</th>
```

```
<th>英语</th>
</tr>

<tr>
<td>1</td>
<td>张三</td>
<td>87</td>
<td>68</td>
<td>89</td>
</tr>

<tr>
<td>2</td>
<td>李四</td>
<td>89</td>
<td>84</td>
<td>86 </td>
</tr>

<tr>
<td>3</td>
<td>王五</td>
<td>96</td>
<td>94</td>
<td>85</td>
</tr>

<tr>
<td>4</td>
<td>李六</td>
<td>98</td>
<td>87</td>
<td>67</td>
</tr>

</table>
</body>
</html>
```

运行结果如图 13-16 所示，可以看到表格中的奇数行被选取出来了。

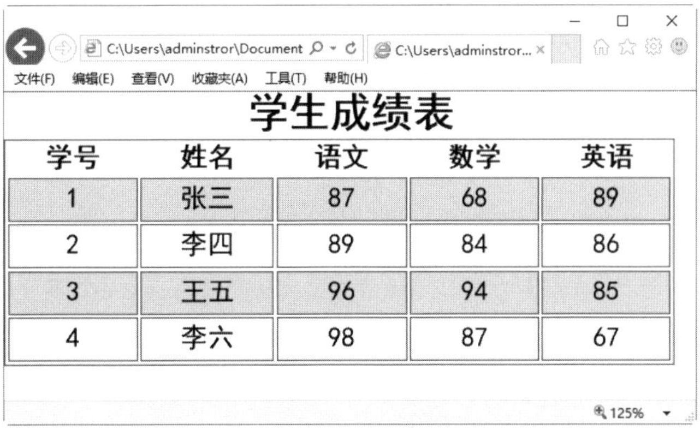

学号	姓名	语文	数学	英语
1	张三	87	68	89
2	李四	89	84	86
3	王五	96	94	85
4	李六	98	87	67

图 13-16　使用:odd 选择器

13.4.2 内容过滤选择器

内容过滤选择器是通过 DOM 元素包含的文本内容以及是否含有匹配的元素来获取内容的，常见的内容过滤选择器有：contains(text)、:empty、:parent、:has(selector)等。

1. :contains(text)

:contains 选择器选取包含指定字符串的元素，该字符串可以是直接包含在元素中的文本，或者被包含于子元素中，该选择器经常与其他元素或选择器一起使用，来选择指定的组中包含指定文本的元素。

:contains(text)选择器的语法格式如下：

```
$(":contains(text)")
```

例如，想要选取所有包含 is 的<p>元素，就可以使用如下 jQuery 代码：

```
$("p:contains(is)")
```

【例 13.17】(示例文件 ch13\13.17.html)

选择学生成绩表中包含数字 9 的单元格：

```
<!DOCTYPE html>
<html>
<head>
<script type="text/javascript" src="jquery-3.2.1.min.js "></script>
<script type="text/javascript">
$(document).ready(function(){
    $("td:contains(9)").css("background-color","#B2E0FF");
});
</script>
<style>
*{
  padding: 0px;
  margin: 0px;
}
body{
  font-family: "黑体";
  font-size: 20px;
}
table{
  text-align: center;
  width: 500px;
  border: 1px solid green;
}
td{
  border: 1px solid green;
  height: 30px;
}
h2{
```

```html
    text-align: center;
}
</style>
</head>
<body>
<h2>学生成绩表</h2>
<table>
<tr>
<th>学号</th>
<th>姓名</th>
<th>语文</th>
<th>数学</th>
<th>英语</th>
</tr>

<tr>
<td>1</td>
<td>张三</td>
<td>87</td>
<td>68</td>
<td>89</td>
</tr>

<tr>
<td>2</td>
<td>李四</td>
<td>89</td>
<td>84</td>
<td>86 </td>
</tr>

<tr>
<td>3</td>
<td>王五</td>
<td>96</td>
<td>94</td>
<td>85</td>
</tr>

<tr>
<td>4</td>
<td>李六</td>
<td>98</td>
<td>87</td>
<td>67</td>
</tr>

</table>
</body>
</html>
```

运行结果如图 13-17 所示，可以看到表格中包含数字 9 的单元格被选取出来了。

图 13-17　使用:contains 选择器

2. :empty

:empty 选择器用于选取所有不包含子元素或者文本的空元素。:empty 选择器的语法格式如下：

```
$(":empty")
```

例如，想要选取表格中的所有空元素，就可以使用如下 jQuery 代码：

```
$("td:empty")
```

【例 13.18】(示例文件 ch13\13.18.html)

选择学生成绩表中无内容的单元格：

```
<!DOCTYPE html>
<html>
<head>
<script type="text/javascript" src="jquery-3.2.1.min.js "></script>
<script type="text/javascript">
$(document).ready(function(){
    $("td:empty").css("background-color","#B2E0FF");
});
</script>
<style>
*{
  padding: 0px;
  margin: 0px;
}
body{
  font-family: "黑体";
  font-size: 20px;
}
table{
  text-align: center;
  width: 500px;
  border: 1px solid green;
```

```
}
td{
  border: 1px solid green;
  height: 30px;
}
h2{
  text-align: center;
}
</style>
</head>
<body>
<h2>学生成绩表</h2>
<table>
<tr>
<th>学号</th>
<th>姓名</th>
<th>语文</th>
<th>数学</th>
<th>英语</th>
</tr>

<tr>
<td>1</td>
<td>张三</td>
<td>87</td>
<td></td>
<td></td>
</tr>

<tr>
<td>2</td>
<td>李四</td>
<td></td>
<td>84</td>
<td>86 </td>
</tr>

<tr>
<td>3</td>
<td>王五</td>
<td>96</td>
<td></td>
<td>85</td>
</tr>

<tr>
<td>4</td>
<td>李六</td>
<td>98</td>
<td>87</td>
<td></td>
</tr>
```

```
</table>
</body>
</html>
```

运行结果如图 13-18 所示，可以看到表格中无内容的单元格被选取出来了。

图 13-18　使用:empty 选择器

3. :parent

:parent 用于选取包含子元素或文本的元素。:parent 选择器的语法格式如下：

```
$(":parent")
```

例如，想要选取表格中的所有包含内容的子元素，就可以使用如下 jQuery 代码：

```
$("td:parent")
```

【例 13.19】(示例文件 ch13\13.19.html)
选择学生成绩表中包含内容的单元格：

```
<!DOCTYPE html>
<html>
<head>
<script type="text/javascript" src="jquery-3.2.1.min.js"></script>
<script type="text/javascript">
$(document).ready(function(){
    $("td:parent").css("background-color","#B2E0FF");
});
</script>
<style>
*{
  padding: 0px;
  margin: 0px;
}
body{
  font-family: "黑体";
  font-size: 20px;
```

```
    }
    table{
      text-align: center;
      width: 500px;
      border: 1px solid green;
    }
    td{
      border: 1px solid green;
      height: 30px;
    }
    h2{
      text-align: center;
    }
    </style>
    </head>
    <body>
    <h2>学生成绩表</h2>
    <table>
    <tr>
    <th>学号</th>
    <th>姓名</th>
    <th>语文</th>
    <th>数学</th>
    <th>英语</th>
    </tr>
    <tr>
    <td>1</td>
    <td>张三</td>
    <td>87</td>
    <td></td>
    <td></td>
    </tr>
    <tr>
    <td>2</td>
    <td>李四</td>
    <td></td>
    <td>84</td>
    <td>86 </td>
    </tr>
    <tr>
    <td>3</td>
    <td>王五</td>
    <td>96</td>
    <td></td>
    <td>85</td>
    </tr>
    <tr>
    <td>4</td>
    <td>李六</td>
    <td>98</td>
    <td>87</td>
```

```
<td></td>
</tr>
</table>
</body>
</html>
```

运行结果如图 13-19 所示，可以看到表格中包含内容的单元格被选取出来了。

图 13-19 使用:parent 选择器

13.4.3 可见性过滤选择器

元素的可见状态有隐藏和显示两种。可见性过滤选择器是利用元素的可见状态匹配元素的。因此，可见性过滤选择器也有两种，分别是用于隐藏元素的:hidden 选择器和用于显示元素的:visible 选择器。

:hidden 选择器的语法格式如下：

```
$(":hidden")
```

例如，想要获取页面中所有隐藏的<p>元素，就可以使用如下 jQuery 代码：

```
$("p:hidden")
```

:visible 选择器的语法格式如下：

```
$(":visible")
```

例如：想要获取页面中所有可见的表格元素，就可以使用如下 jQuery 代码：

```
$("table:visible")
```

【例 13.20】(示例文件 ch13\13.20.html)
选择学生成绩表中的所有表格元素：

```
<!DOCTYPE html>
<html>
<head>
<script type="text/javascript" src="jquery-3.2.1.min.js"></script>
<script type="text/javascript">
$(document).ready(function(){
```

```
        $("table:visible").css("background-color","#B2E0FF");
});
</script>
<style>
*{
  padding: 0px;
  margin: 0px;
}
body{
  font-family: "黑体";
  font-size: 20px;
}
table{
  text-align: center;
  width: 500px;
  border: 1px solid green;
}
td{
  border: 1px solid green;
  height: 30px;
}
h2{
  text-align: center;
}
</style>
</head>
<body>
<h2>学生成绩表</h2>
<table>
<tr>
<th>学号</th>
<th>姓名</th>
<th>语文</th>
<th>数学</th>
<th>英语</th>
</tr>

<tr>
<td>1</td>
<td>张三</td>
<td>87</td>
<td>68</td>
<td>89</td>
</tr>

<tr>
<td>2</td>
<td>李四</td>
<td>89</td>
<td>84</td>
```

```
<td>86 </td>
</tr>

<tr>
<td>3</td>
<td>王五</td>
<td>96</td>
<td>94</td>
<td>85</td>
</tr>

<tr>
<td>4</td>
<td>李六</td>
<td>98</td>
<td>87</td>
<td>67</td>
</tr>

</table>
</body>
</html>
```

运行结果如图 13-20 所示，可以看到，表格中所有元素都被选取出来了。

图 13-20　使用:visible 选择器

【例 13.21】(示例文件 ch13\13.21.html)
获取页面中所有隐藏的元素：

```
<!DOCTYPE html>
<html>
<head>
<title>显示隐藏元素</title>
<style>
div {
    width: 70px;
    height: 40px;
    background: #e7f;
```

```
      margin: 5px;
      float: left;
}
span {
      display: block;
      clear: left;
      color: black;
}
.starthidden {
      display: none;
}
</style>
<script type="text/javascript" src="jquery-3.2.1.min.js"></script>
</head>
<body>
<span></span>
<div></div>
<div style="display:none;">Hider!</div>
<div></div>
<div class="starthidden">Hider!</div>
<div></div>
<form>
  <input type="hidden">
  <input type="hidden">
  <input type="hidden">
</form>
<span></span>
<script>
var hiddenElements = $("body").find(":hidden").not("script");
$("span:first").text("发现" + hiddenElements.length + "个隐藏元素总量");
$("div:hidden").show(3000);
$("span:last").text("发现" + $("input:hidden").length + "个隐藏input元素");
</script>
</body>
</html>
```

运行结果如图 13-21 所示，可以看到网页中所有隐藏的元素都被显示出来了。

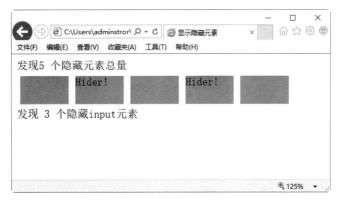

图 13-21 使用:hidden 选择器

13.4.4 表单过滤选择器

表单过滤选择器是通过表单元素的状态属性来选取元素的，表单元素的状态属性包括选中、不可用等。表单过滤选择器有 4 种，分别是:enabled、:disabled、:checked 和:selected。

1. :enabled

获取所有被选中的元素。:enabled 选择器的语法格式如下：

```
$(":enabled")
```

例如，想要获取所有 input 当中的可用元素，就可以使用如下 jQuery 代码：

```
$("input:enabled")
```

2. :disabled

获取所有不可用的元素。:disabled 选择器的语法格式如下：

```
$(":disabled")
```

例如，想要获取所有 input 当中的不可用元素，就可以使用如下 jQuery 代码：

```
$("input: disabled")
```

3. :checked

获取所有被选中元素(复选框、单选按钮等，不包括 select 中的 option)，:checked 选择器的语法格式如下：

```
$(":checked")
```

例如，想要查找所有选中的复选框元素，就可以使用如下 jQuery 代码：

```
$("input:checked")
```

4. :selected

获取所有选中的 option 元素。:selected 选择器语法格式如下：

```
$(":selected")
```

例如，想要查找所有选中的复选框元素，就可以使用如下 jQuery 代码：
```
$("input:checked")
```

例如，想要查找所有选中的选项元素，就可以使用如下 jQuery 代码：

```
$("select option:selected")
```

【例 13.22】(示例文件 ch13\13.22.html)

利用表单过滤选择器匹配表单中相应的元素：

```
<!DOCTYPE html>
<html>
```

```html
<head>
<title>表单过滤器</title>
<script type="text/javascript" src="jquery-3.2.1.min.js"></script>
<script type="text/javascript">
$(document).ready(function() {
    $("input:checked").css("background-color","red");//设置选中的复选框的背景色
    $("input:disabled").val("不可用按钮");              //为灰色不可用按钮赋值
});
function selectVal(){                                 //下拉列表框变化时执行的方法
    alert($("select option:selected").val());         //显示选中的值
}
</script>
</head>
<body>
<form>
 复选框1: <input type="checkbox" checked="checked" value="复选框1"/>
 复选框2: <input type="checkbox" checked="checked" value="复选框2"/>
 复选框3: <input type="checkbox" value="复选框3"/><br />
 不可用按钮: <input type="button" value="不可用按钮" disabled><br />
 下拉列表框:
 <select onchange="selectVal()">
   <option value="列表项1">列表项1</option>
   <option value="列表项2">列表项2</option>
   <option value="列表项3">列表项3</option>
 </select>
</form>
</body>
</html>
```

运行结果如图 13-22 所示，当在下拉列表框中选择【列表项 3】选项时，弹出提示信息框。

图 13-22　利用表单过滤选择器匹配表单中相应的元素

13.5　表单选择器

表单选择器用于选取经常在表单内出现的元素。不过，选取的元素并不一定在表单之中。jQuery 提供的表单选择器主要有以下几种。

13.5.1　:input

:input 选择器用于选取表单元素。该选择器的语法格式如下：

```
$(":input")
```

例如，想要选取页面中的所有<input>元素，可以使用如下 jQuery 代码：

```
$(":input")
```

【例 13.23】(示例文件 ch13\13.23.html)

为页面中所有的表单元素添加背景色：

```
<!DOCTYPE html>
<html>
<head>
<script type="text/javascript" src="jquery-3.2.1.min.js"></script>
<script type="text/javascript">
$(document).ready(function(){
    $(":input").css("background-color","#B2E0FF");
});
</script>
</head>
<body>
<form action="">
姓名：<input type="text" name="姓名" />
<br />
密码：<input type="password" name="密码" />
<br />
<button type="button">按钮 1</button>
<input type="button" value="按钮 2" />
<br />
<input type="reset" value="重置" />
<input type="submit" value="提交" />
<br />
</form>
</body>
</html>
```

运行结果如图 13-23 所示，可以看到网页中表单元素都被添加上了背景色，而且从代码中可以看出该选择器也适用于<button>元素。

13.5.2　:text

:text 选择器选取类型为 text 的所有<input>元素。该选择器的语法格式如下：

```
$(":text")
```

图 13-23　使用:input 选择器

例如，想要选取页面中类型为 text 的所有<input>元素，可以使用如下 jQuery 代码：

```
$(":text")
```

【例 13.24】(示例文件 ch13\13.24.html)

为页面中类型为 text 的所有<input>元素添加背景色：

```
<!DOCTYPE html>
<html>
<head>
<script type="text/javascript" src="jquery-3.2.1.min.js"></script>
<script type="text/javascript">
$(document).ready(function(){
    $(":text").css("background-color","#B2E0FF");
});
</script>
</head>
<body>
<form action="">
姓名: <input type="text" name="姓名" />
<br />
密码: <input type="password" name="密码" />
<br />
<button type="button">按钮1</button>
<input type="button" value="按钮2" />
<br />
<input type="reset" value="重置" />
<input type="submit" value="提交" />
<br />
</form>
</body>
</html>
```

运行结果如图 13-24 所示，可以看到网页中表单类型为 text 的元素被添加上了背景色。

图 13-24　使用:text 选择器

13.5.3　:password

:password 选择器选取类型为 password 的所有<input>元素。该选择器的语法格式如下：

```
$(":password")
```

例如，想要选取页面中类型为 password 的所有<input>元素，可以使用如下 jQuery 代码：

```
$(":password")
```

【例 13.25】(示例文件 ch13\13.25.html)

为页面中类型为 password 的所有<input>元素添加背景色：

```
<!DOCTYPE html>
<html>
<head>
<script type="text/javascript" src="jquery-3.2.1.min.js"></script>
<script type="text/javascript">
$(document).ready(function(){
    $(":password").css("background-color","#B2E0FF");
});
</script>
</head>
<body>
<form action="">
姓名: <input type="text" name="姓名" />
<br />
密码: <input type="password" name="密码" />
<br />
<button type="button">按钮 1</button>
<input type="button" value="按钮 2" />
<br />
<input type="reset" value="重置" />
<input type="submit" value="提交" />
<br />
</form>
</body>
</html>
```

运行结果如图 13-25 所示，可以看到，网页中表单类型为 password 的元素已经被添加上了背景色。

图 13-25 使用:password 选择器

13.5.4 :radio

:radio 选择器选取类型为 radio 的<input>元素。该选择器的语法格式如下：

```
$(":radio")
```

例如，想要隐藏页面中的单选按钮，可以使用如下 jQuery 代码：

```
$(":radio").hide()
```

【例 13.26】(示例文件 ch13\13.26.html)
隐藏页面中的单选按钮：

```
<!DOCTYPE html>
<html>
<head>
<title>选择感兴趣的图书</title>
<script type="text/javascript" src="jquery-3.2.1.min.js"></script>
<script type="text/javascript">
$(document).ready(function(){
```

```
        $(".btn1").click(function(){
            $(":radio").hide();
        });
    });
    </script>
    </head>
    <body>
    <form >
    请选择您感兴趣的图书类型:
    <br>
    <input type="radio" name="book" value = "Book1">网站编程<br>
    <input type="radio" name="book" value = "Book2">办公软件<br>
    <input type="radio" name="book" value = "Book3">设计软件<br>
    <input type="radio" name="book" value = "Book4">网络管理<br>
    <input type="radio" name="book" value = "Book5">黑客攻防<br>
    </form>
    <button class="btn1">隐藏单元按钮</button>
    </body>
    </html>
```

运行结果如图 13-26 所示。可以看到网页中的单选按钮，然后单击"隐藏单选按钮"按钮，即可隐藏页面中的单选按钮，如图 13-27 所示。

图 13-26　初始运行结果

图 13-27　通过:radio 选择器隐藏单选按钮

13.5.5　:checkbox

:checkbox 选择器选取类型为 checkbox 的<input>元素。该选择器的语法格式如下：

```
$(":checkbox")
```

例如，想要隐藏页面中的复选框，可以使用如下 jQuery 代码：

```
$(":checkbox").hide()
```

【例 13.27】(示例文件 ch13\13.27.html)
隐藏页面中的复选框：

```
<!DOCTYPE html>
<html>
<head>
<title>选择感兴趣的图书</title>
<script type="text/javascript" src="jquery-3.2.1.min.js"></script>
```

```
<script type="text/javascript">
$(document).ready(function(){
    $(".btn1").click(function(){
        $(":checkbox").hide();
    });
});
</script>
</head>
<body>
<form>
请选择您感兴趣的图书类型:
<br>
<input type="checkbox" name="book" value = "Book1">网站编程<br>
<input type="checkbox" name="book" value = "Book2">办公软件<br>
<input type="checkbox" name="book" value = "Book3">设计软件<br>
<input type="checkbox" name="book" value = "Book4">网络管理<br>
<input type="checkbox" name="book" value = "Book5">黑客攻防<br>
</form>
<button class="btn1">隐藏复选框</button>
</body>
</html>
```

运行结果如图 13-28 所示。可以看到网页中的复选框，然后单击"隐藏复选框"按钮，可隐藏页面中的复选框，如图 13-29 所示。

图 13-28　初始运行效果

图 13-29　通过:checkbox 选择器隐藏复选框

13.5.6　:submit

:submit 选择器选取类型为 submit 的<button>和<input>元素。如果<button>元素没有定义类型，大多数浏览器会把该元素当作类型为 submit 的按钮。该选择器的语法格式如下：

```
$(":submit")
```

例如，想要选取页面中类型为 submit 的所有<input>和<button>元素，可以使用如下 jQuery 代码：

```
$(":submit")
```

【例 13.28】(示例文件 ch13\13.28.html)

为页面中类型为 submit 的所有<input>和<button>元素添加背景色：

```
<!DOCTYPE html>
<html>
<head>
<script type="text/javascript" src="jquery-3.2.1.min.js"></script>
<script type="text/javascript">
$(document).ready(function(){
    $(":submit").css("background-color","#B2E0FF");
});
</script>
</head>
<body>
<form action="">
姓名: <input type="text" name="姓名" />
<br />
密码: <input type="password" name="密码" />
<br />
<button type="button">按钮 1</button>
<input type="button" value="按钮 2" />
<br />
<input type="reset" value="重置" />
<input type="submit" value="提交" />
<br />
</form>
</body>
</html>
```

运行结果如图 13-30 所示,可以看到,网页中表单类型为 submit 的元素被添加上了背景色。

图 13-30 使用:submit 选择器

13.5.7 :reset

:reset 选择器选取类型为 reset 的<button>和<input>元素。该选择器的语法格式如下:

`$(":reset")`

例如,想要选取页面中类型为 reset 的所有<input>和<button>元素,可以使用如下 jQuery 代码:

`$(":reset")`

【例 13.29】(示例文件 ch13\13.29.html)

为页面中类型为 reset 的所有<input>和<button>元素添加背景色:

```
<!DOCTYPE html>
<html>
<head>
<script type="text/javascript" src="jquery-3.2.1.min.js"></script>
<script type="text/javascript">
$(document).ready(function(){
    $(":reset").css("background-color","#B2E0FF");
});
</script>
```

```
</head>
<body>
<form action="">
姓名: <input type="text" name="姓名" />
<br />
密码: <input type="password" name="密码" />
<br />
<button type="button">按钮 1</button>
<input type="button" value="按钮 2" />
<br />
<input type="reset" value="重置" />
<input type="submit" value="提交" />
<br />
</form>
</body>
</html>
```

运行结果如图 13-31 所示，可以看到，网页中表单类型为 reset 的元素被添加上了背景色。

13.5.8 :button

:button 选择器用于选取类型为 button 的<button>元素和<input>元素。该选择器的语法格式如下：

```
$(":button")
```

图 13-31 使用:reset 选择器

例如，想要选取页面中类型为 button 的所有<input>和<button>元素，可以使用如下 jQuery 代码：

```
$(":button")
```

【例 13.30】(示例文件 ch13\13.30.html)

为页面中类型为 button 的所有<input>和<button>元素添加背景色：

```
<!DOCTYPE html>
<html>
<head>
<script type="text/javascript" src="jquery-3.2.1.min.js"></script>
<script type="text/javascript">
$(document).ready(function(){
    $(":button").css("background-color","#B2E0FF");
});
</script>
</head>
<body>
<form action="">
姓名: <input type="text" name="姓名" />
<br />
密码: <input type="password" name="密码" />
<br />
<button type="button">按钮 1</button>
<input type="button" value="按钮 2" />
```

```
<br />
<input type="reset" value="重置" />
<input type="submit" value="提交" />
<br />
</form>
</body>
</html>
```

运行结果如图 13-32 所示，可以看到，表单类型为 button 的元素被添加上了背景色。

图 13-32 使用:button 选择器

13.5.9 :image

:image 选择器选取类型为 image 的<input>元素。该选择器的语法格式如下：

```
$(":image")
```

例如，想要选取页面中类型为 image 的所有<input>元素，可以使用如下 jQuery 代码：

```
$(":image")
```

【例 13.31】(示例文件 ch13\13.31.html)

使用 jQuery 为图像域添加图片：

```
<!DOCTYPE html>
<html>
<head>
<script type="text/javascript" src="jquery-3.2.1.min.js"></script>
<script type="text/javascript">
$(document).ready(function(){
    $(":image").attr("src","1.jpg");
});
</script>
</head>
<body>
<form action="">
姓名：<input type="text" name="姓名" />
<br />
密码：<input type="password" name="密码" />
<br />
<button type="button">按钮1</button>
<input type="button" value="按钮2" />
<br />
<input type="reset" value="重置" />
```

```
<input type="submit" value="提交" />
<br />
<input type="image" />
</form>
</body>
</html>
```

运行结果如图 13-33 所示，可以看到，网页中的图像域中添加了图片。

图 13-33　使用:image 选择器

13.5.10　:file

:file 选择器选取类型为 file 的<input>元素。该选择器的语法格式如下：

```
$(":file")
```

例如，想要选取页面中类型为 image 的所有<input>元素，可以使用如下 jQuery 代码：

```
$(":file")
```

【例 13.32】(示例文件 ch13\13.2.html)

为页面中类型为 file 的所有<input>元素添加背景色：

```
<!DOCTYPE html>
<html>
<head>
<script type="text/javascript" src="jquery-3.2.1.min.js"></script>
<script type="text/javascript">
$(document).ready(function(){
    $(":file").css("background-color","#B2E0FF");
});
</script>
</head>
<body>
<form action="">
姓名: <input type="text" name="姓名" />
<br />
密码: <input type="password" name="密码" />
<br />
<button type="button">按钮 1</button>
<input type="button" value="按钮 2" />
<br />
```

```
<input type="reset" value="重置" />
<input type="submit" value="提交" />
<br />
文件域：<input type="file">
</form>
</body>
</html>
```

运行结果如图 13-34 所示，可以看到，网页中表单类型为 file 的元素被添加上了背景色。

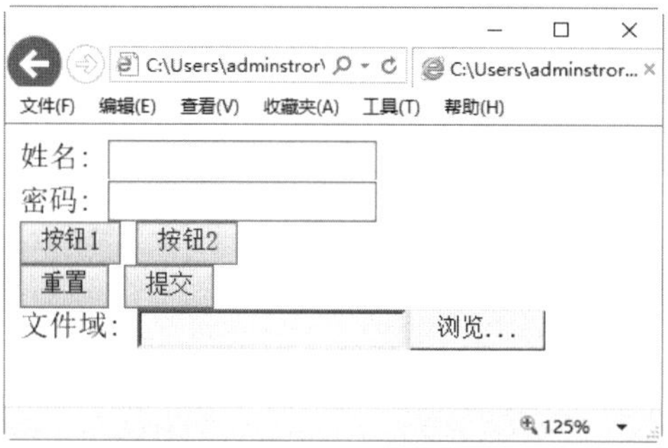

图 13-34　使用 :file 选择器

13.6　属性选择器

属性选择器是通过元素的属性作为过滤条件来进行筛选对象的选择器。常见的属性选择器主要有以下几种。

13.6.1　[attribute]

[attribute]用于选择每个带有指定属性的元素，可以选取带有任何属性的元素，而且对于指定的属性没有限制。[attribute]选择器的语法格式如下：

```
$("[attribute]")
```

例如，想要选择页面中带有 id 属性的所有元素，可以使用如下 jQuery 代码：

```
$("[id]")
```

【例 13.33】(示例文件 ch13\13.33.html)

选择页面中带有 id 属性的所有元素，并为其添加背景色：

```
<!DOCTYPE html>
<html>
<head>
<script language="javascript" src="jquery-3.2.1.min.js"></script>
<script language="javascript">
$(document).ready(function(){
    $("[id]").css("background-color","#B2E0FF");
});
</script>
```

```
</head>
<body>
<h1>欢迎光临我的网站主页</h1>
<p class="intro">网站管理员介绍</p>
<p>姓名：张三</p>
<p>性别：男</p>
<div id="choose">
兴趣爱好：
<ul>
<li>读书</li>
<li>听音乐</li>
<li>跑步</li>
</ul>
</div>
</body>
</html>
```

运行结果如图 13-35 所示，可以看到，网页中带有 id 属性的所有元素都被添加上了背景色。

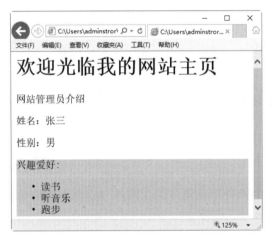

图 13-35　使用[attribute]选择器

13.6.2　[attribute=value]

[attribute=value]选择器选取每个带有指定属性和值的元素。[attribute=value]选择器的语法格式如下：

```
$("[attribute=value]")
```

参数含义说明如下。
- attribute：必需，规定要查找的属性。
- value：必需，规定要查找的值。

例如，想要选择页面中每个 id="choose" 的元素，可以使用如下 jQuery 代码：

```
$("[id=choose]")
```

【例 13.34】 (示例文件 ch13\13.34.html)

选择页面中带有 id="choose"属性的所有元素，并为其添加背景色：

```html
<!DOCTYPE html>
<html>
<head>
<script language="javascript" src="jquery-3.2.1.min.js">
</script>
<script language="javascript">
$(document).ready(function(){
    $("[id=choose]").css("background-color","#B2E0FF");
});
</script>
</head>
<body>
<h1>欢迎光临我的网站主页</h1>
<p class="intro">网站管理员介绍</p>
<p>姓名：张三</p>
<p>性别：男</p>
<div id="choose">
兴趣爱好：
<ul>
<li>读书</li>
<li>听音乐</li>
<li>跑步</li>
</ul>
</div>
</body>
</html>
```

运行结果如图 13-36 所示，可以看到，网页中带有 id="choose"属性的所有元素都被添加上了背景色。

图 13-36　使用[attribute=value]选择器

13.6.3 [attribute!=value]

[attribute!=value]选择器选取每个不带有指定属性及值的元素。不过，带有指定的属性，但不带有指定的值的元素，也会被选择。

[attribute!=value]选择器的语法格式如下：

```
$("[attribute!=value]")
```

参数含义说明如下。
- attribute：必需，规定要查找的属性。
- value：必需，规定要查找的值。

例如，想要选择 body 标签中不包含 id="choose"的元素，可以使用如下 jQuery 代码：

```
$("body[id!=choose]")
```

【例 13.35】(示例文件 ch13\13.35.html)

选择页面中不包含 id="header"属性的所有元素，并为其添加背景色：

```
<!DOCTYPE html>
<html>
<head>
<script language="javascript" src="jquery-3.2.1.min.js"></script>
<script language="javascript">
$(document).ready(function(){
    $("body [id!=header]").css("background-color","#B2E0FF");
});
</script>
</head>
<body>
<h1 id="header">欢迎光临我的网站主页</h1>
<p class="intro">网站管理员介绍</p>
<p>姓名：张三</p>
<p>性别：男</p>
<div id="choose">
兴趣爱好：
<ul>
<li>读书</li>
<li>听音乐</li>
<li>跑步</li>
</ul>
</div>
</body>
</html>
```

运行结果如图 13-37 所示，可以看到，网页中不包含 id="header"属性的所有元素都被添加上了背景色。

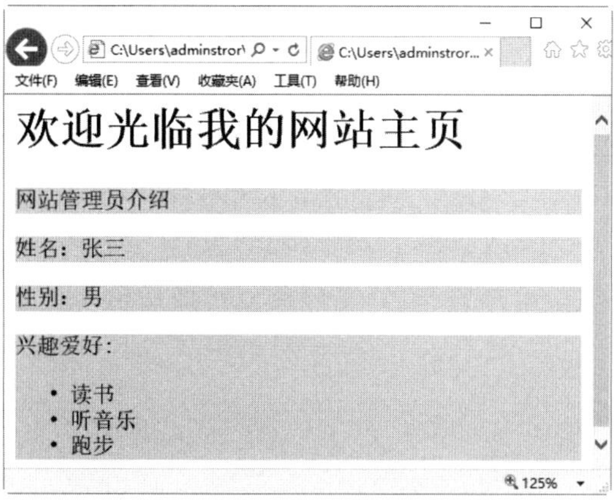

图 13-37 使用[attribute!=value]选择器

13.6.4 [attribute$=value]

[attribute$=value]选择器选取每个带有指定属性且以指定字符串结尾的元素。

[attribute$=value]选择器的语法格式如下：

```
$("[attribute$=value]")
```

参数含义说明如下。

- attribute：必需，规定要查找的属性。
- value：必需，规定要查找的值。

例如，选择所有带 id 属性且属性值以 header 结尾的元素，可以使用如下 jQuery 代码：

```
$("[id$=header]")
```

【例 13.36】(示例文件 ch13\13.36.html)

选择所有带有 id 属性且属性值以 header 结尾的元素，并为其添加背景色：

```
<!DOCTYPE html>
<html>
<head>
<script language="javascript" src="jquery-3.2.1.min.js"></script>
<script language="javascript">
$(document).ready(function(){
    $("[id$=header]").css("background-color","#B2E0FF");
});
</script>
</head>
<body>
<h1 id="header">欢迎光临我的网站主页</h1>
<p class="intro">网站管理员介绍</p>
<p>姓名：张三</p>
<p>性别：男</p>
<div id="choose">
兴趣爱好：
<ul>
```

```
<li>读书</li>
<li>听音乐</li>
<li>跑步</li>
</ul>
</div>
</body>
</html>
```

运行结果如图 13-38 所示，所有带有 id 属性且属性值以 header 结尾的元素都被添加上了颜色。

图 13-38　使用[attribute$=value]选择器

13.7　实战演练——匹配表单中的元素并实现不同的操作

本实例主要是通过匹配表单中的不同元素，从而实现不同的操作。具体的代码如下：

```
<!DOCTYPE html>
<html>
<head>
<title>表单选择器的综合使用</title>
<script language="javascript" src="jquery-3.2.1.min.js"></script>
<script language="javascript">
    $(document).ready(function() {
        $(":checkbox").attr("checked","checked");          //选中复选框
        $(":radio").attr("checked","true");                //选中单选框
        $(":image").attr("src","images/fish1.jpg");        //设置图片路径
        $(":file").hide();                                 //隐藏文件域
        $(":password").val("123");                         //设置密码域的值
        $(":text").val("文本框");                          //设置文本框的值
        $(":button").attr("disabled","disabled");          //设置按钮不可用
        $(":reset").val("重置按钮");                       //设置重置按钮的值
        $(":submit").val("提交按钮");                      //设置提交按钮的值
        $("#testDiv").append($("input:hidden:eq(1)").val());   //显示隐藏域的值
    });
</script>
</head>
```

```
<body>
<form>
   复选框：<input type="checkbox"/>
   单选按钮：<input type="radio"/>
   图像域：<input type="image"/><br>
   文件域：<input type="file"/><br>
   密码域：<input type="password" width="150px"/><br>
   文本框：<input type="text" width="150px"/><br>
   按 钮：<input type="button" value="按钮"/><br>
   重 置：<input type="reset" value=""/><br>
   提 交：<input type="submit" value=""><br>
   隐藏域： <input type="hidden" value="这是隐藏的元素">
   <div id="testDiv"><font color="blue">隐藏域的值：</font></div>
</form>
</body>
</html>
```

运行结果如图 4-39 所示。

图 13-39 表单选择器的综合应用

13.8 疑 难 解 惑

疑问 1：如何实现鼠标指向后变色的表格？

对于一些清单通常以表格的形式展示，在数据比较多的情况下，很容易看串行。此时，如果能让鼠标在指向后的行变色，则可以很容易解决上述问题。

用户可以先为表格定义样式，例如以下代码：

```
<style type="text/css">
table{ border:0;border-collapse:collapse;}         /*设置表格整体样式*/
td{font:normal 12px/17px Arial;padding:2px;width:100px;}  /*设置单元格的样式*/
th{ /*设置表头的样式*/
   font:bold 12px/17px Arial;
   text-align:left;
   padding:4px;
   border-bottom:1px solid #333;
```

```
}
.odd{background:#cef;}        /*设置奇数行样式*/
.even{background:#ffc;}       /*设置偶数行样式*/
.light{background:#00A1DA;}/*设置鼠标移到行的样式*/
</style>
```

定义完样式后，即可定义 jQuery 代码，主要实现表格的各行显示不同的颜色，并且鼠标移动到表格的行后变色的效果。代码如下：

```
<script type="text/javascript">
$(document).ready(function(){
  $("tbody tr:even").addClass("odd");    //为偶数行添加样式
  $("tbody tr:odd").addClass("even");    //为奇数行添加样式
  $("tbody tr").hover(                   //为表格主体每行绑定 hover 方法
     function() {$(this).addClass("light");},
     function() {$(this).removeClass("light");}
  );
});
</script>
```

疑问 2：如何通过选择器实现一个带表头的双色表格？

通过过滤选择器，可以实现一个带表头的双色表格。
首先可以定义样式风格，例如以下代码：

```
<style type="text/css">
    td{
        font-size:12px;        /*设置单元格的样式*/
        padding:3px;           /*设置内边距*/
    }
    .th{
        background-color:#B6DF48;  /*设置背景颜色*/
        font-weight:bold;          /*设置文字加粗显示*/
        text-align:center;         /*文字居中对齐*/
    }
    .even{
        background-color:#E8F3D1;  /*设置偶数行的背景颜色*/
    }
    .odd{
        background-color:#F9FCEF;  /*设置奇数行的背景颜色*/
    }
</style>
```

定义完样式后，即可定义 jQuery 代码，实现带表头的双色表格效果。代码如下：

```
<script type="text/javascript">
    $(document).ready(function() {
        $("tr:even").addClass("even");   //设置奇数行所用的 CSS 类
        $("tr:odd").addClass("odd");     //设置偶数行所用的 CSS 类
        $("tr:first").removeClass("even"); //移除 even 类
        $("tr:first").addClass("th");    //添加 th 类
    });
</script>
```

第 14 章

用 jQuery 控制页面

在网页制作的过程中，jQuery 具有强大的功能。从本章开始，将陆续讲解 jQuery 的实用功能。本章主要介绍 jQuery 如何控制页面，对标记的属性进行操作、对表单元素进行操作和对元素的 CSS 样式进行操作等。

14.1 对页面的内容进行操作

jQuery 提供了对元素内容进行操作的方法。元素的内容是指定义元素的起始标记和结束标记中间的内容，又可以分为文本内容和 HTML 内容。

14.1.1 对文本内容进行操作

jQuery 提供了 text()和 text(val)两种方法，用于对文本内容进行操作，主要作用是设置或返回所选元素的文本内容。其中，text()用来获取全部匹配元素的文本内容；text(val)方法用来设置全部匹配元素的文本内容。

1. 获取文本内容

下面通过示例来讲解如何获取文本的内容。

【例 14.1】(示例文件 ch14\14.1.html)

获取文本内容：

```
<!DOCTYPE html>

<html>
<head>
<meta http-equiv="Content-Type" content="text/html; charset=gb2312" />
<script src="jquery.min.js">
</script>

<script>
$(document).ready(function(){
   $("#btn1").click(function(){
      alert("文本内容为: " + $("#test").text());
   });
});
</script>

</head>
<body>
<p id="test">床前明月光，疑是地上霜。</p>
<button id="btn1">获取文本内容</button>
</body>
</html>
```

在 IE 11.0 中浏览页面，单击"获取文本内容"按钮，效果如图 14-1 所示。

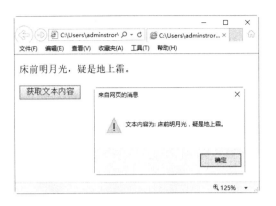

图 14-1　获取文本内容

2. 修改文本内容

下面通过示例来讲解如何修改文本的内容。

【例 14.2】(示例文件 ch14\14.2.html)

修改文本内容：

```
<!DOCTYPE html>
<html>
<head>
<script src="jquery.min.js"></script>
<script>
$(document).ready(function(){
   $("#btn1").click(function(){
       $("#test1").text("清极不知寒");
   });
});
</script>

</head>
<body>
<p id="test1">香中别有韵</p>
<button id="btn1">修改文本内容</button>
</body>
</html>
```

在 IE 11.0 中浏览页面，效果如图 14-2 所示。单击"修改文本内容"按钮，效果如图 14-3 所示。

图 14-2　程序初始结果

图 14-3　单击按钮后修改的结果

14.1.2 对 HTML 内容进行操作

jQuery 提供的 html()方法用于设置或返回所选元素的内容，这里包括 HTML 标记。

1. 获取 HTML 内容

下面通过示例来讲解如何获取 HTML 的内容。

【例 14.3】(示例文件 ch14\14.3.html)

获取 HTML 内容：

```html
<!DOCTYPE html>
<html>
<head>
<meta http-equiv="Content-Type" content="text/html; charset=gb2312" />
<script src="jquery.min.js"></script>

<script>
$(document).ready(function(){
    $("#btn1").click(function(){
        alert("HTML 内容为: " + $("#test").html());
    });
});
</script>

</head>
<body>
<p id="test">床前明月光，<b>疑是地上霜</b> </p>
<button id="btn1">获取 HTML 内容</button>
</body>
</html>
```

在 IE 11.0 中浏览页面，单击"获取 HTML 内容"按钮，效果如图 14-4 所示。

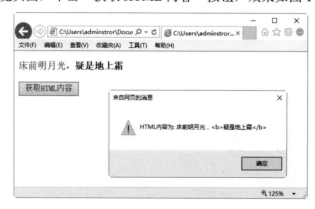

图 14-4　获取 HTML 内容

2. 修改 HTML 内容

下面通过示例来讲解如何修改 HTML 的内容。

【例 14.4】(示例文件 ch14\14.4.html)

修改 HTML 内容：

```
<!DOCTYPE html>
<html>
<head>
<meta http-equiv="Content-Type" content="text/html; charset=gb2312" />
<script src="jquery.min.js"></script>
<script>
$(document).ready(function(){
    $("#btn1").click(function(){
        $("#test1").html("<b>清极不知寒</b> ");
    });
});
</script>
</head>
<body>
<p id="test1">香中别有韵</p>
<button id="btn1">修改 HTML 内容</button>
</body>
</html>
```

在 IE 11.0 中浏览页面，效果如图 14-5 所示。单击"修改 HTML 内容"按钮，效果如图 14-6 所示，可见不仅内容发生了变化，而且字体也修改为粗体了。

图 14-5　程序初始结果

图 14-6　单击按钮后修改的结果

14.1.3　移动和复制页面内容

jQuery 提供的 append()方法和 appendTo()方法主要用于向匹配的元素内部追加内容。append()和 appendTo()方法执行的任务相同。不同之处在于内容的位置和选择器。

下面通过使用 append()方法的示例来讲解。

【例 14.5】(示例文件 ch14\14.5.html)

使用 append()方法：

```
<!DOCTYPE html>
<html>
<head>
<meta http-equiv="Content-Type" content="text/html; charset=gb2312" />
```

```
<script src="jquery.min.js"></script>
<script>
$(document).ready(function(){
    $("button").click(function(){
        $("<b>春风花草香。</b>").append("p");
    });
});
</script>
</head>
<body>
<p>迟日江山丽，</p>
<p>泥融飞燕子，</p>
<button>每个p元素都添加</button>
</body>
</html>
```

在 IE 11.0 中浏览页面，效果如图 14-7 所示。单击"每个 p 元素都添加"按钮，效果如图 14-8 所示。

图 14-7　程序初始结果

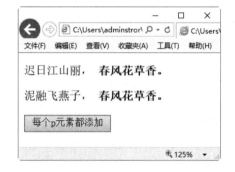

图 14-8　单击按钮后添加的结果

14.1.4　删除页面内容

jQuery 提供的 remove()方法用于移除被选元素，包括所有文本和子节点。该方法不会把匹配的元素从 jQuery 对象中删除，因而可以在将来再使用这些匹配的元素。但除了这个元素本身得以保留之外，remove()不会保留元素的 jQuery 数据。其他比如绑定的事件、附加的数据等都会被移除。

【例 14.6】(示例文件 ch14\14.6.html)

使用 remove()方法：

```
<!DOCTYPE html>
<html>
<head>
<meta http-equiv="Content-Type" content="text/html; charset=gb2312" />
<script src="jquery.min.js"></script>
<script>
$(document).ready(function(){
    $("button").click(function(){
```

```
      $("p").remove();
   });
});
</script>
</head>
<body>
<p>迟日江山丽,春风花草香。泥融飞燕子,沙暖睡鸳鸯。</p>
<button>删除页面 p 元素的内容</button>
</body>
</html>
```

在 IE 11.0 中浏览页面,效果如图 14-9 所示。单击"删除页面 p 元素的内容"按钮,效果如图 14-10 所示。

图 14-9　程序初始结果

图 14-10　单击按钮后的结果

14.1.5　克隆页面内容

jQuery 提供的 clone()方法主要用于生成被选元素的副本,包含子节点、文本和属性。

【例 14.7】(示例文件 ch14\14.7.html)

使用 clone()方法:

```
<!DOCTYPE html>
<html>
<head>
<meta http-equiv="Content-Type" content="text/html; charset=gb2312" />
<script src="jquery.min.js"></script>
<script>
$(document).ready(function(){
   $("button").click(function(){
      $("body").append($("p:first").clone(true));
   });
   $("p").click(function(){
      $(this).animate({fontSize:"+=1px"});
   });
});
</script>
</head>
<body>
```

```
<p>谁言寸草心，报得三春晖。</p>
<button>克隆内容</button>
</body>
</html>
```

在 IE 11.0 中浏览页面，效果如图 14-11 所示。反复单击 3 次 "克隆内容" 按钮，最终效果如图 14-12 所示。当然，这个例子中还为 p 标记做了单击动画效果。

图 14-11　程序初始结果

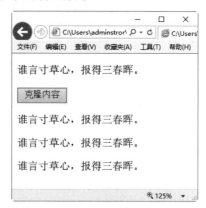
图 14-12　单击按钮后的结果

14.2　对标记的属性进行操作

jQuery 提供了对标记的属性进行操作的方法。

14.2.1　获取属性的值

jQuery 提供的 prop()方法主要用于设置或返回被选元素的属性值。

【例 14.8】(示例文件 ch14\14.8.html)

获取属性的值：

```
<!DOCTYPE html>
<html>
<head>
<script src="jquery.min.js"></script>
<script>
$(document).ready(function(){
    $("button").click(function(){
        alert("图像宽度为: " + $("img").prop("width"));
    });
});
</script>
</head>
<body>
<img src="123.jpg" />
<br />
```

```
<button>查看图像的宽度</button>
</body>
</html>
```

在 IE 11.0 中浏览页面,单击"查看图像的宽度"按钮,效果如图 14-13 所示。

图 14-13 单击按钮后的结果

14.2.2 设置属性的值

prop()方法除了可以获取元素属性的值之外,还可以通过它设置属性的值。其语法格式如下:

```
prop(name,value);
```

该方法将元素的 name 属性的值设置为 value。

   attr(name,value)方法也可以设置元素的属性值。读者可以自行测试效果。

【例 14.9】(示例文件 ch14\14.9.html)

设置属性的值:

```
<!DOCTYPE html>
<html>
<head>
<meta http-equiv="Content-Type" content="text/html; charset=gb2312" />
<script src="jquery.min.js"></script>
<script>
$(document).ready(function(){
   $("button").click(function(){
      $("img").prop("width","300");
   });
});
</script>
</head>
<body>
```

```
<img src="123.jpg" />
<br />
<button>修改图像的宽度</button>
</body>
</html>
```

在 IE 11.0 中浏览页面，效果如图 14-14 所示。单击"修改图像的宽度"按钮，最终结果如图 14-15 所示。

图 14-14　程序初始结果

图 14-15　单击按钮后的结果

14.2.3　删除属性的值

jQuery 提供的 removeAttr(name)方法用来删除属性的值。

【例 14.10】(示例文件 ch14\14.10.html)

删除属性的值：

```
<!DOCTYPE html>
<html>
<head>
<meta http-equiv="Content-Type" content="text/html; charset=gb2312" />
<script src="jquery.min.js"></script>
<script type="text/javascript">
$(document).ready(function(){
    $("button").click(function(){
        $("p").removeAttr("style");
    });
});
</script>
</head>
<body>
<h1>观沧海</h1>
<p style="font-size:120%;color:red">东临碣石，以观沧海。</p>
<p>水何澹澹，山岛竦峙。</p>
<button>删除所有 p 元素的 style 属性</button>
</body>
</html>
```

在 IE 11.0 中浏览页面，效果如图 14-16 所示。单击"删除所有 P 元素的 style 属性"按钮，最终结果如图 14-17 所示。

图 14-16　程序初始结果

图 14-17　单击按钮后的结果

14.3　对表单元素进行操作

jQuery 提供了对表单元素进行操作的方法。

14.3.1　获取表单元素的值

val()方法返回或设置被选元素的值。元素的值是通过 value 属性设置的。该方法大多用于表单元素。如果该方法未设置参数，则返回被选元素的当前值。

【例 14.11】(示例文件 ch14\14.11.html)

获取表单元素的值：

```
<!DOCTYPE html>
<html>
<head>
<meta http-equiv="Content-Type" content="text/html; charset=gb2312" />
<script src="jquery.min.js"></script>
<script type="text/javascript">
$(document).ready(function(){
   $("button").click(function(){
      alert($("input:text").val());
   });
});
</script>
</head>
<body>
名称：<input type="text" name="fname" value="冰箱" /><br />
类别：<input type="text" name="lname" value="电器" /><br /><br />
<button>获得第一个文本域的值</button>
```

```
</body>
</html>
```

在 IE 11.0 中浏览页面。单击"获得第一个文本域的值"按钮，结果如图 14-18 所示。

14.3.2 设置表单元素的值

val()方法也可以设置表单元素的值。其语法格式如下：

```
$("selector").val(value);
```

【例 14.12】(示例文件 ch14\14.12.html)
设置表单元素的值：

图 14-18　获取表单元素的值

```
<!DOCTYPE html>
<html>
<head>
<meta http-equiv="Content-Type" content="text/html; charset=gb2312" />
<script src="jquery.min.js"></script>
<script type="text/javascript">
$(document).ready(function(){
   $("button").click(function(){
      $(":text").val("冰箱");
   });
});
</script>
</head>
<body>
<p>电器名称：<input type="text" name="user" value="洗衣机" /></p>
<button>改变文本域的值</button>
</body>
</html>
```

在 IE 11.0 中浏览页面，效果如图 14-19 所示。单击"改变文本域的值"按钮，结果如图 14-20 所示。

图 14-19　程序初始结果

图 14-20　单击按钮后的结果

14.4　对元素的 CSS 样式进行操作

通过 jQuery，用户可以很容易地对 CSS 样式进行操作。

14.4.1　添加 CSS 类

addClass()方法主要是向被选元素添加一个或多个类。

下面的例子展示如何向不同的元素添加 class 属性。当然，在添加类时，也可以选取多个元素。

【例 14.13】 (示例文件 ch14\14.13.html)

向不同的元素添加 class 属性：

```html
<!DOCTYPE html>
<html>
<head>
<meta http-equiv="Content-Type" content="text/html; charset=gb2312" />
<script src="jquery.min.js"></script>
<script>
$(document).ready(function(){
    $("button").click(function(){
        $("h1,h2,p").addClass("blue");
        $("div").addClass("important");
    });
});
</script>
<style type="text/css">
.important
{
    font-weight: bold;
    font-size: xx-large;
}
.blue
{
    color: blue;
}
</style>
</head>
<body>
<h1>梅雪</h1>
<h2>梅雪争春未肯降</h2>
<p>骚人阁笔费评章</p>
<p>梅须逊雪三分白</p>
<div>雪却输梅一段香</div>
<br>
<button>向元素添加 CSS 类</button>
</body>
</html>
```

在 IE 11.0 中浏览页面，效果如图 14-21 所示。单击"向元素添加 CSS 类"按钮，结果如图 14-22 所示。

图 14-21　程序初始结果

图 14-22　单击按钮后的结果

addClass()方法也可以同时添加多个 CSS 类。

【例 14.14】(示例文件 ch14\14.14.html)

同时添加多个 CSS 类：

```
<!DOCTYPE html>
<html>
<head>
<meta http-equiv="Content-Type" content="text/html; charset=gb2312" />
<script src="jquery.min.js"></script>
<script>
$(document).ready(function(){
   $("button").click(function(){
      $("#div1").addClass("important blue");
   });
});
</script>
<style type="text/css">
.important
{
   font-weight: bold;
   font-size: xx-large;
}
.blue
{
   color: blue;
}
</style>
</head>
<body>
```

```
<div id="div1">梅须逊雪三分白</div>
<div id="div2">雪却输梅一段香</div>
<br>
<button>向第一个 div 元素添加多个 CSS 类</button>
</body>
</html>
```

在 IE 11.0 中浏览页面，效果如图 14-23 所示。单击"向第一个 div 元素添加多个 CSS 类"按钮，结果如图 14-24 所示。

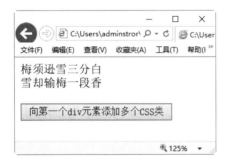
图 14-23 程序初始结果

图 14-24 单击按钮后的结果

14.4.2 删除 CSS 类

removeClass()方法主要是从被选元素删除一个或多个类。

【例 14.15】(示例文件 ch14\14.15.html)

删除 CSS 类：

```
<!DOCTYPE html>
<html>
<head>
<meta http-equiv="Content-Type" content="text/html; charset=gb2312" />
<script src="jquery.min.js"></script>

<script>
$(document).ready(function(){
    $("button").click(function(){
        $("h1,h2,p").removeClass("important blue");
    });
});
</script>

<style type="text/css">
.important
{
    font-weight: bold;
    font-size: xx-large;
}
.blue
{
```

```
        color: blue;
}
</style>

</head>

<body>
 <h1 class="blue">梅雪</h1>
 <h2 class="blue">梅雪争春未肯降</h2>
 <p class="blue">骚人阁笔费评章</p>
 <p>雪却输梅一段香</p>
 <br>
 <button>从元素上删除CSS类</button>
</body>
</html>
```

在 IE 11.0 中浏览页面，效果如图 14-25 所示。单击"从元素上删除 CSS 类"按钮，结果如图 14-26 所示。

图 14-25　程序初始结果

图 14-26　单击按钮后的结果

14.4.3　动态切换 CSS 类

jQuery 提供的 toggleClass()方法主要作用是对设置或移除被选元素的一个或多个 CSS 类进行切换。该方法检查每个元素中指定的类。如果不存在则添加类，如果已设置则删除之。这就是所谓的切换效果。不过，通过使用 switch 参数，我们能够规定只删除或只添加类。使用的语法格式如下：

```
$(selector).toggleClass(class,switch)
```

其中 class 是必需的。规定添加或移除 class 的指定元素。如果需要规定多个 class，则使用空格来分隔类名。switch 是可选的布尔值，确定是否添加或移除 class。

【例 14.16】(示例文件 ch14\14.16.html)

动态切换 CSS 类：

```html
<!DOCTYPE html>
<html>
<head>
<meta http-equiv="Content-Type" content="text/html; charset=gb2312" />
<script src="jquery.min.js"></script>
<script>
$(document).ready(function(){
    $("button").click(function(){
        $("p").toggleClass("main");
    });
});
</script>
<style type="text/css">
.main
{
    font-size: 120%;
    color: red;
}
</style>
</head>
<body>
<h1 id="h1">望岳</h1>
<p>会当凌绝顶</p>
<p>一览众山小</p>
<button class="btn1">切换段落的"main" 类</button>
</body>
</html>
```

在 IE 11.0 中浏览页面，效果如图 14-27 所示。单击切换段落的"main"类按钮，结果如图 14-28 所示。再次单击上面的按钮，则会在两个不同的效果之间切换。

图 14-27　程序初始结果

图 14-28　单击按钮后的结果

14.4.4　获取和设置 CSS 样式

jQuery 提供 css()方法，用来获取或设置匹配的元素的一个或多个样式属性。

通过 css(name)来获得某种样式的值。

【例 14.17】(示例文件 ch14\14.17.html)

获取 CSS 样式：

```html
<!DOCTYPE html>
<html>
<head>
<meta http-equiv="Content-Type" content="text/html; charset=gb2312" />
<script src="jquery.min.js"></script>
<script>
$(document).ready(function(){
   $("button").click(function(){
      alert($("p").css("color"));
   });
});
</script>
</head>
<body>
<p style="color:red">相见时难别亦难,
   东风无力百花残</p>
<button type="button">返回段落的颜色
   </button>
</body>
</html>
```

图 14-29 获取 CSS 样式

在 IE 11.0 中浏览页面，单击"返回段落的颜色"按钮，结果如图 14-29 所示。

通过 css(name,value)来设置元素的样式。

【例 14.18】(示例文件 ch14\14.18.html)

设置 CSS 样式：

```html
<!DOCTYPE html>
<html>
<head>
<meta http-equiv="Content-Type" content="text/html; charset=gb2312" />
<script src="jquery.min.js"></script>
<script>
$(document).ready(function(){
   $("button").click(function(){
      $("p").css("color","red");
   });
});
</script>
</head>
<body>
<p>相见时难别亦难,东风无力百花残</p>
<p>春蚕到死丝方尽,蜡炬成灰泪始干</p>
<button type="button">改变段落的颜色</button>
</body>
</html>
```

在 IE 11.0 中浏览页面，效果如图 14-30 所示。单击"改变段落的颜色"按钮，结果如图 14-31 所示。

图 14-30　程序初始结果

图 14-31　单击按钮后的结果

14.5　实战演练——制作奇偶变色的表格

在网站制作中，经常需要制作奇偶变色的表格。通过 jQuery 可以轻松地实现该效果。

step 01　制作含有表格的网页。代码如下：

```
<html>
<head>
<meta http-equiv="Content-Type" content="text/html; charset=gb2312" />
<title>jquery 奇偶变色</title>
<script src="jquery.min.js"></script>
<script>
$(document).ready(function() {
   $('tr').addClass('odd');
   $('tr:even').addClass('even');  //奇偶变色，添加样式
});
</script>
</head>
<body>
<table width="182" height="164" border="3" id="hacker">
<tr>
<td>商品名称</td>
<td>销量</td>
</tr>
<tr>
<td>冰箱</td>
<td>185620</td>
</tr>
<tr>
<td>洗衣机</td>
<td>562030</td>
</tr>
<tr>
```

```html
<td>冰箱</td>
<td>568210</td>
</tr>
<tr>
<td>空调</td>
<td>380010</td>
</tr>
<tr>
<td>电视机</td>
<td>965420</td>
</tr>
<tr>
<td>电脑</td>
<td>56000</td>
</tr>
</table>
</body>
</html>
```

step 02 运行上述代码，效果如图 14-32 所示。

step 03 添加 CSS 样式。代码如下：

```css
<style>
#hacker tr:hover{
    background-color: red; //使用CSS伪类实现鼠标移入行变色的效果
}
.odd {
    background-color: #ffc; /* pale yellow for odd rows */
}
.even {
    background-color: #cef; /* pale blue for even rows */
}
</style>
```

添加代码后运行程序，效果如图 14-33 所示。

图 14-32 程序初始结果　　　　　　　图 14-33 添加 CSS 后的结果

step 04 添加 jQuery 代码，实现奇偶变色的效果。代码如下：

```
<script src="jquery.min.js"></script>
<script>
$(document).ready(function() {
    $('tr').addClass('odd');
    $('tr:even').addClass('even');
//奇偶变色，添加样式
});
</script>
```

step 05 添加代码后，运行结果如图 14-34 所示。

图 14-34　添加 jQuery 代码后的结果

14.6　疑 难 解 惑

疑问 1：如何向指定内容前插入内容？

答：before()方法在被选元素前插入指定的内容。

【例 14.19】(示例文件 ch14\14.19.html)

在指定内容前插入内容：

```
<!DOCTYPE html>
<html>
<head>
<meta http-equiv="Content-Type" content="text/html; charset=gb2312" />
<script src="jquery.min.js"></script>
<script>
$(document).ready(function(){
    $(".btn1").click(function(){
        $("p").before("<p>孤舟蓑笠翁，</p>");
    });
});
</script>
</head>
<body>
<p>独钓寒江雪</p>
<button class="btn1">在段落前面插入新的内容</button>
</body>
</html>
```

在 IE 11.0 中浏览页面，效果如图 14-35 所示。单击"在段落前面插入新的内容"按钮，结果如图 14-36 所示。

图 14-35　程序初始结果

图 14-36　单击按钮后的结果

疑问 2：如何检查段落中是否添加了指定的 CSS 类？

答：hasClass()方法用来检查被选元素是否包含指定的 CSS 类。

【例 14.20】(示例文件 ch14\14.20.html)
检查被选元素是否包含指定的 CSS 类：

```
<!DOCTYPE html>
<html>
<head>
<script src="jquery.min.js"></script>
<script type="text/javascript">
$(document).ready(function(){
    $("button").click(function(){
        alert($("p:first").hasClass("class1"));
    });
});
</script>
<style type="text/css">
.class1
{
    font-size: 120%;
    color: red;
}
</style>
</head>
<body>
<p class="class1">青青河边草</p>
<p>绵绵到海角</p>
<button>检查第一个段落是否拥有类
"class1"</button>
</body>
</html>
```

在 IE 11.0 中浏览页面，单击检查第一个段落是否拥有类"class1"按钮，结果如图 14-37 所示。

图 14-37　单击按钮后的结果

第 15 章

jQuery 的动画特效

jQuery 能在页面上实现绚丽的动画效果。jQuery 本身对页面动态效果提供了一些有限的支持，如动态显示和隐藏页面的元素、淡入淡出动画效果、滑动动画效果等。本章就来介绍如何使用 jQuery 制作动画特效。

15.1 jQuery 的基本动画效果

显示与隐藏是 jQuery 实现的基本动画效果。在 jQuery 中，提供了两种显示与隐藏元素的方法：一是分别显示和隐藏网页元素；二是切换显示与隐藏元素。

15.1.1 隐藏元素

在 jQuery 中，使用 hide()方法来隐藏匹配元素。hide()方法相当于将元素的 CSS 样式属性 display 的值设置为 none。

1. 简单隐藏

在使用 hide()方法隐藏匹配元素的过程中，当 hide()方法不带有任何参数时，就实现了元素的简单隐藏。其语法格式如下：

```
hide()
```

例如，想要隐藏页面当中的所有文本元素，可以使用如下 jQuery 代码：

```
$("p").hide()
```

【例 15.1】(示例文件 ch15\15.1.html)
网页元素的简单隐藏：

```
<!DOCTYPE html>
<html>
<head>
<script src="jquery.min.js">
</script>
<script>
$(document).ready(function(){
   $("p").click(function(){
       $(this).hide();
   });
});
</script>
</head>
<body>
<p>如果点击我，我会隐藏。</p>
<p>如果点击我，我也会隐藏。</p>
<p>如果点击我，我也会隐藏哦。</p>
</body>
</html>
```

运行结果如图 15-1 所示。单击页面中的文本段，该文本段就会隐藏，这就实现了元素的简单隐藏动画效果。

图 15-1 网页元素的简单隐藏

2. 部分隐藏

使用 hide()方法，除了可以对网页当中的内容一次性全部进行隐藏外，还可以对网页内容进行部分隐藏。

【例 15.2】(示例文件 ch15\15.2.html)

网页元素的部分隐藏：

```
<!DOCTYPE html>
<html>
<head>
<script src="jquery.min.js"></script>
<script type="text/javascr2ipt">
$(document).ready(function(){
   $(".ex .hide").click(function(){
       $(this).parents(".ex").hide();
   });
});
</script>
<style type="text/css">
div .ex
{
   background-color: #e5eecc;
   padding: 7px;
   border: solid 1px #c3c3c3;
}
</style>
</head>
<body>
<h3>总经理</h3>
<div class="ex">
<button class="hide" type="button">隐藏</button>
<p>姓名：张三<br />
电话：13512345678<br />
公司地址：北京西路 20 号</p>
</div>

<h3>办公室主任</h3>
<div class="ex">
<button class="hide" type="button">
   隐藏</button>
<p>姓名：李四<br />
电话：13012345678<br />
公司地址：北京西路 20 号</p>
</div>
</body>
</html>
```

运行结果如图 15-2 所示，单击页面中的"隐藏"按钮，即可将下方的联系人信息隐藏。

图 15-2　网页元素的部分隐藏

3. 设置隐藏参数

带有参数的 hide()隐藏方式，可以实现不同方式的隐藏效果。其语法格式如下：

$(selector).hide(speed,callback);

参数含义说明如下。
- speed：可选的参数，规定隐藏的速度，可以取 slow、fast 或毫秒等参数。
- callback：可选的参数，规定隐藏完成后所执行的函数名称。

【例 15.3】(示例文件 ch15\15.3.html)
设置网页元素的隐藏参数：

```
<!DOCTYPE html>
<html>
<head>
<script src="jquery.min.js"></script>
<script type="text/javascript">
$(document).ready(function(){
   $(".ex .hide").click(function(){
      $(this).parents(".ex").hide("3000");
   });
});
</script>
<style type="text/css">
div .ex
{
   background-color: #e5eecc;
   padding: 7px;
   border: solid 1px #c3c3c3;
}
</style>
</head>
<body>
<h3>总经理</h3>
<div class="ex">
```

```
<button class="hide" type="button">隐藏</button>
<p>姓名：张三<br />
电话：13512345678<br />
公司地址：北京西路 20 号</p>
</div>

<h3>办公室主任</h3>
<div class="ex">
<button class="hide" type="button">隐藏</button>
<p>姓名：李四<br />
电话：13012345678<br />
公司地址：北京西路 20 号</p>
</div>
</body>
</html>
```

运行结果如图 15-3 所示，单击页面中的"隐藏"按钮，即可将下方的联系人信息慢慢地隐藏起来。

图 15-3　设置网页元素的隐藏参数

15.1.2　显示元素

使用 show()方法可以显示匹配的网页元素。show()方法有两种语法格式：一是不带有参数的形式；二是带有参数的形式。

1. 不带有参数的格式

不带有参数的格式，用以实现不带有任何效果的显示匹配元素。其语法格式如下：

```
show()
```

例如，想要显示页面中的所有文本元素，可以使用如下 jQuery 代码：

```
$("p").show()
```

【例 15.4】(示例文件 ch15\15.4.html)

显示或隐藏网页中的元素：

```html
<!DOCTYPE html>
<html>
<head>
<script src="jquery.min.js"></script>
<script type="text/javascript">
$(document).ready(function(){
    $("#hide").click(function(){
        $("p").hide();
    });
    $("#show").click(function(){
        $("p").show();
    });
});
</script>
</head>
<body>
<p id="p1">点击【隐藏】按钮，本段文字就会消失；点击【显示】按钮，本段文字就会显示。</p>
<button id="hide" type="button">隐藏</button>
<button id="show" type="button">显示</button>
</body>
</html>
```

运行结果如图 15-4 所示。单击页面中的"隐藏"按钮，就会将网页中的文字隐藏，然后单击"显示"按钮，可以将隐藏起来的文字再次显示。

图 15-4　显示或隐藏网页中的元素

2. 带有参数的格式

带有参数的格式用来实现以优雅的动画方式显示网页中的元素，并在隐藏完成后可选择地触发一个回调函数。其语法格式如下：

```
$(selector).show(speed,callback);
```

参数含义说明如下。
- speed：可选的参数，规定显示的速度，可以取 slow、fast 或毫秒等参数。
- callback：可选的参数，规定显示完成后所执行的函数名称。

例如，想要在 300 毫秒内显示网页中的 p 元素，可以使用如下 jQuery 代码：

```
$("p").show(300);
```

【例 15.5】(示例文件 ch15\15.5.html)

在 3000 毫秒内显示或隐藏网页中的元素：

```
<!DOCTYPE html>
<html>
<head>
<script src="jquery.min.js"></script>
<script type="text/javascript">
$(document).ready(function(){
   $("#hide").click(function(){
      $("p").hide("3000");
   });
   $("#show").click(function(){
      $("p").show("3000");
   });
});
</script>
</head>
<body>
<p id="p1">点击【隐藏】按钮，本段文字就会消失；点击【显示】按钮，本段文字就会显示。</p>
<button id="hide" type="button">隐藏</button>
<button id="show" type="button">显示</button>
</body>
</html>
```

运行结果如图 15-5 所示。单击页面中的"隐藏"按钮，就会将网页中的文字在 3000 毫秒内慢慢隐藏，然后单击"显示"按钮，又可以将隐藏的文字在 3000 毫秒内慢慢地显示出来。

图 15-5 在 3000 毫秒内显示或隐藏网页中的元素

15.1.3 状态切换

使用 toggle()方法可以切换元素的可见(显示/隐藏)状态。简单地说，就是当元素为显示状态时，使用 toggle()方法可以将其隐藏起来；反之，可以将其显示出来。

toggle()方法的语法格式如下：

$(selector).toggle(speed,callback);

参数含义说明如下。

- speed：可选的参数，规定隐藏/显示的速度，可以取 slow、fast 或毫秒等参数。
- callback：可选的参数，是 toggle()方法完成后所执行的函数名称。

【例 15.6】(示例文件 ch15\15.6.html)

切换(隐藏/显示)网页中的元素：

```html
<!DOCTYPE html>
<html>
<head>
<script src="jquery.min.js"></script>
<script type="text/javascript">
$(document).ready(function(){
    $("button").click(function(){
        $("p").toggle();
    });
});
</script>
</head>
<body>
<button type="button">切换</button>
<p>清明时节雨纷纷，</p>
<p>路上行人欲断魂。</p>
</body>
</html>
```

运行结果如图 15-6 所示。单击页面中"切换"按钮，可以实现网页文字段落的显示/隐藏的切换效果。

图 15-6　切换(隐藏/显示)网页中的元素

15.2　淡入淡出的动画效果

通过 jQuery 可以实现元素的淡入淡出动画效果。实现淡入淡出效果的方法主要有 fadeIn()、fadeOut()、fadeToggle()、fadeTo()。

15.2.1　淡入隐藏元素

fadeIn()是通过增大不透明度来实现匹配元素淡入效果的方法。其语法格式如下：

```
$(selector).fadeIn(speed,callback);
```

参数说明如下。
- speed：可选项，规定淡入效果的时长，可以取 slow、fast 或毫秒等参数。
- callback：可选项，是 fadeIn()方法完成后所执行的函数名称。

【例 15.7】(示例文件 ch15\15.7.html)

以不同效果淡入网页中的矩形：

```html
<!DOCTYPE html>
<html>
<head>
<script src="jquery.min.js"></script>
<script>
$(document).ready(function(){
    $("button").click(function(){
        $("#div1").fadeIn();
        $("#div2").fadeIn("slow");
        $("#div3").fadeIn(3000);
    });
});
</script>
</head>
<body>
<p>以不同参数方式淡入网页元素</p>
<button>单击按钮，使矩形以不同的方式淡入</button><br><br>
<div id="div1"
  style="width:80px;height:80px;display:none;background-color:red;">
</div><br>
<div id="div2"
  style="width:80px;height:80px;display:none;background-color:green;">
</div><br>
<div id="div3"
  style="width:80px;height:80px;display:none;background-color:blue;">
</div>
</body>
</html>
```

运行结果如图 15-7 所示。单击页面中的按钮，网页中的矩形会以不同的方式淡入显示。

图 15-7　以不同效果淡入网页中的矩形

15.2.2 淡出可见元素

fadeOut()是通过减小不透明度来实现匹配元素淡出效果的方法。其语法格式如下：

```
$(selector).fadeOut(speed,callback);
```

参数说明如下。
- speed：可选项，规定淡出效果的时长，可以取 slow、fast 或毫秒等参数。
- callback：可选项，是 fadeOut()方法完成后所执行的函数名称。

【例 15.8】(示例文件 ch15\15.8.html)
以不同效果淡出网页中的矩形：

```html
<!DOCTYPE html>
<html>
<head>
<script src="jquery.min.js"></script>
<script type="text/javascript">
$(document).ready(function(){
    $("button").click(function(){
        $("#div1").fadeOut();
        $("#div2").fadeOut("slow");
        $("#div3").fadeOut(3000);
    });
});
</script>
</head>
<body>
<p>以不同参数方式淡出网页元素</p>
<button>单击按钮，使矩形以不同的方式淡出</button><br><br>
<div id="div1" style="width:80px;height:80px;background-color:red;"></div>
<br>
<div id="div2" style="width:80px;height:80px;background-color:green;">
</div><br>
<div id="div3" style="width:80px;height:80px;background-color:blue;"></div>
</body></html>
```

运行结果如图 15-8 所示。单击页面中的按钮，网页中的矩形就会以不同的方式淡出。

图 15-8 以不同效果淡出网页中的矩形

15.2.3 切换淡入淡出元素

fadeToggle()方法可以在 fadeIn()与 fadeOut()方法之间进行切换。也就是说，如果元素已淡出，则 fadeToggle()会向元素添加淡入效果；如果元素已淡入，则 fadeToggle()会向元素添加淡出效果。

fadeToggle()方法的语法格式如下：

```
$(selector).fadeToggle(speed,callback);
```

参数说明如下。

- speed：可选项，规定淡入淡出效果的时长，可以取 slow、fast 或毫秒等参数。
- callback：可选项，是 fadeToggle()方法完成后所执行的函数名称。

【例 15.9】(示例文件 ch15\15.9.html)
实现网页元素的淡入淡出效果：

```
<!DOCTYPE html>
<html>
<head>
<script src="jquery.min.js"></script>
<script>
$(document).ready(function(){
    $("button").click(function(){
        $("#div1").fadeToggle();
        $("#div2").fadeToggle("slow");
        $("#div3").fadeToggle(3000);
    });
});
</script>
</head>

<body>
<p>以不同参数方式淡入淡出网页元素</p>
<button>单击按钮，使矩形以不同的方式淡入淡出</button>
<br><br>
<div id="div1" style="width:80px;height:80px;background-color:red;">
</div>
<br>
<div id="div2" style="width:80px;height:80px;background-color:green;">
</div>
<br>
<div id="div3" style="width:80px;height:80px;background-color:blue;">
</div>
</body>
</html>
```

运行结果如图 15-9 所示。单击页面中的按钮，网页中的矩形就会以不同的方式淡入淡出。

图 15-9 切换淡入淡出效果

15.2.4 淡入淡出元素至指定参数值

使用 fadeTo()方法可以将网页元素淡入/淡出至指定不透明度，不透明度的值在 0~1 之间。其语法格式如下：

```
$(selector).fadeTo(speed,opacity,callback);
```

参数说明如下。
- speed：可选项，规定淡入淡出效果的时长，可以取 slow、fast 或毫秒等参数。
- opacity：必选项，参数将淡入淡出效果设置为给定的不透明度(0~1 之间)。
- callback：可选项，是该函数完成后所执行的函数名称。

【例 15.10】(示例文件 ch15\15.10.html)

实现网页元素的淡出至指定参数：

```
<!DOCTYPE html>
<html>
<head>
<script src="jquery.min.js"></script>
<script>
$(document).ready(function(){
   $("button").click(function(){
      $("#div1").fadeTo("slow",0.15);
      $("#div2").fadeTo("slow",0.4);
      $("#div3").fadeTo("slow",0.7);
   });
});
</script>
</head>
<body>
<p>以不同参数方式淡出网页元素</p>
```

```
<button>单击按钮，使矩形以不同的方式淡出至指定参数</button>
<br><br>
<div id="div1" style="width:80px;height:80px;background-color:red;"></div>
<br>
<div id="div2" style="width:80px;height:80px;background-color:green;"></div>
<br>
<div id="div3" style="width:80px;height:80px;background-color:blue;"></div>
</body>
</html>
```

运行结果如图 15-10 所示。单击页面中的按钮，网页中的矩形就会以不同的方式淡出至指定参数。

图 15-10　淡出至指定参数

15.3　滑 动 效 果

通过 jQuery，可以在元素上创建滑动效果。jQuery 中用于创建滑动效果的方法有 slideDown()、slideUp()、slideToggle()。

15.3.1　滑动显示匹配的元素

使用 slideDown()方法可以向下增加元素高度，动态显示匹配的元素。slideDown()方法会逐渐向下增加匹配的隐藏元素的高度，直到元素完全显示为止。

slideDown()方法的语法格式如下：

```
$(selector).slideDown(speed,callback);
```

参数说明如下。
- speed：可选项，规定效果的时长，可以取 slow、fast 或毫秒等参数。
- callback：可选项，是滑动完成后所执行的函数名称。

【例 15.11】(示例文件 ch15\15.11.html)

滑动显示网页元素:

```
<!DOCTYPE html>
<html>
<head>
<script src="jquery.min.js"></script>
<script type="text/javascript">
$(document).ready(function(){
    $(".flip").click(function(){
        $(".panel").slideDown("slow");
    });
});
</script>

<style type="text/css">
div.panel,p.flip
{
    margin: 0px;
    padding: 5px;
    text-align: center;
    background: #e5eecc;
    border: solid 1px #c3c3c3;
}
div.panel
{
    height: 120px;
    display: none;
}
</style>
</head>
<body>
<div class="panel">
<p>小荷才露尖尖角,</p>
<p>早有蜻蜓立上头。</p>
</div>
<p class="flip">请点击这里</p>
</body>
</html>
```

运行结果如图 15-11 所示。单击页面中的"请点击这里"文字,网页中隐藏的元素就会以滑动的方式显示出来。

图 15-11 滑动显示网页元素

15.3.2 滑动隐藏匹配的元素

使用 slideUp()方法可以向上减少元素高度,动态隐藏匹配的元素。slideUp()方法会逐渐向上减少匹配的显示元素的高度,直到元素完全隐藏为止。其语法格式如下:

```
$(selector).slideUp(speed,callback);
```

参数说明如下。

- speed：可选项，规定效果的时长，可以取 slow、fast 或毫秒等参数。
- callback：可选项，是滑动完成后所执行的函数名称。

【例 15.12】(示例文件 ch15\15.12.html)

滑动隐藏网页元素：

```
<!DOCTYPE html>
<html>
<head>
<script src="jquery.min.js"></script>
<script type="text/javascript">
$(document).ready(function(){
   $(".flip").click(function(){
      $(".panel").slideUp("slow");
   });
});
</script>
<style type="text/css">
div.panel,p.flip
{
   margin: 0px;
   padding: 5px;
   text-align: center;
   background: #e5eecc;
   border: solid 1px #c3c3c3;
}
div.panel
{
   height: 120px;
}
</style>
</head>
<body>
<div class="panel">
<p>小荷才露尖尖角，</p>
<p>早有蜻蜓立上头。</p>
</div>
<p class="flip">请点击这里</p>
</body>
</html>
```

运行结果如图 15-12 所示。单击页面中的"请点击这里"文字，网页中显示的元素就会以滑动的方式隐藏起来。

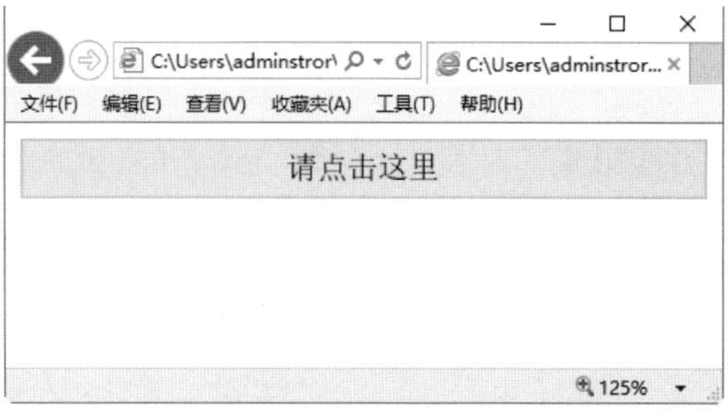

图 15-12 滑动隐藏网页元素

15.3.3 通过高度的变化动态切换元素的可见性

通过 slideToggle()方法可以实现通过高度的变化动态切换元素的可见性。也就是说，如果元素是可见的，则通过减少高度使元素全部隐藏；如果元素是隐藏的，则通过增加高度使元素最终全部可见。

slideToggle()方法的语法格式如下：

```
$(selector).slideToggle(speed,callback);
```

参数说明如下。
- speed：可选项，规定效果的时长，可以取 slow、fast 或毫秒等参数。
- callback：可选项，是滑动完成后所执行的函数名称。

【例 15.13】(示例文件 ch15\15.13.html)

通过高度的变化动态切换网页元素的可见性：

```
<!DOCTYPE html>
<html>
<head>
<script src="jquery.min.js"></script>
<script type="text/javascript">
$(document).ready(function(){
    $(".flip").click(function(){
        $(".panel"). slideToggle("slow");
    });
});
</script>
<style type="text/css">
div.panel,p.flip
{
    margin: 0px;
    padding: 5px;
    text-align: center;
    background: #e5eecc;
    border: solid 1px #c3c3c3;
}
div.panel
{
```

```
        height: 120px;
        display: none;
}
</style>
</head>
<body>
<div class="panel">
<p>小荷才露尖尖角，</p>
<p>早有蜻蜓立上头。</p>
</div>
<p class="flip">请点击这里</p>
</body>
</html>
```

运行结果如图 15-13 所示。单击页面中的"请点击这里"文字，网页中显示的元素就可以在显示与隐藏之间进行切换。

图 15-13　通过高度的变化动态切换网页元素的可见性

15.4　自定义的动画效果

有时程序预设的动画效果并不能满足用户的需求，这时就需要采取高级的自定义动画来解决这个问题。在 jQuery 中，要实现自定义动画效果，主要使用 animate()方法创建自定义动画，使用 stop()方法停止动画。

15.4.1　创建自定义动画

使用 animate()方法创建自定义动画的方法更加自由，可以随意控制元素的元素，实现更为绚丽的动画效果。其语法格式如下：

```
$(selector).animate({params},speed,callback);
```

参数说明如下。
- params：必选项，定义形成动画的 CSS 属性。
- speed：可选项，规定效果的时长，可以取 slow、fast 或毫秒等参数。
- callback：可选项，是动画完成后所执行的函数名称。

在默认情况下,所有 HTML 元素都有一个静态位置,且无法移动。如果需要对位置进行操作,要记得首先把元素的 CSS position 属性设置为 relative、fixed 或 absolute。

【例 15.14】(示例文件 ch15\15.14.html)

创建自定义动画效果:

```
<!DOCTYPE html>
<html>
<head>
<script src="jquery.min.js"></script>
<script>
$(document).ready(function(){
    $("button").click(function(){
        var div = $("div");
        div.animate({left:'100px'},"slow");
        div.animate({fontSize:'3em'},"slow");
    });
});
</script>
</head>
<body>
<button>开始动画</button>
<div
  style="background:#98bf21;height:100px;width:200px;position:absolute;">
  HELLO</div>
</body>
</html>
```

运行结果如图 15-14 所示。单击页面中的"开始动画"按钮,网页中显示的元素就会以设定的动画效果运行。

图 15-14 创建自定义动画效果

15.4.2 停止动画

stop()方法用于停止动画或效果。stop()方法适用于所有 jQuery 效果函数,包括滑动、淡入淡出和自定义动画。在默认情况下，stop()会清除在被选元素上指定的当前动画。

stop()方法的语法格式如下：

```
$(selector).stop(stopAll,goToEnd);
```

- stopAll：可选项，规定是否应该清除动画队列。默认是 false，即仅停止活动的动画，允许任何排入队列的动画向后执行。
- goToEnd：可选项，规定是否立即完成当前动画。默认是 false。

【例 15.15】(示例文件 ch15\15.15.html)

停止动画效果：

```
<!DOCTYPE html>
<html>
<head>
<script src="jquery.min.js"></script>
<script>
$(document).ready(function(){
    $("#flip").click(function(){
        $("#panel").slideDown(5000);
    });
    $("#stop").click(function(){
        $("#panel").stop();
    });
});
</script>
<style type="text/css">
#panel,#flip
{
    padding: 5px;
    text-align: center;
    background-color: #e5eecc;
    border: solid 1px #c3c3c3;
}
#panel
{
    padding: 50px;
    display: none;
}
</style>
</head>
<body>
<button id="stop">停止滑动</button>
<div id="flip">点击这里，向下滑动面板</div>
<div id="panel">Hello jQuery!</div>
</body>
</html>
```

运行结果如图 15-15 所示。单击页面中的"点击这里，向下滑动面板"文字，下面的网页元素开始慢慢滑动以显示隐藏的元素。在滑动的过程中，如果想要停止滑动，可以单击

"停止滑动"按钮，即可停止滑动。

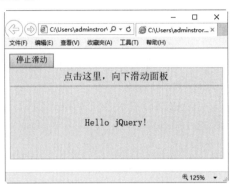

图 15-15　停止动画效果

15.5　疑 难 解 惑

疑问 1：淡入淡出的工作原理是什么？

答：让元素在页面中不可见，常用的办法就是通过设置样式的 display:none。除此之外还有一些类似的办法可以达到这个目的，如设置元素透明度为 0，可以让元素不可见。透明度的参数是 0~1 之间的值，通过改变这个值可以让元素有一个透明度效果。本章中讲述的淡入淡出动画 fadeIn()和 fadeOut()方法正是这样的原理。

疑问 2：通过 CSS 如何实现隐藏元素的效果？

答：hide()方法是隐藏元素的最简单方法。如果没有参数，匹配的元素将被立即隐藏，没有动画。这大致相当于调用.css('display', 'none')。其中 display 属性值保存在 jQuery 的数据缓存中，所以 display 可以方便以后恢复到其初始值。如果一个元素的 display 属性值为 inline，那么隐藏再显示时，这个元素将再次显示 inline。

第 16 章

jQuery 的事件处理

脚本语言有了事件就有了"灵魂",可见事件对于脚本语言是多么重要。这是因为事件使页面具有了动态性和响应性。如果没有事件,将很难完成页面与用户之间的交互。本章就来介绍 jQuery 的事件处理。

16.1 jQuery 的事件机制概述

jQuery 有效地简化了 JavaScript 的编程。jQuery 的事件机制是事件方法会触发匹配元素的事件，或将函数绑定到所有匹配元素的某个事件。

16.1.1 什么是 jQuery 的事件机制

jQuery 的事件处理机制在 jQuery 框架中起着重要的作用。jQuery 的事件处理方法是 jQuery 中的核心函数。通过 jQuery 的事件处理机制，可以创造自定义的行为，比如说改变样式、效果显示、提交等，使网页效果更加丰富。

使用 jQuery 事件处理机制比直接使用 JavaScript 本身内置的一些事件响应方式更加灵活，且不容易暴露在外，并且有更加优雅的语法，大大减少了编写代码的工作量。

jQuery 的事件处理机制包括页面加载、事件绑定、事件委派、事件切换四种机制。

16.1.2 切换事件

切换事件是指在一个元素上绑定了两个以上的事件，在各个事件之间进行的切换动作。例如，当鼠标放置在图片上时触发一个事件，当鼠标单击后又触发一个事件，可以用切换事件来实现。

在 jQuery 中，有两个方法用于事件的切换：一个是 hover()；另一个是 toggle()。

当需要设置在鼠标悬停和鼠标移出的事件中进行切换时，使用 hover()方法。下面的例子中，当鼠标悬停在文字上时，显示一段文字的效果。

【例 16.1】(示例文件 ch16\16.1.html)

切换事件：

```
<!DOCTYPE html>
<html>
<head>
<meta http-equiv="Content-Type" content="text/html; charset=gb2312" />
<title>hover()切换事件</title>
<script type="text/javascript" src="jquery.min.js"></script>
<script type="text/javascript">
$(document).ready(function(){
   $(".clsContent").hide();
});
$(function(){
   $(".clsTitle").hover(function(){
      $(".clsContent").show();
   },
   function(){
      $(".clsContent").hide();
   })
```

```
})
</script>
</head>
<body>
<div class="clsTitle">石灰吟</div>
<div class="clsContent">千锤万凿出深山,烈火焚烧若等闲。粉身碎骨全不怕,要留清白在人
间。</div>
</body>
</html>
```

在 IE 11.0 中浏览页面,效果如图 16-1 所示。将鼠标放置在"石灰吟"文字上,最终结果如图 16-2 所示。

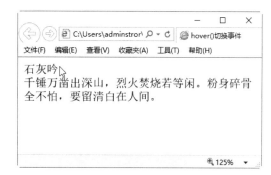

图 16-1　程序初始结果　　　　　　　　　　图 16-2　鼠标悬停后的结果

切换事件可以绑定两个或更多函数。当指定元素被点击时,在两个或多个函数之间轮流切换。

如果规定了两个以上的函数,则 toggle()方法将切换所有函数。例如,如果存在三个函数,则第一次点击将调用第一个函数,第二次点击调用第二个函数,第三次点击调用第三个函数,第四次点击再次调用第一个函数,以此类推。

【例 16.2】(示例文件 ch16\16.2.html)

在多个函数之间轮流切换:

```
<!DOCTYPE html>
<html>
<head>
<meta http-equiv="Content-Type" content="text/html; charset=gb2312" />
<title>toggle()切换事件</title>
<script type="text/javascript" src="jquery.min.js"></script>
<script type="text/javascript">
$(document).ready(function(){
   $("button").toggle(function(){
      $("body").css("background-color","red");},
      function(){
      $("body").css("background-color","yellow");},
      function(){
      $("body").css("background-color","green");}
   );
```

```
});
</script>
</head>
<body>
<button>切换背景颜色</button>
</body>
</html>
```

在 IE 11.0 中浏览页面,效果如图 16-3 所示。单击"切换背景颜色"按钮,结果如图 16-4 所示。通过不停地单击按钮,背景即可在指定的 3 个颜色之间切换。

图 16-3　程序初始结果

图 16-4　切换结果

16.1.3　事件冒泡

在一个对象上触发某类事件(如单击 onclick 事件),如果此对象定义了此事件的处理程序,那么此事件就会调用这个处理程序。如果没有定义此事件处理程序或者事件返回 true,那么这个事件会向这个对象的父级对象传播,从里到外,直至它被处理(父级对象的所有同类事件都将被激活),或者它到达了对象层次的最顶层,即 document 对象(有些浏览器是 window 对象)。

【例 16.3】(示例文件 ch16\16.3.html)

事件冒泡:

```
<!DOCTYPE html>
<html>
<head>
<meta http-equiv="Content-Type" content="text/html; charset=gb2312" />
<script type="text/javascript" src="jquery.min.js"></script>
<script type="text/javascript">
function add(Text){
    var Div = document.getElementById("display");
    Div.innerHTML += Text;   //输出点击顺序
}
</script>
</head>
<body onclick="add('第三层事件<br>');">
    <div onclick="add('第二层事件<br>');">
        <p onclick="add('第一层事件<br>');">事件冒泡</p>
```

```
        </div>
        <div id="display"></div>
</body>
</html>
```

在 IE 11.0 中浏览页面，效果如图 16-5 所示。单击"事件冒泡"文字，最终结果如图 16-6 所示。代码为 p、div、body 都添加了 onclick()函数，当单击 p 的文字时，触发事件，并且触发顺序是由最底层依次向上触发。

图 16-5　程序初始结果

图 16-6　单击"事件冒泡"文字后

16.2　页面加载响应事件

jQuery 中的$(doucument).ready()事件是页面加载响应事件。ready()是 jQuery 事件模块中最重要的一个函数。这个方法可以看作是对 window.onload 注册事件的替代方法。通过使用这个方法，可以在 DOM 载入就绪时立刻调用所绑定的函数，而几乎所有的 JavaScript 函数都需要在那一刻执行。ready()函数仅能用于当前文档，因此无需选择器。

ready()函数的语法格式有如下三种。
- 语法 1：$(document).ready(function);
- 语法 2：$().ready(function);
- 语法 3：$(function);

其中参数 function 是必选项，规定当文档加载后要运行的函数。

【例 16.4】(示例文件 ch16\16.4.html)

使用 ready()函数：

```
<!DOCTYPE html>
<html>
<head>
<meta http-equiv="Content-Type" content="text/html; charset=gb2312" />
<script type="text/javascript" src="jquery.min.js"></script>
<script type="text/javascript">
$(document).ready(function(){
    $(".btn1").click(function(){
        $("p").slideToggle();
    });
```

```
});
</script>
</head>
<body>
<p>此去经年，应是良辰好景虚设。便纵有千种风情，更与何人说？</p>
<button class="btn1">隐藏</button>
</body>
</html>
```

在 IE 11.0 中浏览页面，效果如图 16-7 所示。单击"隐藏"按钮，结果如图 16-8 所示。可见在文档加载后激活了函数。

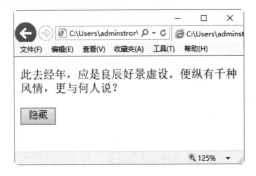

图 16-7　程序初始结果

图 16-8　单击按钮后的结果

16.3　jQuery 中的事件函数

在网站开发过程中，经常使用的事件函数包括键盘操作、鼠标操作、表单提交、焦点触发等事件。

16.3.1　键盘操作事件

日常开发中常见的键盘操作包括 keydown()、keypress()和 keypress()，如表 16-1 所示。

表 16-1　键盘操作事件

方　　法	含　　义
keydown()	触发或将函数绑定到指定元素的 key down 事件(按下键盘上某个按键时触发)
keypress()	触发或将函数绑定到指定元素的 key press 事件(按下某个按键并产生字符时触发)
keyup()	触发或将函数绑定到指定元素的 key up 事件(释放某个按键时触发)

完整的按键过程应该分为两步：首先按键被按下；然后按键被释放并复位。这里就触发了 keydown()和 keyup()事件函数。

下面通过示例来讲解 keydown()和 keyup()事件函数的使用方法。

【例 16.5】(示例文件 ch16\16.5.html)

使用 keydown()和 keyup()事件函数：

```
<!DOCTYPE html>
<html>
<head>
<meta http-equiv="Content-Type" content="text/html; charset=gb2312" />
<script type="text/javascript" src="jquery.min.js"></script>
<script type="text/javascript">
$(document).ready(function(){
    $("input").keydown(function(){
        $("input").css("background-color","yellow");
    });
    $("input").keyup(function(){
        $("input").css("background-color","red");
    });
});
</script>
</head>
<body>
Enter your name: <input type="text" />
<p>当发生 keydown 和 keyup 事件时，输入域会改变颜色。</p>
</body>
</html>
```

在 IE 11.0 中浏览页面，当按下按键时，输入域的背景色为黄色，效果如图 16-9 所示。当释放按键时，输入域的背景色为红色，效果如图 16-10 所示。

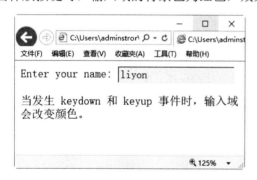

图 16-9　按下按键时输入域的背景色　　　图 16-10　释放按键时输入域的背景色

keypress 事件与 keydown 事件类似。当按键被按下时，会发生该事件。它发生在当前获得焦点的元素上。不过，与 keydown 事件不同，每插入一个字符，就会发生 keypress 事件。keypress()方法触发 keypress 事件，或规定当发生 keypress 事件时运行的函数。

下面通过示例来讲解 keypress()事件函数的使用方法。

【例 16.6】(示例文件 ch16\16.6.html)

使用 keypress()事件函数：

```
<!DOCTYPE html>
<html>
<head>
<meta http-equiv="Content-Type" content="text/html; charset=gb2312" />
<script type="text/javascript" src="jquery.min.js"></script>
```

```
<script type="text/javascript">
i = 0;
$(document).ready(function(){
   $("input").keypress(function(){
      $("span").text(i+=1);
   });
});
</script>
</head>
<body>
Enter your name: <input type="text" />
<p>Keypresses:<span>0</span></p>
</body>
</html>
```

在 IE 11.0 中浏览页面，按下按键输入内容时，即可看到显示的按键次数，效果如图 16-11 所示。继续输入内容，则按下按键数发生相应的变化，效果如图 16-12 所示。

图 16-11 输入 2 个字母的效果

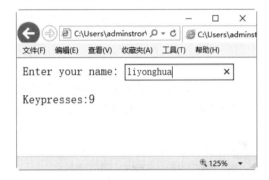

图 16-12 输入 9 个字母的效果

16.3.2 鼠标操作事件

与键盘操作事件相比，鼠标操作事件比较多。常见的鼠标操作的含义如表 16-2 所示。

表 16-2 鼠标操作事件

方 法	含 义
mousedown()	触发或将函数绑定到指定元素的 mouse down 事件(鼠标的按键被按下)
mouseenter()	触发或将函数绑定到指定元素的 mouse enter 事件(当鼠标指针进入(穿过)目标时)
mouseleave()	触发或将函数绑定到指定元素的 mouse leave 事件(当鼠标指针离开目标时)
mousemove()	触发或将函数绑定到指定元素的 mouse move 事件(鼠标在目标的上方移动)
mouseout()	触发或将函数绑定到指定元素的 mouse out 事件(鼠标移出目标的上方)
mouseover()	触发或将函数绑定到指定元素的 mouse over 事件(鼠标移到目标的上方)
mouseup()	触发或将函数绑定到指定元素的 mouse up 事件(鼠标的按键被释放弹起)
click()	触发或将函数绑定到指定元素的 click 事件(单击鼠标的按键)
dblclick()	触发或将函数绑定到指定元素的 double click 事件(双击鼠标的按键)

下面通过使用 mousemove 事件函数实现鼠标定位的效果。

【例 16.7】(示例文件 ch16\16.7.html)

使用 mousemove 事件函数：

```
<!DOCTYPE html>
<html>
<head>
<meta http-equiv="Content-Type" content="text/html; charset=gb2312" />
<script type="text/javascript" src="jquery.min.js"></script>
<script type="text/javascript">
$(document).ready(function(){
    $(document).mousemove(function(e){
        $("span").text(e.pageX + ", " + e.pageY);
    });
});
</script>
</head>
<body>
<p>鼠标位于坐标：<span></span>.</p>
</body>
</html>
```

在 IE 11.0 中浏览页面，效果如图 16-13 所示。随着鼠标的移动，将显示鼠标的坐标。

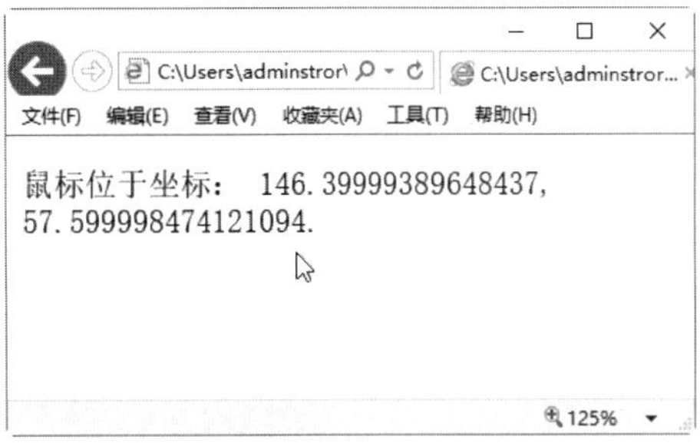

下面通过示例来讲解鼠标 mouseover 和 mouseout 事件函数的使用方法。

图 16-13 使用 mousemove 事件函数

【例 16.8】(示例文件 ch16\16.8.html)

使用 mouseover 和 mouseout 事件函数：

```
<!DOCTYPE html>
<html>
<head>
<meta http-equiv="Content-Type" content="text/html; charset=gb2312" />
<script type="text/javascript" src="jquery.min.js"></script>
<script type="text/javascript">
$(document).ready(function(){
    $("p").mouseover(function(){
        $("p").css("background-color","yellow");
    });
    $("p").mouseout(function(){
        $("p").css("background-color","#E9E9E4");
    });
});
</script>
</head>
<body>
<p style="background-color:#E9E9E4">请把鼠标指针移动到这个段落上。</p>
</body>
</html>
```

在 IE 11.0 中浏览页面，效果如图 16-14 所示。将鼠标放置在段落上的效果如图 16-15 所示。该案例实现了当鼠标从元素上移入移出时，改变元素的背景色。

图 16-14　初始效果

图 16-15　鼠标放置在段落上的效果

下面通过示例来讲解鼠标 click 和 dblclick 事件函数的使用方法。

【例 16.9】(示例文件 ch16\16.9.html)

使用 click 和 dblclick 事件函数：

```
<!DOCTYPE html>
<html>
<head>
<meta http-equiv="Content-Type" content="text/html; charset=gb2312" />
<script type="text/javascript" src="jquery.min.js"></script>
<script type="text/javascript">
$(document).ready(function(){
   $("#btn1").click(function(){
      $("#id1").slideToggle();
   });
   $("#btn2").dblclick(function(){
      $("#id2").slideToggle();
   });
});
</script>
</head>
<body>
<div id="id1">墙角数枝梅，凌寒独自开。
   </div></p>
<button id="btn1">单击隐藏</button></p>
<div id="id2">遥知不是雪，为有暗香来。
   </div></p>
<button id="btn2">双击隐藏</button></p>
</body>
</html>
```

在 IE 11.0 中浏览页面，效果如图 16-16 所示。单击"单击隐藏"按钮，效果如图 16-17 所示。双击"双击隐藏"按钮，效果如图 16-18 所示。

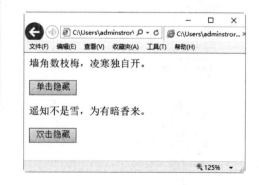

图 16-16　初始效果

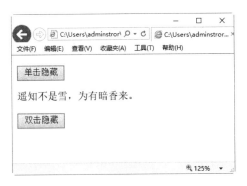

图 16-17 单击鼠标的效果

图 16-18 双击鼠标的效果

16.3.3 其他常用事件

除了上面讲述的常用事件外，还有一些如表单提交、焦点触发等事件，如表 16-3 所示。

表 16-3 其他常用的事件

方 法	描 述
blur()	触发或将函数绑定到指定元素的 blur 事件(有元素或者窗口失去焦点时触发事件)
change()	触发或将函数绑定到指定元素的 change 事件(文本框内容改变时触发事件)
error()	触发或将函数绑定到指定元素的 error 事件(脚本或者图片加载错误、失败后触发事件)
resize()	触发或将函数绑定到指定元素的 resize 事件
scroll()	触发或将函数绑定到指定元素的 scroll 事件
focus()	触发或将函数绑定到指定元素的 focus 事件(有元素或者窗口获取焦点时触发事件)
select()	触发或将函数绑定到指定元素的 select 事件(文本框中的字符被选择之后触发事件)
submit()	触发或将函数绑定到指定元素的 submit 事件(表单"提交"之后触发事件)
load()	触发或将函数绑定到指定元素的 load 事件(页面加载完成后在 window 上触发，图片加载完在自身触发)
unload()	触发或将函数绑定到指定元素的 unload 事件(与 load 相反，即卸载完成后触发)

下面挑选几个事件来讲解使用方法。

blur()函数触发 blur 事件，如果设置了 function 参数，该函数也可以规定当发生 blur 事件时执行的代码。

【例 16.10】(示例文件 ch16\16.10.html)

使用 blur()函数：

```
<!DOCTYPE html>
<html>
<head>
<meta http-equiv="Content-Type" content="text/html; charset=gb2312" />
<script type="text/javascript" src="jquery.min.js"></script>
```

```
<script type="text/javascript">
$(document).ready(function(){
   $("input").focus(function(){
      $("input").css("background-color","#FFFFCC");
   });
   $("input").blur(function(){
      $("input").css("background-color","#D6D6FF");
   });
});
</script>
</head>
<body>
Enter your name: <input type="text" />
<p>请在上面的输入域中点击,使其获得焦点,然后在输入域外面点击,使其失去焦点。</p>
</body>
</html>
```

在 IE 11.0 中浏览页面,在输入框中输入"洗衣机"文字,效果如图 16-19 所示。当用鼠标单击文本框以外的空白处时,效果如图 16-20 所示。

当元素的值发生改变时,可以使用 change 事件。该事件仅适用于文本域,以及 textarea 和 select 元素。change()函数触发 change 事件,或规定当发生 change 事件时运行的函数。

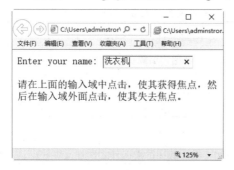

图 16-19　获得焦点后的效果

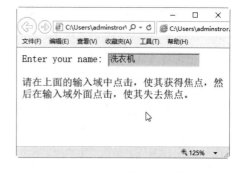

图 16-20　失去焦点后的效果

【例 16.11】(示例文件 ch16\16.11.html)

```
<!DOCTYPE html>
<html>
<head>
<meta http-equiv="Content-Type" content="text/html; charset=gb2312" />
<script type="text/javascript" src="jquery.min.js"></script>
<script type="text/javascript">
$(document).ready(function(){
   $(".field").change(function(){
      $(this).css("background-color","#FFFFCC");
   });
});
</script>
</head><body>
<p>在某个域被使用或改变时,它会改变颜色。</p>
输入客户姓名: <input class="field" type="text" />
```

```
<p>汽车品牌：
<select class="field" name="cars">
<option value="volvo">Volvo</option>
<option value="saab">Saab</option>
<option value="fiat">Fiat</option>
<option value="audi">Audi</option>
</select></p>
</body></html>
```

在 IE 11.0 中浏览页面，效果如图 16-21 所示。输入客户的名称和选择汽车品牌后，即可看到文本框的底纹发生了变化，效果如图 16-22 所示。

图 16-21　初始效果　　　　　　　　图 16-22　修改元素值后的效果

16.4　事件的基本操作

16.4.1　绑定事件

在 jQuery 中，可以用 bind()函数给 DOM 对象绑定一个事件。bind()函数为被选元素添加一个或多个事件处理程序，并规定事件发生时运行的函数。

规定向被选元素添加的一个或多个事件处理程序，以及当事件发生时运行的函数时，使用的语法格式如下：

```
$(selector).bind(event,data,function)
```

其中 event 为必选项，规定添加到元素的一个或多个事件，由空格分隔多个事件，必须是有效的事件。Data 为可选项，规定传递到函数的额外数据。Function 为必选项，规定当事件发生时运行的函数。

【例 16.12】(示例文件 ch16\16.12.html)

用 bind()函数绑定事件：

```
<!DOCTYPE html>
<html>
<head>
<meta http-equiv="Content-Type" content="text/html; charset=gb2312" />
<script type="text/javascript" src="jquery.min.js"></script>
<script type="text/javascript">
$(document).ready(function(){
```

```
        $("button").bind("click",function(){
            $("p").slideToggle();
        });
    });
</script>
</head>
<body>
<p>寒雨连江夜入吴,平明送客楚山孤。洛阳亲友如相问,一片冰心在玉壶。</p>
<button>单击隐藏文字</button>
</body>
</html>
```

在 IE 11.0 中浏览页面,初始效果如图 16-23 所示。单击"单击隐藏文字"按钮,效果如图 16-24 所示。

图 16-23　初始效果

图 16-24　单击按钮后的效果

16.4.2　触发事件

事件绑定后,可用 trigger()方法进行触发操作。trigger()方法规定被选元素要触发的事件。trigger()函数的语法格式如下:

```
$(selector).trigger(event,[param1,param2,...])
```

其中 event 为触发事件的动作,如 click、dblclick。

【例 16.13】(示例文件 ch16\16.13.html)

使用 trigger()函数来触发事件:

```
<!DOCTYPE html>
<html>
<head>
<meta http-equiv="Content-Type" content="text/html; charset=gb2312" />
<script type="text/javascript" src="jquery.min.js"></script>
<script type="text/javascript">
$(document).ready(function(){
    $("input").select(function(){
        $("input").after("文本被选中!");
    });
    $("button").click(function(){
        $("input").trigger("select");
    });
```

```
});
</script>
</head>
<body>
<input type="text" name="FirstName" value="春花秋月何时了" />
<br />
<button>激活事件</button>
</body>
</html>
```

在 IE 11.0 中浏览页面，效果如图 16-25 所示。选择文本框中的文字或者单击"激活事件"按钮，效果如图 16-26 所示。

图 16-25　初始效果

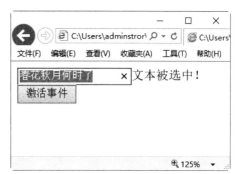

图 16-26　激活事件后的效果

16.4.3　移除事件

unbind()方法移除被选元素的事件处理程序。该方法能够移除所有的或被选的事件处理程序，或者当事件发生时终止指定函数的运行。unbind()方法适用于任何通过 jQuery 附加的事件处理程序。

unbind()方法使用的语法格式如下：

```
$(selector).unbind(event,function)
```

其中 event 是可选参数。规定删除元素的一个或多个事件，由空格分隔多个事件值。function 是可选参数，规定从元素的指定事件取消绑定的函数名。如果没有规定参数，unbind()方法会删除指定元素的所有事件处理程序。

【例 16.14】(示例文件 ch16\16.14.html)

使用 unbind()方法：

```
<!DOCTYPE html>
<html>
<head>
<meta http-equiv="Content-Type" content="text/html; charset=gb2312" />
<script type="text/javascript" src="jquery.min.js"></script>
<script type="text/javascript">
$(document).ready(function(){
```

```
    $("p").click(function(){
        $(this).slideToggle();
    });
    $("button").click(function(){
        $("p").unbind();
    });
});
</script>
</head>
<body>
<p>这是一个段落。</p>
<p>这是另一个段落。</p>
<p>点击任何段落可以令其消失。包括本段落。</p>
<button>删除 p 元素的事件处理器</button>
</body>
</html>
```

在 IE 11.0 中浏览页面，效果如图 16-27 所示。单击任意段落即可让其消失，如图 16-28 所示。单击"删除 p 元素的事件处理器"按钮后，再次单击任意段落，则不会出现消失的效果。可见此时已经移除了事件。

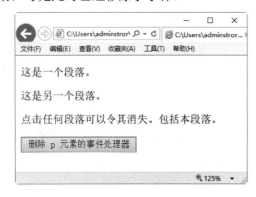

图 16-27 初始效果

图 16-28 激活事件后的效果

16.5 实战演练——制作绚丽的多级动画菜单

本节主要制作绚丽的多级动画菜单效果。鼠标经过菜单区域时动画式展开大幅的下拉菜单，具有动态效果，显得更加生动活泼。具体操作步骤如下：

step 01 设计基本的网页框架。代码如下：

```
<!DOCTYPE html>
<html>
<head>
<meta http-equiv="Content-Type" content="text/html; charset=gb2312" />
</head>
<body>
<div class="box">
<ul id="veryhuo_menu" class="veryhuo_menu">
```

```
<li>
<span>淘宝特色服务</span><!-- Increases to 510px in width-->
<div class="ldd_submenu">
<ul>
<li class="ldd_heading">主题市场</li>
<li><a href="#">运动派</a></li>
<li><a href="#">情侣</a></li>
<li><a href="#">家具</a></li>
<li><a href="#">美食</a></li>
<li><a href="#">有车族</a></li>
</ul>
<ul>
<li class="ldd_heading">特色购物</li>
<li><a href="#">全球购</a></li>
<li><a href="#">淘女郎</a></li>
<li><a href="#">挑食</a></li>
<li><a href="#">搭配</a></li>
<li><a href="#">同城便民</a></li>
<li><a href="#">淘宝同学</a></li>
</ul>
<ul>
<li class="ldd_heading">优惠促销</li>
<li><a href="#">天天特价</a></li>
<li><a href="#">免费试用</a></li>
<li><a href="#">清仓</a></li>
<li><a href="#">一元起拍</a></li>
<li><a href="#">淘金币</a></li>
<li><a href="#t">聚划算</a></li>
</ul>
</div>
</body>
</html>
```

step 02 运行上述代码，效果如图 16-29 所示。

图 16-29 程序运行效果

step 03 为各级菜单添加 CSS 样式风格。代码如下:

```css
<style>
*{
padding:0;
margin:0;
}
body{
background:#f0f0f0;
font-family:"Helvetica Neue",Arial,Helvetica,Geneva,sans-serif;
overflow-x:hidden;
}
span.reference{
position:fixed;
left:10px;
bottom:10px;
font-size:11px;
}
span.reference a{
color:#DF7B61;
text-decoration:none;
text-transform:uppercase;
text-shadow:0 1px 0 #fff;
}
span.reference a:hover{
color:#000;
}
.box{
margin-top:129px;
height:460px;
width:100%;
position:relative;
background:#fff url(/uploads/allimg/1202/veryhuo_click.png) no-repeat 380px 180px;
-moz-box-shadow:0px 0px 10px #aaa;
-webkit-box-shadow:0px 0px 10px #aaa;
-box-shadow:0px 0px 10px #aaa;
}
.box h2{
color:#f0f0f0;
padding:40px 10px;
text-shadow:1px 1px 1px #ccc;
}
ul.veryhuo_menu{
margin:0px;
padding:0;
display:block;
height:50px;
background-color:#D04528;
list-style:none;
```

```css
font-family:"Trebuchet MS", sans-serif;
border-top:1px solid #EF593B;
border-bottom:1px solid #EF593B;
border-left:10px solid #D04528;
-moz-box-shadow:0px 3px 4px #591E12;
-webkit-box-shadow:0px 3px 4px #591E12;
-box-shadow:0px 3px 4px #591E12;
}
ul.veryhuo_menu a{
text-decoration:none;
}
ul.veryhuo_menu > li{
float:left;
position:relative;
}
ul.veryhuo_menu > li > span{
float:left;
color:#fff;
background-color:#D04528;
height:50px;
line-height:50px;
cursor:default;
padding:0px 20px;
text-shadow:0px 0px 1px #fff;
border-right:1px solid #DF7B61;
border-left:1px solid #C44D37;
}
ul.veryhuo_menu .ldd_submenu{
position:absolute;
top:50px;
width:550px;
display:none;
opacity:0.95;
left:0px;
font-size:10px;
background: #C34328;
border-top:1px solid #EF593B;
-moz-box-shadow:0px 3px 4px #591E12 inset;
-webkit-box-shadow:0px 3px 4px #591E12 inset;
-box-shadow:0px 3px 4px #591E12 inset;
}
a.ldd_subfoot{
background-color:#f0f0f0;
color:#444;
display:block;
clear:both;
padding:15px 20px;
text-transform:uppercase;
font-family: Arial, serif;
font-size:12px;
```

```css
text-shadow:0px 0px 1px #fff;
-moz-box-shadow:0px 0px 2px #777 inset;
-webkit-box-shadow:0px 0px 2px #777 inset;
-box-shadow:0px 0px 2px #777 inset;
}
ul.veryhuo_menu ul{
list-style:none;
float:left;
border-left:1px solid #DF7B61;
margin:20px 0px 10px 30px;
padding:10px;
}
li.ldd_heading{
font-family: Georgia, serif;
font-size: 13px;
font-style: italic;
color:#FFB39F;
text-shadow:0px 0px 1px #B03E23;
padding:0px 0px 10px 0px;
}
ul.veryhuo_menu ul li a{
font-family: Arial, serif;
font-size:10px;
line-height:20px;
color:#fff;
padding:1px 3px;
}
ul.veryhuo_menu ul li a:hover{
-moz-box-shadow:0px 0px 2px #333;
-webkit-box-shadow:0px 0px 2px #333;
box-shadow:0px 0px 2px #333;
background:#AF412B;
}
</style>
```

step 04 添加实现多级动态菜单的代码，确保子菜单随着需求隐藏或者显现：

```html
<!-- The JavaScript -->
<script type="text/javascript" src="jquery.min.js"></script>
<script type="text/javascript">
$(function() {
var $menu = $('#veryhuo_menu');
$menu.children('li').each(function(){
var $this = $(this);
var $span = $this.children('span');
$span.data('width',$span.width());
$this.bind('mouseenter',function(){
$menu.find('.ldd_submenu').stop(true,true).hide();
$span.stop().animate({'width':'510px'},300,function(){
$this.find('.ldd_submenu').slideDown(300);
});
}).bind('mouseleave',function(){
```

```
$this.find('.ldd_submenu').stop(true,true).hide();
$span.stop().animate({'width':$span.data('width')+'px'},300);
});
});
});
</script>
```

step 05 运行最终的案例代码,效果如图 16-30 所示。

图 16-30　程序运行初始效果

step 06 将鼠标放置在"淘宝特色服务"链接文字上,动态显示多级菜单,效果如图 16-31 所示。

图 16-31　展开菜单的效果

16.6　疑 难 解 惑

疑问 1:如何屏蔽鼠标的右键?

答:有些网站为了提高网页的安全性,屏蔽了鼠标右键。使用鼠标事件函数即可轻松地实现此功能。具体的功能代码如下:

```
<script language="javascript">
function block(Event){
    if(window.event)
```

```
        Event = window.event;
    if(Event.button == 2)
        alert("右键被屏蔽");
}
document.onmousedown = block;
</script>
```

疑问 2：mouseover()和 mouseenter()的区别是什么？

答：在 jQuery 中，mouseover()和 mouseenter()都在鼠标进入元素时触发，但是它们有所不同：

- 如果元素内置有子元素，不论鼠标指针穿过被选元素还是其子元素，都会触发 mouseover 事件。而只有在鼠标指针穿过被选元素时，才会触发 mouseenter 事件。mouseenter 子元素不会反复触发事件，否则在 IE 中经常有闪烁情况发生。
- 在没有子元素时，mouseover()和 mouseenter()事件结果一致。

第 17 章

jQuery 的功能函数

jQuery 提供了很多功能函数,通过使用功能函数,用户可以轻松地实现需要的功能。本章主要讲述功能函数的基本概念,常用功能函数的使用方法,如何调用外部代码的方法等。

17.1 功能函数概述

jQuery 将常用功能的函数进行了总结和封装，这样用户在使用时，直接调用即可，不仅方便了开发者使用，而且大大提高了开发者的效率。jQuery 提供的这些实现常用功能的函数，被称作功能函数。

例如，开发人员经常需要对数组和对象进行操作，jQuery 就提供了对元素进行遍历、筛选、合并等操作的函数。下面通过一个例子来理解。

【例 17.1】(示例文件 ch17\17.1.html)

对数组和对象进行操作：

```
<!DOCTYPE html>
<html>
<head>
<meta http-equiv="Content-Type" content="text/html; charset=gb2312" />
<title>合并数组 </title>
<script type="text/javascript" src="jquery.min.js"></script>
<script type="text/javascript">
$(function(){
   var first = ['A','B','C','D'];
   var second = ['E','F','G','H'];
   $("p:eq(0)").text("数组a: " + first.join());
   $("p:eq(1)").text("数组b: " + second.join());
   $("p:eq(2)").text("合并数组: "
     + ($.merge($.merge([],first), second)).join());
});
</script>
</head>
<body>
<p></p><p></p><p></p>
</body>
<html>
```

在 IE 11.0 中浏览，效果如图 17-1 所示。

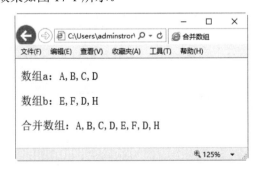

图 17-1 对数组和对象进行操作

17.2 常用的功能函数

了解功能函数的概念后，下面讲述常用功能函数的使用方法。

17.2.1 操作数组和对象

上一节中，讲述了数组的合并操作方法。对于数组和对象的操作，主要包括元素的遍历、筛选、合并等。

（1）jQuery 提供的 each()方法用于为每个匹配元素规定运行的函数。可以使用 each()方法来遍历数组和对象。其语法格式如下：

```
$.each(object,fn);
```

其中，object 是需要遍历的对象，fn 是一个函数，这个函数是所遍历的对象都需要执行的。它可以接收两个参数：一是数组对象的属性或者元素的序号；二是属性或者元素的值。这里需要注意的是：jQuery 还提供$.each()，可以获取一些不熟悉对象的属性值。例如，不清楚一个对象包含什么属性，就可以使用$.each()进行遍历。

【例 17.2】(示例文件 ch17\17.2.html)

使用 each()方法：

```
<!DOCTYPE html>
<html>
<head>
<meta http-equiv="Content-Type" content="text/html; charset=gb2312" />
<title>each()方法</title>
<script type="text/javascript" src="jquery.min.js"></script>
<script type="text/javascript">
$(document).ready(function(){
    $("button").click(function(){
        $("li").each(function(){
            alert($(this).text())
        });
    });
});
</script>
</head>
<body>
<button>输出每个列表项的值</button>
<ul>
<li>野径云俱黑</li>
<li>江船火独明</li>
<li>晓看红湿处</li>
<li>花重锦官城</li>
</ul>
</body>
</html>
```

在 IE 11.0 中浏览页面，单击"输出每个列表项的值"按钮，弹出每个列表中的值，依次单击"确定"按钮，即可显示每个列表项的值，效果如图 17-2 所示。

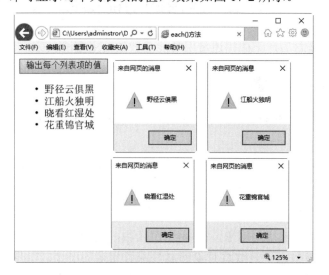

图 17-2　显示每个列表项的值

(2) jQuery 提供的 grep()方法用于数组元素过滤筛选。其语法格式如下：

`grep(array,fn,invert)`

其中，array 指待过滤数组；fn 是过滤函数，对于数组中的对象，如果返回值是 true，就保留，返回值是 false 就去除；invert 是可选项，当设置为 true 时 fn 函数取反，即满足条件的被剔除出去。

【例 17.3】(示例文件 ch17\17.3.html)

使用 grep()方法：

```
<!DOCTYPE html>
<html>
<head>
<meta http-equiv="Content-Type" content="text/html; charset=gb2312" />
<script type="text/javascript" src="jquery.min.js"></script>
<script type="text/javascript">
var Array = [1,2,3,4,5,6,7];
var Result = $.grep(Array,function(value){
    return (value > 2);
});
document.write("原数组： " + Array.join() + "<br>");
document.write("筛选大于 2 的结果为： " + Result.join());
</script>
</head>
<body>
</body>
</html>
```

在 IE 11.0 中浏览，效果如图 17-3 所示。

(3) jQuery 提供的 map()方法用于把每个元素通过函数传递到当前匹配集合中，生成包含返回值的新的 Query 对象。通过使用 map()方法，可以统一转换数组中的每一个元素值。其语法格式如下：

```
$.map(array,fn)
```

其中，array 是需要转化的目标数组，fn 显然就是转化函数，这个 fn 的作用就是对数组中的每一项都执行转化函数。它接收两个可选参数：一是元素的值；二是元素的序号。

图 17-3　使用 grep()方法

【例 17.4】(示例文件 ch17\17.4.html)

使用 map()方法：

```
<!DOCTYPE html>
<html>
<head>
<meta http-equiv="Content-Type" content="text/html; charset=gb2312" />
<script type="text/javascript" src="jquery.min.js"></script>
<script type="text/javascript">
$(function(){
   var arr1 = ["apple", "apricot", "chestnut", "pear ","banana"];
   arr2 = $.map(arr1,function(value,index){
       return (value.toUpperCase());
   });
   $("p:eq(0)").text("原数组值: " + arr1.join());
   $("p:eq(1)").text("统一转化大写: " + arr2.join());
});
</script>
</head>
<body>
</body>
</html>
```

在 IE 11.0 中浏览，效果如图 17-4 所示。

(4) jQuery 提供的$.inArray()函数很好地实现了数组元素的搜索功能。其语法格式如下：

```
$.inArray(value,array)
```

图 17-4　使用 map()方法

其中，value 是需要查找的对象，而 array 是数组本身，如果找到目标元素，就返回第一个元素所在位置，否则返回-1。

【例 17.5】(示例文件 ch17\17.5.html)

使用 inArray()函数：

```
<!DOCTYPE html>
<html>
<head>
<meta http-equiv="Content-Type" content="text/html; charset=gb2312" />
<script type="text/javascript" src="jquery.min.js">
</script>
<script type="text/javascript">
$(function(){
    var arr = ["This", "is", "an", "apple"];
    var add1 = $.inArray("apple",arr);
    var add2 = $.inArray("are",arr);
    $("p:eq(0)").text("数组: " + arr.join());
    $("p:eq(1)").text(""apple"的位置: " + add1);
    $("p:eq(2)").text(""are"的位置: " + add2);
});
</script>
</head>
<body></body>
</html>
```

在 IE 11.0 中浏览，效果如图 17-5 所示。

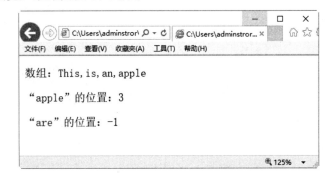

图 17-5　使用 inArray()函数

17.2.2　操作字符串

常用的字符串操作包括去除空格、替换和字符串的截取等操作。

(1) 使用 trim()方法可以去掉字符串起始和结尾的空格。

【例 17.6】(示例文件 ch17\17.6.html)

使用 trim()方法：

```
<!DOCTYPE html>
<html>
```

```
<head>
<meta http-equiv="Content-Type" content="text/html; charset=gb2312" />
<script type="text/javascript" src="jquery.min.js"></script>
</head>
<body>
<pre id="original"></pre>
<pre id="trimmed"></pre>
<script>
  var str = "         此生此夜不长好，明月明年何处看         ";
  $("#original").html("原始字符串：/" + str + "/");
  $("#trimmed").html("去掉首尾空格：/" + $.trim(str) + "/");
</script>
</body>
</html>
```

在 IE 11.0 中浏览，效果如图 17-6 所示。

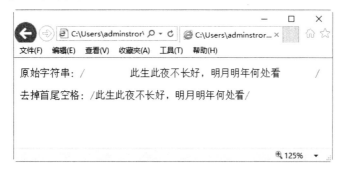

图 17-6　使用 trim()方法

(2) 使用 substr()方法可在字符串中抽取指定下标的字符串片段。

【例 17.7】(示例文件 ch17\17.7.html)

使用 substr()方法：

```
<!DOCTYPE html>
<html>
<head>
<meta http-equiv="Content-Type" content="text/html; charset=gb2312" />
<script type="text/javascript" src="jquery.min.js"></script>
<script type="text/javascript">
  var str = "此生此夜不长好，明月明年何处看";
  document.write("原始内容：" + str);
  document.write("截取内容：" + str.substr(0,9));
</script>
</head>
<body>
</body>
</html>
```

在 IE 11.0 中浏览，效果如图 17-7 所示。

(3) 使用 replace()方法在字符串中用一些字符替换另一些字符,或替换一个与正则表达式匹配的子串,结果返回一个字符串。其语法格式如下:

```
replace(m,n);
```

其中,m 是要替换的目标,n 是替换后的新值。

【例 17.8】(示例文件 ch17\17.8.html)
使用 replace()方法:

图 17-7　使用 substr()方法

```
<!DOCTYPE html>
<html>
<head>
<meta http-equiv="Content-Type" content="text/html; charset=gb2312" />
<script type="text/javascript" src="jquery.min.js"></script>
<script type="text/javascript">
  var str = "含苞待放的玫瑰! ";
  str = str + "五彩盛开的玫瑰!";
  str = str + "香气扑鼻的玫瑰!";
  document.write(str.replace(/玫瑰/g, "玉兰"));
</script>
</head>
<body>
</body>
</html>
```

在 IE 11.0 中浏览,效果如图 17-8 所示。

17.2.3　序列化操作

jQuery 提供的 param(object)方法用于将表单元素数组或者对象序列化,返回值是 string。其中,数组或者 jQuery 对象会按照 name、value 进行序列化,普通对象会按照 key、value 进行序列化。

图 17-8　使用 replace()方法

【例 17.9】(示例文件 ch17\17.9.html)
使用 param(object)方法:

```
<!DOCTYPE html>
<html>
<head>
<meta http-equiv="Content-Type" content="text/html; charset=gb2312" />
<script type="text/javascript" src="jquery.min.js"></script>
<script type="text/javascript">
$(document).ready(function(){
  personObj = new Object();
```

```
    personObj.firstname = "Bill";
    personObj.lastname = "Gates";
    personObj.age = 60;
    personObj.eyecolor = "blue";
    $("button").click(function(){
       $("div").text($.param(personObj));
    });
});
</script>
</head>
<body>
<button>序列化对象</button>
<div></div>
</body>
</html>
```

在 IE 11.0 中浏览,单击"序列化对象"按钮,效果如图 17-9 所示。

图 17-9 使用 param(object)方法

17.3 调用外部代码

通过使用 jQuery 提供的 getScript()方法,用户可以加载外部的代码,从而实现操作加载、运行不同代码的目的。其语法格式如下:

```
$.getScript(url,callback)
```

其中,url 是外部代码的地址,这里可以是相对地址,也可以是绝对地址;callback 是可选项,是获取外部代码之后需要运行的回调函数。

在调用代码前,先编写一个 text.js 代码文件,代码如下:

```
alert("滚滚长江东逝水,浪花淘尽英雄。");
```

【例 17.10】(示例文件 ch17\17.10.html)

使用 getScript()方法:

```
<!DOCTYPE html>
<html>
<head>
<meta http-equiv="Content-Type" content="text/html; charset=gb2312" />
<script type="text/javascript" src="jquery.min.js"></script>
```

```
<script type="text/javascript">
$(document).ready(function(){
    $("button").click(function(){
        $.getScript("text.js");
    });
});
</script>
</head>
<body>
<button>调用外部代码</button>
</body>
</html>
```

在 IE 11.0 中浏览，单击"调用外部代码"按钮，效果如图 17-10 所示。

图 17-10　使用 getScript()方法

17.4　疑 难 解 惑

疑问 1：如何加载外部文本文件的内容？

答：在 jQuery 中，load()方法是简单而强大的 Ajax 方法。用户可以使用 load()方法从服务器加载数据，并把返回的数据放入被选元素中。其语法格式如下：

```
$(selector).load(URL,data,callback);
```

其中，URL 是必需的参数，表示希望加载的文件路径；data 参数是可选的，规定与请求一同发送的查询字符串键值对集合；callback 也是可选的参数，是 load()方法完成后所执行的函数名称。

例如，用户想加载 test.txt 文件的内容到指定的<div>元素中，使用的代码如下：

```
$("#div1").load("test.txt");
```

疑问 2：jQuery 中的测试函数有哪些？

答：在 JavaScript 中，有自带的测试操作函数 isNaN()和 isFinite()。其中，isNaN()函数用于判断函数是否是非数值，如果是数值就返回 false；isFinite()函数是检查其参数是否是无穷大，如果参数是 NaN(非数值)，或者是正、负无穷大的数值时，就返回 false，否则返回 true。而在 jQuery 发展中，测试工具函数主要有下面两种，用于判断对象是否是某一种类型，返回值都是 boolean 值。

- $.isArray(object)：返回一个布尔值，指明对象是否是一个 JavaScript 数组(而不是类似数组的对象，如一个 jQuery 对象)。
- $.isFunction(object)：用于测试是否为函数的对象。

第 18 章

jQuery 插件的开发与使用

jQuery 具有强大的扩展功能，允许开发人员使用或自己创建 jQuery 插件来扩充 jQuery 的功能。使用插件可以提高项目的开发效率，解决人力成本问题。特别是一些比较著名的插件，受到了开发者的追捧。插件又将 jQuery 的功能提升到了一个新的层次。

18.1 理 解 插 件

在学习插件之前，用户需要了解插件的基本概念。

18.1.1 什么是插件

编写插件的目的是给已有的一系列方法或函数做一个封装，以便在其他地方重复使用，方便后期维护。随着 jQuery 的广泛使用，已经出现了大量 jQuery 插件，如 thickbox、iFX、jQuery-googleMap 等。简单地引用这些源文件就可以方便地使用这些插件。

jQuery 除了提供一个简单、有效的方式来管理元素及脚本外，还提供了添加方法和额外功能到核心模块的机制。通过这种机制，jQuery 允许用户创建属于自己的插件，提高开发过程中的效率。

18.1.2 如何使用插件

由于 jQuery 插件其实就是 JS 包，所以使用方法比较简单。具体操作步骤如下。

(1) 将下载的插件或者自定义的插件放在主 jQuery 源文件下，然后在<head>标记中引用插件的 JS 文件和 jQuery 库文件。

(2) 包含一个自定义的 JavaScript 文件，并在其中使用插件创建的方法。

下面通过一个例子来讲解具体的使用方法。

【例 18.1】使用 jQuery 插件。

(1) 用户可以从官方网站下载 jquery.form.js 文件，然后放在网站目录下。

(2) 创建服务器端处理文件 18.1.aspx，然后放在网站目录下。代码如下：

```
<%@ Page Language="C#" ContentType="text/html" ResponseEncoding="gb2312" %>
<%@ Import Namespace="System.Data" %>
<%
    Response.CacheControl = "no-cache";
    Response.AddHeader("Pragma","no-cache");
    string back = "";
    back += "用户: " + Request["name"];
    back += "<br>";
    back += "评论: " + Request["comment"];
    Response.Write(back);
%>
```

(3) 新建网页文件 18.1.html，在 head 部分引入 jQuery 库和 Form 插件库文件。代码如下：

```
<!DOCTYPE html>
<html>
<head>
```

```
<script src="jquery.min.js"></script>
<script src="jquery.form.js"></script>
<script>
    // 等待加载
    $(document).ready(function() {
        // 给 myForm 绑定一个回调函数
        $('#myForm').ajaxForm(function() {
            alert("恭喜，评论发表成功！");
        });
    });
</script>
</head>
<body>
<form id="myForm" action="18.1.aspx" method="post">
    用户名： <input type="text" name="name" />
    </br>
    评论内容： <textarea name="comment"></textarea>
    <input type="submit" value="发表评论" />
</form>
</body>
</html>
```

在 IE 11.0 中浏览，输入用户名和评论内容，单击"发表评论"按钮，结果如图 18-1 所示。

图 18-1　程序运行的结果

18.2　流行的插件

jQuery 官方网站中有很多现成的插件，在官方主页中单击 Plugins 超链接，即可在打开的页面中查看和下载 jQuery 提供的插件，如图 18-2 所示。下面介绍目前比较流行的插件。

图 18-2 插件下载页面

18.2.1 jQueryUI 插件

jQueryUI 是一个基于 jQuery 的用户界面开发库，主要由 UI 小部件和 CSS 样式表集合而成，它们被打包到一起，以完成常用的任务。

在下载 jQueryUI 包时，还需要注意其他一些文件。development-bundle 目录下包含 demonstrations 和 documentation，它们虽然有用，但不是产品环境下部署所必需的。但是，在 css 和 js 目录下的文件，必须部署到 Web 应用程序中。js 目录包含 jQuery 和 jQueryUI 库；而 css 目录包括 CSS 文件和所有生成小部件和样式表所需的图片。

UI 插件主要可以实现鼠标互动，包括拖曳、排序、选择、缩放等效果，另外还有折叠菜单、日历、对话框、滑动条、表格排序、页签、放大镜效果、阴影效果等。

下面通过拖曳的示例来讲解具体的使用方法。

jQueryUI 提供的 API 极大地简化了拖曳功能的开发。只需要分别在拖曳源(source)和目标 (target)上调用 draggable()函数即可。

【例 18.2】(示例文件 ch18\18.2.html)

使用 jQueryUI 提供的 API 实现拖曳功能：

```
<!DOCTYPE html>
<html>
<head>
```

```
<title>draggable()</title>
<style type="text/css">
<!--
.block{
    border: 2px solid #760022;
    background-color: #ffb5bb;
    width: 80px; height: 25px;
    margin: 5px; float: left;
    padding: 20px; text-align: center;
    font-size: 14px;
}
-->
</style>
<script language="javascript" src="jquery.ui/jquery.js"></script>
<script type="text/javascript" src="jquery.min.js"></script>
<script language="javascript" src="jquery.ui/ui.mouse.js"></script>
<script language="javascript" src="jquery.ui/ui.draggable.js"></script>
<script language="javascript">
$(function(){
    for(var i=0; i<2; i++){   //添加两个<div>块
        $(document.body).append($("<div class='block'>拖块"
        + i.toString() + "</div>").css("opacity",0.6));
    }
    $(".block").draggable();
});
</script>
</head>
<body>
</body>
</html>
```

在 IE 11.0 中浏览，按住拖块，即可拖曳到指定的位置，效果如图 18-3 所示。

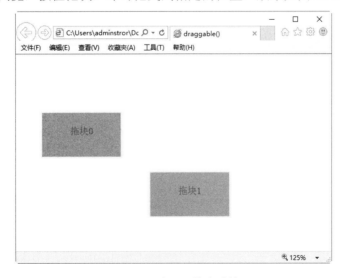

图 18-3　实现了拖曳功能

18.2.2 Form 插件

jQuery Form 插件是一个优秀的 Ajax 表单插件，可以非常容易地使 HTML 表单支持 Ajax。jQuery Form 有两个核心方法：ajaxForm()和 ajaxSubmit()，它们集合了从控制表单元素到决定如何管理提交进程的功能。另外，插件还包括其他一些方法，如 formToArray()、formSerialize()、fieldSerialize()、fieldValue()、clearForm()、clearFields()、resetForm()等。

1. ajaxForm()

ajaxForm()方法适用于以提交表单方式处理数据。需要在表单中标明表单的 action、id、method 属性，最好在表单中提供 submit 按钮。此方式大大简化了使用 Ajax 提交表单时的数据传递问题，不需要逐个地以 JavaScript 的方式获取每个表单属性的值，并且也不需要通过 url 重写的方式传递数据。ajaxForm()会自动收集当前表单中每个属性的值，然后以表单提交的方式提交到目标 url。这种方式提交数据较安全，并且使用简单，不需要冗余的 JavaScript 代码。

在使用时，需要在 document 的 ready()函数中使用 ajaxForm()来为 Ajax 提交表单进行准备。ajaxForm()接收 0 个或 1 个参数。单个的参数既可以是一个回调函数，也可以是一个 Options 对象。代码如下：

```
<script>
   $(document).ready(function() {
       // 给 myFormId 绑定一个回调函数
       $('#myFormId').ajaxForm(function() {
           alert("成功提交!");
       });
   });
</script>
```

2. ajaxSubmit()

ajaxSubmit()方法适用于以事件机制提交表单，如通过超链接、图片的 click 事件等提交表单。此方法的作用与 ajaxForm()类似，但更为灵活，因为它依赖于事件机制，只要有事件存在就能使用该方法。使用时只需要指定表单的 action 属性即可，不需要提供 submit 按钮。

在使用 jQuery 的 Form 插件时，多数情况下调用 ajaxSubmit()来对用户提交表单进行响应。ajaxSubmit()接收 0 个或 1 个参数。这个单个的参数既可以是一个回调函数，也可以是一个 options 对象。一个简单的例子如下：

```
$(document).ready(function(){
   $('#btn').click(function(){
       $('#registerForm').ajaxSubmit(function(data){
           alert(data);
       });
       return false;
   });
});
```

上述代码通过表单中 id 为 btn 的按钮的 click 事件触发，并通过 ajaxSubmit()方法以异步 Ajax 方式提交表单到表单的 action 所指路径。

简单地说，通过 Form 插件的这两个核心方法，都可以在不修改表单的 HTML 代码结构的情况下，轻易地将表单的提交方式升级为 Ajax 提交方式。当然，Form 插件还拥有很多方法，这些方法可以帮助用户很容易地管理表单数据和表单提交。

18.2.3 提示信息插件

在网站开发过程中，有时想要实现对于一篇文章的关键词部分的提示，也就是当鼠标移动到这个关键词时，弹出相关的文字或图片的介绍。这就需要使用 jQuery 的 clueTip 插件来实现。

clueTip 是一个 jQuery 工具提示插件，可以方便地为链接或其他元素添加 Tooltip 功能。当链接包括 title 属性时，它的内容将变成 clueTip 的标题。clueTip 中显示的内容可以通过 Ajax 获取，也可以从当前页面的元素中获取。

使用的具体操作步骤如下。

(1) 引入 jQuery 库和 clueTip 插件的 js 文件。插件的下载地址为：

```
http://plugins.learningjquery.com/cluetip/demo/
```

引用插件的.js 文件如下：

```
<link rel="stylesheet" href="jquery.cluetip.css" type="text/css" />
<script src="jquery.min.js" type="text/javascript"></script>
<script src="jquery.cluetip.js" type="text/javascript"></script>
```

(2) 建立 HTML 结构，代码如下：

```
<!-- use ajax/ahah to pull content from fragment.html: -->
<p>
<a class="tips" href="fragment.html"
  rel="fragment.html">show me the cluetip!</a>
</p>
<!-- use title attribute for clueTip contents, but don't include anything
in the clueTip's heading -->
<p>
<a id="houdini" href="houdini.html"
  title="|Houdini was an escape artist.
  |He was also adept at prestidigitation.">Houdini</a>
</p>
```

(3) 初始化插件。代码如下：

```
$(document).ready(function() {
   $('a.tips').cluetip();
   $('#houdini').cluetip({
       //使用调用元素的 title 属性来填充 clueTip，在有"|"的地方将内容分裂成独立的 div
       splitTitle: '|',
       showTitle: false    //隐藏 clueTip 的标题
   });
});
```

18.2.4　jcarousel 插件

jcarousel 是一款 jQuery 插件，用来控制水平或垂直排列的列表项。例如如图 18-4 所示的滚动切换效果，单击左右两侧的箭头，可以向左或者向右查看图片。当到达第一张图片时，左边的箭头变为不可用状态；当到达最后一张图片时，右边的箭头变为不可用状态。

图 18-4　图片滚动切换效果

使用的相关代码如下：

```
    <script type="text/javascript" src="../lib/jquery-3.0.6.pack.js"></script>
    <script type="text/javascript"
      src="../lib/jquery.jcarousel.pack.js"></script>
<link rel="stylesheet" type="text/css"
 href="../lib/jquery.jcarousel.css" />
<link rel="stylesheet" type="text/css" href="../skins/tango/skin.css" />
<script type="text/javascript">
jQuery(document).ready(function () {
   jQuery('#mycarousel').jcarousel();
});
```

18.3　定义自己的插件

除了可以使用现成的插件以外，用户还可以自定义插件。

18.3.1　插件的工作原理

jQuery 插件的机制很简单，就是利用 jQuery 提供的 jQuery.fn.extend()和 jQuery.extend()方法扩展 jQuery 的功能。知道了插件的机制之后，编写插件就容易了。只要按照插件的机制和功能要求编写代码，就可以实现自定义功能的插件。

而要按照机制编写插件，还需要了解插件的种类，插件一般分为 3 类：封装对象方法插件、封装全局函数插件和选择器插件。

1. 封装对象方法

这种插件是将对象方法封装起来，用于对通过选择器获取的 jQuery 对象进行操作，是最常见的一种插件。此类插件可以发挥 jQuery 选择器的强大优势，有相当一部分的 jQuery 的方法都是在 jQuery 脚本库内部通过这种形式"插"在内核上的，如 parent()方法、appendTo()方法等。

2. 封装全局函数

可以将独立的函数加到 jQuery 命名空间。添加一个全局函数，只需要做如下定义：

```
jQuery.foo = function() {
    alert('这是函数的具体内容.');
};
```

当然，用户也可以添加多个全局函数：

```
jQuery.foo = function() {
    alert('这是函数的具体内容.');
};
jQuery.bar = function(param) {
    alert('这是另外一个函数的具体内容".');
};
```

调用时与函数是一样的：jQuery.foo()、jQuery.bar()或者$.foo()、$.bar('bar')。

例如，常用的 jQuery.ajax()方法、去首尾空格的 jQuery.trim()方法都是 jQuery 内部作为全局函数的插件附加到内核上去的。

3. 选择器插件

虽然 jQuery 的选择器十分强大，但在少数情况下，还是需要使用选择器插件来扩充一些自己喜欢的选择器。

jQuery.fn.extend()多用于扩展上面提到的 3 种类型中的第一种，而 jQuery.extend()用于扩展后两种插件。这两个方法都接收一个类型为 Object 的参数。Object 对象的"名/值对"分别代表"函数或方法名/函数主体"。

18.3.2 自定义一个简单的插件

下面通过一个示例来讲解如何自定义一个插件。定义的插件的功能是：在列表元素中，当鼠标在列表项上移动时，其背景颜色会根据设定的颜色而改变。

【例 18.3】(示例文件 18.3.html 和 18.3.js)

一个简单的插件示例 18.3.js：

```
/// <reference path="jquery.min.js"/>
/*----------------------------------------------------------*/
功能：设置列表中表项获取鼠标焦点时的背景色
```

```
参数：li_col【可选】  鼠标所在表项行的背景色
返回：原调用对象
示例：$("ul").focusColor("red");
/------------------------------------------------------------*/
(function($) {
    $.fn.extend({
        "focusColor": function(li_col) {
            var def_col = "#ccc";   //默认获取焦点的色值
            var lst_col = "#fff";   //默认丢失焦点的色值
            //如果设置的颜色不为空，使用设置的颜色，否则为默认色
            li_col = (li_col == undefined) ? def_col : li_col;
            $(this).find("li").each(function() {      //遍历表项<li>中的全部元素
                $(this).mouseover(function() {        //获取鼠标焦点事件
                    $(this).css("background-color", li_col);   //使用设置的颜色
                }).mouseout(function() {   //鼠标焦点移出事件
                    $(this).css("background-color", "#fff");   //恢复原来的颜色
                })
            })
            return $(this); //返回 jQuery 对象，保持链式操作
        }
    });
})(jQuery);
```

不考虑实际的处理逻辑时，该插件的框架如下：

```
(function($) {
    $.fn.extend({
        "focusColor": function(li_col) {
            //各种默认属性和参数的设置
            $(this).find("li").each(function() { //遍历表项<li>中的全部元素
                //插件的具体实现逻辑
            })
            return $(this); //返回 jQuery 对象，保持链式操作
        }
    });
})(jQuery);
```

在各种默认属性和参数设置的处理中，创建颜色参数以允许用户设定自己的颜色值，并根据参数是否为空来设定不同的颜色值。代码如下：

```
var def_col = "#ccc";   //默认获取焦点的色值
var lst_col = "#fff";   //默认丢失焦点的色值
//如果设置的颜色不为空，使用设置的颜色，否则为默认色
li_col = (li_col == undefined) ? def_col : li_col;
```

在遍历列表项时，针对鼠标移入事件 mouseover()设定对象的背景色，并且在鼠标移出事件 mouseout()中还原原来的背景色。代码如下：

```
$(this).mouseover(function() {                    //获取鼠标焦点事件
    $(this).css("background-color", li_col);      //使用设置的颜色
}).mouseout(function() {                          //鼠标焦点移出事件
    $(this).css("background-color", "#fff");      //恢复原来的颜色
})
```

当调用此插件时，需要先引入插件的.js 文件，然后调用该插件中的方法。
示例的 HTML 代码如下：

```html
<!DOCTYPE html>
<html>
<head>
    <title>简单的插件示例</title>
    <script type="text/javascript" src="jquery.min.js"></script>
    <script type="text/javascript" src="18.3.js"></script>
    <style type="text/css">
        body{font-size:12px}
    .divFrame{width:260px;border:solid 1px #666}
    .divFrame .divTitle{
    padding:5px;background-color:#eee;font-weight:bold}
    .divFrame .divContent{padding:8px;line-height:1.6em}
        .divFrame .divContent ul{padding:0px;margin:0px;
            list-style-type:none}
        .divFrame .divContent ul li span{margin-right:20px}
    </style>
    <script type="text/javascript">
        $(function() {
            $("#u1").focusColor("red"); //调用自定义的插件
        })
    </script>
</head>
<body>
    <div class="divFrame">
        <div class="divTitle">对象级别的插件</div>
        <div class="divContent">
            <ul id="u1">
                <li><span>张三</span><span>男</span></li>
                <li><span>李四</span><span>女</span></li>
                <li><span>王五</span><span>男</span></li>
            </ul>
        </div>
    </div>
</body>
</html>
```

在 IE 11.0 中浏览，效果如图 18-5 所示。

图 18-5　使用自定义插件

18.4 实战演练——创建拖曳购物车效果

jQueryUI 插件除了提供 draggable()来实现鼠标的拖曳功能外，还提供了一个 droppable() 方法，实现接收容器。通过上述方法，可以实现购物的拖曳效果。

【例 18.4】(示例文件 ch18\18.4.html)

创建拖曳购物车效果：

```html
<!DOCTYPE html>
<html>
<head>
<title>droppable()</title>
<style type="text/css">
<!--
.draggable{
    width:70px; height:40px;
    border:2px solid;
    padding:10px; margin:5px;
    text-align:center;
}
.green{
    background-color:#73d216;
    border-color:#4e9a06;
}
.red{
    background-color:#ef2929;
    border-color:#cc0000;
}
.droppable {
    position:absolute;
    right:20px; top:20px;
    width:400px; height:300px;
    background-color:#b3a233;
    border:3px double #c17d11;
    padding:5px;
    text-align:center;
}
-->
</style>
<script language="javascript" src="jquery.ui/jquery-1.2.4a.js"></script>
<script language="javascript" src="jquery.ui/ui.base.min.js"></script>
<script language="javascript" src="jquery.ui/ui.draggable.min.js"></script>
<script language="javascript" src="jquery.ui/ui.droppable.min.js"></script>
<script language="javascript">
$(function(){
    $(".draggable").draggable({helper:"clone"});
    $("#droppable-accept").droppable({
        accept: function(draggable){
```

```
                return $(draggable).hasClass("green");
            },
            drop: function(){
                $(this).append($("<div></div>").html("成功添加到购物车！"));
            }
        });
    });
</script>
</head>
<body>
<div class="draggable red">冰箱</div>
<div class="draggable green">空调</div>
<div id="droppable-accept" class="droppable">购物车<br></div>
</body>
</html>
```

在 IE 11.0 中浏览，按住拖块，即可拖曳到指定的购物车中，效果如图 18-6 所示。

图 18-6　创建拖曳购物车效果

18.5　疑 难 解 惑

疑问 1：编写 jQuery 插件时需要注意什么？

答：编写 jQuery 插件时需要注意以下几个方面。

（1）插件的推荐命名方法为 jquery.[插件名].js。

（2）所有的对象方法都应当附加到 jQuery.fn 对象上面，而所有的全局函数都应当附加到 jQuery 对象本身上。

（3）在插件内部，this 指向的是当前通过选择器获取的 jQuery 对象，而不像一般方法那样，内部的 this 指向的是 DOM 元素。

（4）可以通过 this.each 来遍历所有元素。

(5) 所有方法或函数插件都应当以分号结尾；否则，压缩的时候可能会出现问题。为了更加保险些，可以在插件头部添加一个分号(;)，以免它们的不规范代码给插件带来影响。

(6) 插件应该返回一个 jQuery 对象，以便保证插件的可链式操作。

(7) 避免在插件内部使用$作为 jQuery 对象的别名，而应当使用完整的 jQuery 来表示。这样可以避免冲突。

疑问2：如何避免插件函数或变量名冲突？

答：虽然在 jQuery 命名空间中禁止使用了大量的 JavaScript 函数名和变量名，但是仍然不可避免某些函数或变量名会与其他 jQuery 插件相冲突，因此需要将一些方法封装到另一个自定义的命名空间。

例如下面的使用空间的例子：

```
jQuery.myPlugin = {
   foo:function() {
      alert('This is a test. This is only a test.');
   },
   bar:function(param) {
      alert('This function takes a parameter, which is "' + param + '".');
   }
};
```

采用命名空间的函数仍然是全局函数，调用时采用的代码如下：

```
$.myPlugin.foo();
$.myPlugin.bar('baz');
```

第 4 篇

综合案例实战

- 第 19 章　项目演练 1——开发图片堆叠系统
- 第 20 章　项目演练 2——开发商品信息展示系统

第 19 章 项目演练 1——开发图片堆叠系统

该项目主要是实现图片堆叠效果，同时用户可以移动任意一张图片，还可以实现图片的放大和缩小效果。通过本项目的练习，读者可以学习和了解 jQuery 插件是如何开发的。该项目运用了较多的 jQuery 方法，有利于初学者对 jQuery 的学习，同时进一步掌握 JavaScript 和 jQuery 配合使用的技能。

19.1 项目需求分析

需求分析是开发项目的必要环节。下面分析图片堆叠系统的需求如下。

（1）该项目利用 jQuery 构造了一个图片堆叠插件，该插件让图片散乱地显示在屏幕上。在 Firefox 53.0 中查看，效果如图 19-1 所示。

图 19-1　图像堆叠系统主页

（2）在主页中，用户可以用鼠标单击图片后按住不放，然后任意移动图片的位置，如图 19-2 所示。

图 19-2　任意移动图片的位置

(3) 用户可以单击任意一张照片，图片会放大显示，模拟用户拿起照片的效果，如图 19-3 所示。用户在屏幕任意地方再次单击，图片会缩小到原来的位置，模拟用户放下照片的效果。

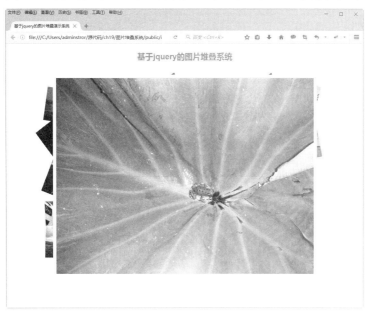

图 19-3　图片放大后的效果

　　从演示效果可以看出，JavaScript 和 jQuery 配合使用，可以制作出更加复杂的网页效果。

19.2　项目技术分析

　　该项目使用的 jQuery 方法相对较多，有利于初学者对 jQuery 的学习。同时该案例使用了 ES6 的语法规则。ES6 又被称为 ECMAScript 2015，顾名思义，它是 ECMAScript 在 2015 年发布的新标准。它为 JavaScript 语法带来的重大变革。ES6 包含了许多新的语言特性，使 JavaScript 变得更加强大。比如其中一个主要变革是 ES6 中添加了对类的支持，引入了 class 关键字，从而让类的声明和继承更加直观。

　　随着 JavaScript 的快速发展，JavaScript 和 jQuery 配合使用，加上 ES6 新语法，JavaScript 可以以更简单和更高效的方式开发复杂的应用。本案例中使用了类，这里读者需要多学习和理解。

19.3　系统的代码实现

　　下面来分析图片堆叠系统的代码是如何实现的。

19.3.1 设计首页

首页中显示了图片堆叠的效果。代码如下：

```html
<!DOCTYPE html>
<html>
<head>
    <meta charset="UTF-8">
    <meta name="viewport" content="width=device-width, initial-scale=1.0, maximum-scale=1.0, user-scalable=no">
    <title>基于jquery的图片堆叠演示系统</title>
    <link href="css/animate.css" rel="stylesheet">
    <link href="css/imgpile.css" rel="stylesheet">

    <script src="js/jquery-3.1.1.min.js"></script>
    <script src="js/jquery.ui.touch-punch.min.js"></script>
    <script src="js/jquery-ui.min.js"></script>
    <script src="js/dist/imagepile.js"></script>
</head>
<body>
    <div class="container" style="width:900px;margin:0 auto;">
        <h2 style="text-align: center;color:grey;">基于jquery的图片堆叠系统</h2>

        <!-- Photopile Demo Gallery Markup -->
        <ul id="imgpile">
            <li draggable="true">
                <a href="images/fullsize/01.jpg">
                    <img src="images/thumbs/01.jpg" alt="Barton Dam, Ann Arbor, Michigan" width="133" height="100" />
                </a>
            </li>
            <li>
                <a href="images/fullsize/02.jpg">
                    <img src="images/thumbs/02.jpg" alt="Building Atlanta, Georgia" width="133" height="100" />
                </a>
            </li>
            <li>
                <a href="images/fullsize/03.jpg">
                    <img src="images/thumbs/03.jpg" alt="Nice day for a swim" width="133" height="100" />
                </a>
            </li>
            <li>
                <a href="images/fullsize/04.jpg">
                    <img src="images/thumbs/04.jpg" alt="The plants that never die" width="100" height="133" />
                </a>
            </li>
            <li>
```

```html
                <a href="images/fullsize/05.jpg">
                    <img src="images/thumbs/05.jpg" alt="Downtown Atlanta, Georgia" width="100" height="134" />
                </a>
            </li>
            <li>
                <a href="images/fullsize/06.jpg">
                    <img src="images/thumbs/06.jpg" alt="Atlanta traffic" width="100" height="137" />
                </a>
            </li>
            <li>
                <a href="images/fullsize/07.jpg">
                    <img src="images/thumbs/07.jpg" alt="A pathetic dog" width="120" height="120" />
                </a>
            </li>
            <li>
                <a href="images/fullsize/08.jpg">
                    <img src="images/thumbs/08.jpg" alt="Two happy dogs" width="140" height="100" />
                </a>
            </li>
            <li>
                <a href="images/fullsize/09.jpg">
                    <img src="images/thumbs/09.jpg" alt="Antigua, Guatemala" width="100" height="133" />
                </a>
            </li>
            <li>
                <a href="images/fullsize/10.jpg">
                    <img src="images/thumbs/10.jpg" alt="Iximche, Guatemala" width="135" height="128" />
                </a>
            </li>
            <li>
                <a href="images/fullsize/11.jpg">
                    <img src="images/thumbs/11.jpg" alt="The bat cave" width="119" height="133" />
                </a>
            </li>
            <li>
                <a href="images/fullsize/12.jpg">
                    <img src="images/thumbs/12.jpg" alt="All Saints Day Kite Festival" width="133" height="100" />
                </a>
            </li>
            <li>
                <a href="images/fullsize/13.jpg">
                    <img src="images/thumbs/13.jpg" alt="Tikal, Guatemala" width="130" height="130" />
                </a>
```

```html
            </li>
            <li>
                <a href="images/fullsize/14.jpg">
                    <img src="images/thumbs/14.jpg" alt="Mackinac Island, Michigan" width="111" height="130" />
                </a>
            </li>
            <li>
                <a href="images/fullsize/15.jpg">
                    <img src="images/thumbs/15.jpg" alt="Summer flowers" width="133" height="100" />
                </a>
            </li>
            <li>
                <a href="images/fullsize/16.jpg">
                    <img src="images/thumbs/16.jpg" alt="Full of hot air" width="133" height="100" />
                </a>
            </li>
            <li>
                <a href="images/fullsize/17.jpg">
                    <img src="images/thumbs/17.jpg" alt="On the rise" width="133" height="100" />
                </a>
            </li>
            <li>
                <a href="images/fullsize/18.jpg">
                    <img src="images/thumbs/18.jpg" alt="Amador Causeway, Panama City" width="133" height="100" />
                </a>
            </li>
            <li>
                <a href="images/fullsize/19.jpg">
                    <img src="images/thumbs/19.jpg" alt="The Panama Canal" width="140" height="79" />
                </a>
            </li>
            <li>
                <a href="images/fullsize/20.jpg">
                    <img src="images/thumbs/20.jpg" alt="Flags over Brussels" width="133" height="99" />
                </a>
            </li>
            <li>
                <a href="images/fullsize/21.jpg">
                    <img src="images/thumbs/21.jpg" alt="Eiffel Tower" width="100" height="134" />
                </a>
            </li>
            <li>
                <a href="images/fullsize/22.jpg">
                    <img src="images/thumbs/22.jpg" alt="Never-ending stairs"
```

```html
width="99" height="133" />
            </a>
        </li>
        <li>
            <a href="images/fullsize/23.jpg">
                <img src="images/thumbs/23.jpg" alt="Paris, France" width="140" height="93" />
            </a>
        </li>
        <li>
            <a href="images/fullsize/24.jpg">
                <img src="images/thumbs/24.jpg" alt="Rainbow over Belgium" width="136" height="98" />
            </a>
        </li>
        <li>
            <a href="images/fullsize/25.jpg">
                <img src="images/thumbs/25.jpg" alt="Playa del Carmen" width="136" height="96" />
            </a>
        </li>
        <li>
            <a href="images/fullsize/26.jpg">
                <img src="images/thumbs/26.jpg" alt="Panama City, Panama" width="133" height="96" />
            </a>
        </li>
        <li>
            <a href="images/fullsize/27.jpg">
                <img src="images/thumbs/27.jpg" alt="Red frog" width="133" height="100" />
            </a>
        </li>
        <li>
            <a href="images/fullsize/28.jpg">
                <img src="images/thumbs/28.jpg" alt="Dogs on a couch" width="133" height="99" />
            </a>
        </li>
        <li>
            <a href="images/fullsize/29.jpg">
                <img src="images/thumbs/29.jpg" alt="Tarantula" width="133" height="97" />
            </a>
        </li>
        <li>
            <a href="images/fullsize/30.jpg">
                <img src="images/thumbs/30.jpg" alt="Ceviche Loco" width="140" height="93" />
            </a>
        </li>
        <li>
```

```html
                <a href="images/fullsize/31.jpg">
                    <img src="images/thumbs/31.jpg" alt="Playa Blanca, Panama" width="133" height="100" />
                </a>
            </li>
            <li>
                <a href="images/fullsize/32.jpg">
                    <img src="images/thumbs/32.jpg" alt="Pickles" width="133" height="99" />
                </a>
            </li>
            <li>
                <a href="images/fullsize/33.jpg">
                    <img src="images/thumbs/33.jpg" alt="Parrot" width="133" height="100" />
                </a>
            </li>
            <li>
                <a href="images/fullsize/34.jpg">
                    <img src="images/thumbs/34.jpg" alt="Panama rains" width="133" height="100" />
                </a>
            </li>
            <li>
                <a href="images/fullsize/35.jpg">
                    <img src="images/thumbs/35.jpg" alt="Cinta Costera, Panama City" width="120" height="120" />
                </a>
            </li>
            <li>
                <a href="images/fullsize/36.jpg">
                    <img src="images/thumbs/36.jpg" alt="Afternoon stroll" width="133" height="100" />
                </a>
            </li>
            <li>
                <a href="images/fullsize/37.jpg">
                    <img src="images/thumbs/37.jpg" alt="Overlooking the Panama Canal" width="138" height="94" />
                </a>
            </li>
        </ul>

    </div>

    <script>
        $(document).ready(function(){
            $('#imgpile').imgpile();
        });
    </script>
</body>
</html>
```

19.3.2 图片堆叠核心功能

ImgPile.js 文件位于项目的 js 文件夹下，使用 ES6 语法定义了 LargeImg 类和 Thumb 类。

1. LargeImg 类

该类使用单例模式，主要实现方法的功能如下。

(1) Constructor()：初始化界面。
(2) Pickup()：模拟用户拿起一张照片的效果。
(3) putDown()：模拟放下一张照片效果。
(4) loadImage()：加载照片。
(5) startPosition()：放大照片后的初始化位置。
(6) Enlarge()：显示放大后的照片。浏览器将根据设备和窗口大小等情况自动选择调用 enlargeToFullSize()、enlargeToWindowWidth()或 enlargeToWindowHeight()方法。
(7) enlargeToFullSize()：全尺寸显示图片。
(8) enlargeToWindowWidth()：适应屏幕宽度显示图片。
(9) enlargeToWindowHeight()：适应屏幕高度显示图片。

> 单例模式是一种常用的软件设计模式。在它的核心结构中只包含一个被称为单例的特殊类。通过单例模式可以保证系统中一个类只有一个实例。即一个类只有一个对象实例。

2. Thumb 类

该类实现索引小图的方法。主要实现方法的功能如下。

(1) Constructor()：初始化索引图。
(2) setZ()：设置索引图的 z-index 值。
(3) bringToTop()：设置索引图的 z-index 值为最大值。
(4) moveDownOne()：降低索引图的 z-index 值。
(5) _setRotation()：设置图片的随机旋转角度。
(6) getRotation()：获取索引图的旋转角度。
(7) _setOverlap()：设置图片叠加部分的值。
(8) _bindUIActions()：绑定 mouseover、mouseleave 等事件。

ImgPile.js 文件的代码如下：

```
/**
 * 大图类,该类用于显示控制大图。因为大图只有一个显示窗口,所以采用单例模式
 */
let LargeImgInstance = null;
class LargeImg{
    constructor(options){
        if(!LargeImgInstance){
            var self = this;
```

```javascript
            self.$container = $( '<div id="imgpile-active-image-container"/>' );
            self.$info = $( '<div id="imgpile-active-image-info"/>');
            self.$image = $( '<img id="imgpile-active-image" />');
            self.isPickedUp = false;
            self.options = options;
            self.fullSizeWidth = null;
            self.fullSizeHeight = null;

            $('body').append( this.$container );
            self.$container.css({
                'display'      : 'none',
                'position'     : 'absolute',
                'padding'      : self.options.thumbBorderWidth,
                'z-index'      : self.options.photoZIndex,
                'background'   : self.options.photoBorderColor,
                'background-image'    : 'url(' + self.options.loading + ')',
                'background-repeat'   : 'no-repeat',
                'background-position' : '50%, 50%'
            });

            self.$container.append( self.$image );
            self.$image.css('display', 'block');

            if ( self.options.showInfo ) {
                self.$container.append( this.info );
                self.$info.append('<p></p>');
                self.$info.css('opacity', '0');
            };

            LargeImgInstance = this;
        }

        return LargeImgInstance;
    }

    /**
     * 模拟拿起一张照片
     * @param thumb 小照片对象
     */
    pickup(thumb){
        var self = this;
        if ( self.isPickedUp ) {
            // photo already picked up. put it down and then pickup the clicked thumbnail
            self.putDown(thumb, function() { self.pickup( thumb ); });
        } else {
            self.isPickedUp = true;
            self.loadImage(thumb, function() {
                self.$image.fadeTo(self.options.fadeDuration, '1');
                self.enlarge();
                $('body').bind('click', function() { self.putDown(thumb); });
// bind putdown event to body
```

```javascript
            });
        }
    }; // pickup
    /**
     * 模拟放下一张照片
     * @param thumb   小照片对象
     * @param callback
     */
    putDown(thumb, callback){
        self = this;
        $('body').off();
        // self.hideInfo();
        thumb.setZ( self.options.numLayers );
        self.$container.stop().animate({
            'top'     : thumb.offset.top + thumb.getShift(),
            'left'    : thumb.offset.left + thumb.getShift(),
            'width'   : thumb.width + 'px',
            'height'  : thumb.height + 'px',
            'padding' : self.options.thumbBorderWidth + 'px'
        }, self.options.pickupDuration, function() {
            self.isPickedUp = false;
            self.$container.fadeOut( self.options.fadeDuration, function() {
                if (callback) callback();
            });
        });
    }

    /**
     * 加载照片
     * @param thumb
     * @param callback
     */
    loadImage( thumb, callback ) {
        var self = this;
        self.$image.css('opacity', '0');        // Image is not visible until
        self.startPosition(thumb);              // the container is positioned,
        var img = new Image;                    // the source is updated,
        img.src = thumb.imgsrc;                 // and the image is loaded.
        img.onload = function() {               // Restore visibility in callback
            self.setImageSource( img.src );
            self.fullSizeWidth = this.width;
            self.fullSizeHeight = this.height;
            console.log('img width:', this.width);
            if (callback) callback();
        }
    }

    /**
     * 照片初始化位置
     * @param thumb
     */
    startPosition(thumb){
```

```javascript
        var self = this;
        self.$container.css({
            'top'       : thumb.offset.top + thumb.getShift(),
            'left'      : thumb.offset.left + thumb.getShift(),
            'transform' : 'rotate(' + thumb.getShift() + 'deg)',
            'width'     : thumb.width + 'px',
            'height'    : thumb.height + 'px',
            'padding'   : self.options.thumbBorderWidth
        }).fadeTo(self.options.fadeDuration, '1');
    }

    setImageSource(src){
        this.$image.attr('src', src).css({
            'width'      : '100%',
            'height'     : '100%',
            'margin-top' : '0'
        });
    }

    /**
     * 放大照片
     */
    enlarge(){
        var windowHeight = window.innerHeight ? window.innerHeight : $(window).height(); // mobile safari hack
        var availableWidth = $(window).width() - (2 * this.windowPadding);
        var availableHeight = windowHeight - (2 * this.windowPadding);
        if ((availableWidth < this.fullSizeWidth) && ( availableHeight < this.fullSizeHeight )) {
            // determine which dimension will allow image to fit completely within the window
            if ((availableWidth * (this.fullSizeHeight / this.fullSizeWidth)) > availableHeight) {
                this.enlargeToWindowHeight( availableHeight );
            } else {
                this.enlargeToWindowWidth( availableWidth );
            }
        } else if ( availableWidth < this.fullSizeWidth ) {
            this.enlargeToWindowWidth( availableWidth );
        } else if ( availableHeight < this.fullSizeHeight ) {
            this.enlargeToWindowHeight( availableHeight );
        } else {
            this.enlargeToFullSize();
        }
    } // enlarge

    enlargeToFullSize(){
        self = this;
        self.$container.css('transform', 'rotate(0deg)').animate({
            'top'    : ($(window).scrollTop()) + ($(window).height() / 2) - (self.fullSizeHeight / 2),
            'left'   : ($(window).scrollLeft()) + ($(window).width() / 2) -
```

```js
                (self.fullSizeWidth / 2),
            'width'  : (self.fullSizeWidth - (2 * self.options.photoBorder)) + 'px',
            'height' : (self.fullSizeHeight - (2 * self.options.photoBorder)) + 'px',
            'padding' : self.options.photoBorder + 'px',
        });
    }

    enlargeToWindowWidth(availableWidth){
        self = this;
        var adjustedHeight = availableWidth * (self.fullSizeHeight / self.fullSizeWidth);
        self.$container.css('transform', 'rotate(0deg)').animate({
            'top'    : $(window).scrollTop()  + ($(window).height() / 2) - (adjustedHeight / 2),
            'left'   : $(window).scrollLeft() + ($(window).width() / 2) - (availableWidth / 2),
            'width'  : availableWidth + 'px',
            'height' : adjustedHeight + 'px',
            'padding' : self.options.photoBorder + 'px'
        });
    }

    enlargeToWindowHeight(availableHeight){
        self = this;
        var adjustedWidth = availableHeight * (self.fullSizeWidth / self.fullSizeHeight);
        self.container.css('transform', 'rotate(0deg)').animate({
            'top'    : $(window).scrollTop()  + ($(window).height() / 2) - (availableHeight / 2),
            'left'   : $(window).scrollLeft() + ($(window).width() / 2) - (adjustedWidth / 2),
            'width'  : adjustedWidth + 'px',
            'height' : availableHeight + 'px',
            'padding' : self.options.photoBorder + 'px'
        });
    }
}
/**
 * 定义小照片类
 */
class Thumb{
    /**
     * 构造函数
     * @param element 小照片的容器
     * @param options 初始化参数
     */
    constructor(element, options){
        var self = this;
        self.$element = $(element);
        self.options = options;
        self.activeClass = 'imgpile-active-thumbnail';
        self.$element.children().css( 'padding', this.options.thumbBorderWidth
```

```javascript
            + 'px' );
            self._setRotation();
            self._setOverlap();
            self._bindUIActions();
            self._setRandomZ();

            if(self.options.draggable){
                var x = 0;
                var velocity = 0;
                self.$element.draggable({
                    start : function(event, ui) {
                        self.$element.addClass('preventClick');
                        self.$element.css('z-index', self.options.numLayers + 2);
                    },
                    drag : function( event, ui ) {
                        velocity = (ui.offset.left - x) * 1.2;
                        var ratio = parseInt( velocity * 100 / 360 );
                        self.$element.css('transform','rotateZ('+(ratio)+'deg)');
                        x = ui.offset.left;
                    },
                    stop: function( event, ui ) {
                        self.$element.css('z-index', self.options.numLayers + 1);
                    }
                });
            }
        }

        setZ(layer ){
            this.$element.css( 'z-index', layer );
        }

        bringToTop(){
            var self = this;
            this.$element.css({
                'z-index'    : self.options.numLayers + 1,
                'background' : self.options.thumbBorderHover,
            });
        }

        moveDownOne(){
            this.$element.css({
                'z-index'    : this.options.numLayers,
                'background' : this.options.thumbBorderColor
            });
        }

        get offset(){
            var self = this;
            return self.$element.offset();
        }

        get height(){
```

```javascript
        var self = this;
        return self.$element.height();
    }

    get width(){
        var self = this;
        return self.$element.width();
    }

    get imgsrc(){
        var self = this;
        return self.$element.children().first().attr('href');
    }

    getRotation(){
        var self = this;
        var transform = self.$element.css("transform");
        var values = transform.split('(')[1].split(')')[0].split(',');
        var angle = Math.round( Math.asin( values[1]) * (180/Math.PI) );
        return angle;
    }

    getShift(){
        return ( this.getRotation() < 0 )
            ? -( this.getRotation(this) * 0.40 )
            : ( this.getRotation(this) * 0.40 );
    }

    _setRotation(){
        var min = -1 * this.options.thumbRotation;
        var max = this.options.thumbRotation;
        var randomRotation = Math.floor( Math.random() * (max - min + 1)) + min;
        this.$element.css({ 'transform' : 'rotate(' + randomRotation + 'deg)' });
    }

    _setOverlap(){
        var self = this;
        self.$element.css( 'margin', ((self.options.thumbOverlap * -1) / 2) + 'px' );
    }

    _setRandomZ(){
        var self = this;
        self.$element.css({ 'z-index' : Math.floor((Math.random() * self.options.numLayers) + 1) });
    }

    _bindUIActions(){
        var self = this;
        self.$element.on('mouseover', function(event){
            self.bringToTop();
        });
        self.$element.on('mouseleave', function(event){
```

```
            self.moveDownOne();
    });

    self.$element.find('a').on('click tap', function(event){
        event.preventDefault();
        if (self.$element.hasClass('preventClick')) {
            self.$element.removeClass('preventClick');
        } else{
            if (self.$element.hasClass(self.activeClass)) return;
            var largeImgContainer = new LargeImg(self.options);
            largeImgContainer.pickup(self);
        }
        return false;
    });

    self.$element.on('mousedown', function(event){
        self.$element.removeClass('preventClick');
    });
  }
}
```

19.3.3 封装 jQuery 插件

jquery.imgpile.js 文件位于项目的 js 文件夹下，通过调用 LargeImg 类和 Thumb 类，把 TextAnimate 类封装成 jQuery 插件。

jquery.imgpile.js 文件的代码如下：

```
(function($){
  $.fn.imgpile = function (options) {
    var $self = $(this);
    var settings = $.extend({
        // Thumbnails
        numLayers:          5,
        thumbOverlap:       50,
        thumbRotation:      45,
        thumbBorderWidth:   2,
        thumbBorderColor:   'white',
        thumbBorderHover:   '#EAEAEA',
        draggable:          true,
        // Photo container
        fadeDuration:       200,
        pickupDuration:     500,
        photoZIndex:        100,
        photoBorder:        10,
        photoBorderColor:   'white',
        showInfo:           true,
        // Autoplay
        autoplayGallery:    false,
        autoplaySpeed:      5000,
        // Images
```

```
                loading:            'images/loading.gif',
            }, options||{});

            // Initializes Photopile
            function init() {
                var defer = $.Deferred();
                defer.done(function(){
                    afterInitialization();
                });

                // display gallery loading image in container div while loading
                function initializeThumbs(){
                    $self.addClass('loading')
                        .children()
                        .each( function(index, element) {
                            var thumb = new Thumb(this, settings);
                            $(element).thumb = thumb;
                        });

                    defer.resolve('finished initialization');
                }
                initializeThumbs();

                // after Initialization
                function afterInitialization(){
                    $self.removeClass('loading').css({  // style container
                        'padding' : settings.thumbOverlap + 'px',
                    }).children().css({  // display thumbnails
                        'opacity' : '1',
                        'display' : 'inline-block'
                    });
                    if (settings.autoplayGallery) {
                        // autoplay();
                    }
                }

            }
            init();

            return this;
        };
}(jQuery));
```

19.3.4 合并 js 文件和编译 CSS 文件

gulpfile.js 文件位于项目根目录下，主要定义了如何把 ES6 文件转换成 ES5 文件，并把多个 js 文件合并成一个 js 文件，以及把 less 文件编译成 CSS 文件。

gulpfile.js 文件的代码如下：

```
const gulp = require('gulp');
const strip = require('gulp-strip-comments');
```

```js
const babel = require("gulp-babel");
const concat = require('gulp-concat');
//css
const less = require('gulp-less');
const autoprefixer = require('gulp-autoprefixer');

var src_less = './public/*.less';
var css_dist = './public/css';

gulp.task('css', function () {
    return gulp.src(src_less)
        .pipe(less())
        // .pipe(minifyCSS())
        .pipe(autoprefixer({
            browsers: ['last 2 versions', 'ie >= 9']
        }))
        .pipe(gulp.dest(css_dist));
});

var jsfiles = [
    'public/js/ImgPile.js',
    'public/js/jquery.imgpile.js',
];
gulp.task('js',function(){
    gulp.src(jsfiles)
        .pipe(babel({presets: ['es2015']}))
        // .pipe(stripDebug())
        .pipe(concat('imagepile.js'))
        .pipe(strip())
        // .pipe(uglify({'mangle':false}))
        .pipe(gulp.dest('public/js/dist/'));
});
```

19.3.5 合并 ImgPile.js 和 jquery.imgpile.js 文件

imagepile.js 文件位于 dist 文件夹下，主要功能是把 ImgPile.js 和 jquery.imgpile.js 最后合并到这一个文件里。

imagepile.js 文件的代码如下：

```js
'use strict';
var _createClass = function () { function defineProperties(target, props)
{ for (var i = 0; i < props.length; i++) { var descriptor = props[i];
descriptor.enumerable = descriptor.enumerable || false;
descriptor.configurable = true; if ("value" in descriptor)
descriptor.writable = true; Object.defineProperty(target, descriptor.key,
descriptor); } } return function (Constructor, protoProps, staticProps)
{ if (protoProps) defineProperties(Constructor.prototype, protoProps); if
(staticProps) defineProperties(Constructor, staticProps); return
Constructor; }; }();
```

```javascript
function _classCallCheck(instance, Constructor) { if (!(instance instanceof
Constructor)) { throw new TypeError("Cannot call a class as a
function"); } }

var LargeImgInstance = null;

var LargeImg = function () {
    function LargeImg(options) {
        _classCallCheck(this, LargeImg);

        if (!LargeImgInstance) {
            var self = this;
            self.$container = $('<div id="imgpile-active-image-container"/>');
            self.$info = $('<div id="imgpile-active-image-info"/>');
            self.$image = $('<img id="imgpile-active-image" />');
            self.isPickedUp = false;
            self.options = options;
            self.fullSizeWidth = null;
            self.fullSizeHeight = null;

            $('body').append(this.$container);
            self.$container.css({
                'display': 'none',
                'position': 'absolute',
                'padding': self.options.thumbBorderWidth,
                'z-index': self.options.photoZIndex,
                'background': self.options.photoBorderColor,
                'background-image': 'url(' + self.options.loading + ')',
                'background-repeat': 'no-repeat',
                'background-position': '50%, 50%'
            });

            self.$container.append(self.$image);
            self.$image.css('display', 'block');

            if (self.options.showInfo) {
                self.$container.append(this.info);
                self.$info.append('<p></p>');
                self.$info.css('opacity', '0');
            };

            LargeImgInstance = this;
        }

        return LargeImgInstance;
    }

    _createClass(LargeImg, [{
        key: 'pickup',
        value: function pickup(thumb) {
            var self = this;
```

```javascript
            if (self.isPickedUp) {
                self.putDown(thumb, function () {
                    self.pickup(thumb);
                });
            } else {
                self.isPickedUp = true;
                self.loadImage(thumb, function () {
                    self.$image.fadeTo(self.options.fadeDuration, '1');
                    self.enlarge();
                    $('body').bind('click', function () {
                        self.putDown(thumb);
                    });
                });
            }
        }
    }, {
        key: 'putDown',

        value: function putDown(thumb, callback) {
            self = this;
            $('body').off();
            thumb.setZ(self.options.numLayers);
            self.$container.stop().animate({
                'top': thumb.offset.top + thumb.getShift(),
                'left': thumb.offset.left + thumb.getShift(),
                'width': thumb.width + 'px',
                'height': thumb.height + 'px',
                'padding': self.options.thumbBorderWidth + 'px'
            }, self.options.pickupDuration, function () {
                self.isPickedUp = false;
                self.$container.fadeOut(self.options.fadeDuration, function () {
                    if (callback) callback();
                });
            });
        }
    }, {
        key: 'loadImage',
        value: function loadImage(thumb, callback) {
            var self = this;
            self.$image.css('opacity', '0');
            self.startPosition(thumb);
            var img = new Image();
            img.src = thumb.imgsrc;
            img.onload = function () {
                self.setImageSource(img.src);
                self.fullSizeWidth = this.width;
                self.fullSizeHeight = this.height;
                console.log('img width:', this.width);
                if (callback) callback();
            };
        }
    }, {
```

```javascript
        key: 'startPosition',
        value: function startPosition(thumb) {
            var self = this;
            self.$container.css({
                'top': thumb.offset.top + thumb.getShift(),
                'left': thumb.offset.left + thumb.getShift(),
                'transform': 'rotate(' + thumb.getShift() + 'deg)',
                'width': thumb.width + 'px',
                'height': thumb.height + 'px',
                'padding': self.options.thumbBorderWidth
            }).fadeTo(self.options.fadeDuration, '1');
        }
    }, {
        key: 'setImageSource',
        value: function setImageSource(src) {
            this.$image.attr('src', src).css({
                'width': '100%',
                'height': '100%',
                'margin-top': '0'
            });
        }
    }, {
        key: 'enlarge',
        value: function enlarge() {
            var windowHeight = window.innerHeight ? window.innerHeight : $(window).height();
            var availableWidth = $(window).width() - 2 * this.windowPadding;
            var availableHeight = windowHeight - 2 * this.windowPadding;
            if (availableWidth < this.fullSizeWidth && availableHeight < this.fullSizeHeight) {
                if (availableWidth * (this.fullSizeHeight / this.fullSizeWidth) > availableHeight) {
                    this.enlargeToWindowHeight(availableHeight);
                } else {
                    this.enlargeToWindowWidth(availableWidth);
                }
            } else if (availableWidth < this.fullSizeWidth) {
                this.enlargeToWindowWidth(availableWidth);
            } else if (availableHeight < this.fullSizeHeight) {
                this.enlargeToWindowHeight(availableHeight);
            } else {
                this.enlargeToFullSize();
            }
        }
    }, {
        key: 'enlargeToFullSize',
        value: function enlargeToFullSize() {
            self = this;
            self.$container.css('transform', 'rotate(0deg)').animate({
                'top': $(window).scrollTop() + $(window).height() / 2 - self.fullSizeHeight / 2,
```

```javascript
                'left': $(window).scrollLeft() + $(window).width() / 2 - self.fullSizeWidth / 2,
                'width': self.fullSizeWidth - 2 * self.options.photoBorder + 'px',
                'height': self.fullSizeHeight - 2 * self.options.photoBorder + 'px',
                'padding': self.options.photoBorder + 'px'
            });
        }
    }, {
        key: 'enlargeToWindowWidth',
        value: function enlargeToWindowWidth(availableWidth) {
            self = this;
            var adjustedHeight = availableWidth * (self.fullSizeHeight / self.fullSizeWidth);
            self.$container.css('transform', 'rotate(0deg)').animate({
                'top': $(window).scrollTop() + $(window).height() / 2 - adjustedHeight / 2,
                'left': $(window).scrollLeft() + $(window).width() / 2 - availableWidth / 2,
                'width': availableWidth + 'px',
                'height': adjustedHeight + 'px',
                'padding': self.options.photoBorder + 'px'
            });
        }
    }, {
        key: 'enlargeToWindowHeight',
        value: function enlargeToWindowHeight(availableHeight) {
            self = this;
            var adjustedWidth = availableHeight * (self.fullSizeWidth / self.fullSizeHeight);
            self.container.css('transform', 'rotate(0deg)').animate({
                'top': $(window).scrollTop() + $(window).height() / 2 - availableHeight / 2,
                'left': $(window).scrollLeft() + $(window).width() / 2 - adjustedWidth / 2,
                'width': adjustedWidth + 'px',
                'height': availableHeight + 'px',
                'padding': self.options.photoBorder + 'px'
            });
        }
    }]);

    return LargeImg;
}();

var Thumb = function () {
    function Thumb(element, options) {
        _classCallCheck(this, Thumb);

        var self = this;
        self.$element = $(element);
        self.options = options;
        self.activeClass = 'imgpile-active-thumbnail';
```

```javascript
        self.$element.children().css('padding', this.options.thumbBorderWidth
+ 'px');
        self._setRotation();
        self._setOverlap();
        self._bindUIActions();
        self._setRandomZ();

        if (self.options.draggable) {
            var x = 0;
            var velocity = 0;
            self.$element.draggable({
                start: function start(event, ui) {
                    self.$element.addClass('preventClick');
                    self.$element.css('z-index', self.options.numLayers + 2);
                },
                drag: function drag(event, ui) {
                    velocity = (ui.offset.left - x) * 1.2;
                    var ratio = parseInt(velocity * 100 / 360);
                    self.$element.css('transform', 'rotateZ(' + ratio + 'deg)');
                    x = ui.offset.left;
                },
                stop: function stop(event, ui) {
                    self.$element.css('z-index', self.options.numLayers + 1);
                }
            });
        }
    }

    _createClass(Thumb, [{
        key: 'setZ',
        value: function setZ(layer) {
            this.$element.css('z-index', layer);
        }
    }, {
        key: 'bringToTop',
        value: function bringToTop() {
            var self = this;
            this.$element.css({
                'z-index': self.options.numLayers + 1,
                'background': self.options.thumbBorderHover
            });
        }
    }, {
        key: 'moveDownOne',
        value: function moveDownOne() {
            this.$element.css({
                'z-index': this.options.numLayers,
                'background': this.options.thumbBorderColor
            });
        }
    }, {
        key: 'getRotation',
```

```javascript
            value: function getRotation() {
                var self = this;
                var transform = self.$element.css("transform");
                var values = transform.split('(')[1].split(')')[0].split(',');
                var angle = Math.round(Math.asin(values[1]) * (180 / Math.PI));
                return angle;
            }
        }, {
            key: 'getShift',
            value: function getShift() {
                return this.getRotation() < 0 ? -(this.getRotation(this) * 0.40) : this.getRotation(this) * 0.40;
            }
        }, {
            key: '_setRotation',
            value: function _setRotation() {
                var min = -1 * this.options.thumbRotation;
                var max = this.options.thumbRotation;
                var randomRotation = Math.floor(Math.random() * (max - min + 1)) + min;
                this.$element.css({ 'transform': 'rotate(' + randomRotation + 'deg)' });
            }
        }, {
            key: '_setOverlap',
            value: function _setOverlap() {
                var self = this;
                self.$element.css('margin', self.options.thumbOverlap * -1 / 2 + 'px');
            }
        }, {
            key: '_setRandomZ',
            value: function _setRandomZ() {
                var self = this;
                self.$element.css({ 'z-index': Math.floor(Math.random() * self.options.numLayers + 1) });
            }
        }, {
            key: '_bindUIActions',
            value: function _bindUIActions() {
                var self = this;
                self.$element.on('mouseover', function (event) {
                    self.bringToTop();
                });
                self.$element.on('mouseleave', function (event) {
                    self.moveDownOne();
                });
                self.$element.find('a').on('click tap', function (event) {
                    event.preventDefault();
                    if (self.$element.hasClass('preventClick')) {
                        self.$element.removeClass('preventClick');
                    } else {
                        if (self.$element.hasClass(self.activeClass)) return;
                        var largeImgContainer = new LargeImg(self.options);
```

```javascript
                    largeImgContainer.pickup(self);
                }
                return false;
            });

            self.$element.on('mousedown', function (event) {
                self.$element.removeClass('preventClick');
            });
        }
    }, {
        key: 'offset',
        get: function get() {
            var self = this;
            return self.$element.offset();
        }
    }, {
        key: 'height',
        get: function get() {
            var self = this;
            return self.$element.height();
        }
    }, {
        key: 'width',
        get: function get() {
            var self = this;
            return self.$element.width();
        }
    }, {
        key: 'imgsrc',
        get: function get() {
            var self = this;
            return self.$element.children().first().attr('href');
        }
    }]);

    return Thumb;
}();
'use strict';

(function ($) {
    $.fn.imgpile = function (options) {
        var $self = $(this);
        var settings = $.extend({
            numLayers: 5,
            thumbOverlap: 50,
            thumbRotation: 45,
            thumbBorderWidth: 2,
            thumbBorderColor: 'white',
            thumbBorderHover: '#EAEAEA',
            draggable: true,
            fadeDuration: 200,
            pickupDuration: 500,
```

```
            photoZIndex: 100,
            photoBorder: 10,
            photoBorderColor: 'white',
            showInfo: true,
            autoplayGallery: false,
            autoplaySpeed: 5000,
            loading: 'images/loading.gif'
        }, options || {});

        function init() {
            var defer = $.Deferred();
            defer.done(function () {
                afterInitialization();
            });

            function initializeThumbs() {
                $self.addClass('loading').children().each(function (index, element) {
                    var thumb = new Thumb(this, settings);
                    $(element).thumb = thumb;
                });

                defer.resolve('finished initialization');
            }
            initializeThumbs();

            function afterInitialization() {
                $self.removeClass('loading').css({
                    'padding': settings.thumbOverlap + 'px'
                }).children().css({
                    'opacity': '1',
                    'display': 'inline-block'
                });
                if (settings.autoplayGallery) {
                }
            }
        }
        init();

        return this;
    };
})(jQuery);
```

第 20 章
项目演练 2——开发商品信息展示系统

该项目利用 jQuery 并结合 ECMAScript 的 ES6 语法构建出 MVC 结构。在一个单独的 HTML 页面上实现动态的应用程序。该项目是一个类似于美团网的商品信息展示系统，用户可以在上面浏览美食和电影两种不同的商品。同时，用户还可以切换浏览模式，可以用列表模式、大图模式和地图模式进行浏览。利用该项目，可以学习和了解 jQuery 如何与 ES6 结合使用，并深入学习和了解 ES6 的类如何声明和使用。通过 ES6 让 JavaScript 具有面向对象编程的能力，并利用 MVC 结构把复杂的问题简单化。

20.1 项目需求分析

需求分析是开发项目的必要环节。下面分析商品信息展示系统的需求如下。

(1) 该商品信息展示系统类似于美团的商品展示页面。用户可以在上面浏览美食和电影两种不同的商品。在默认情况下，系统会显示所有商品。用户可以单击不同的分类按钮来分类浏览商品信息。在 Firefox 53.0 中查看，效果如图 20-1 所示。

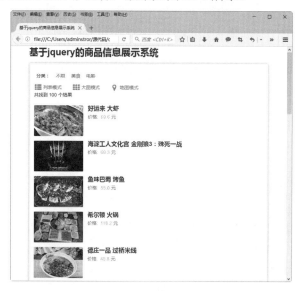

图 20-1　商品信息展示系统主页

(2) 用户可以切换不同的浏览模式，包括默认的列表模式，以及大图模式和地图模式。如图 20-2 所示为大图模式；如图 20-3 所示为地图模式。

图 20-2　大图模式的效果

图 20-3　地图模式的效果

(3) 用户单击每个商品，将显示商品放大后的图，并显示商品的详细信息，如图 20-4 所示。

图 20-4　商品的详细信息

(4) 在页面的最下方实现了翻页功能。用户单击不同页码序号，可以实现快速翻页的效果，如图 20-5 所示。

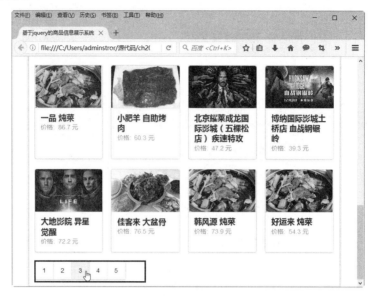

图 20-5 翻页功能

20.2 项目技术分析

和上一章的案例一样，这里也使用了 ES6 的语法规则。

为了便于初学者的学习，该案例没有使用专门的数据库，而是用 nodeJS 生成 data.json 文件，该文件用于提供 json 数据。在没有专门数据库的情况下，仍然实现了动态数据的效果。由此可见，JavaScript 和 jQuery 搭配使用后的功能是多么的强大。

20.3 系统的代码实现

下面来分析商品信息展示系统的代码是如何实现的。

20.3.1 设计首页

首页中显示了商品信息展示的效果。代码如下：

```
<!DOCTYPE html>
<html>
<head>
 <!-- Standard Meta -->
 <meta charset="utf-8" />
 <meta http-equiv="X-UA-Compatible" content="IE=edge,chrome=1" />
 <meta name="viewport" content="width=device-width, initial-scale=1.0,
maximum-scale=1.0">
```

```html
    <!-- Site Properties -->
    <title>基于jquery的商品信息展示系统</title>
    <link rel="stylesheet" type="text/css" href="css/semantic.min.css">
    <link rel="stylesheet" type="text/css" href="css/style.css">

    <script src="js/jquery-3.1.1.min.js"></script>
    <script type="text/javascript" src="http://api.map.baidu.com/api?v=2.0&ak=58HRTz2BqR7brG1Ys5qMG6yFdj8A5Gzg"></script>
    <script src="js/RichMarker_min.js"></script>
    <script src="css/semantic.min.js"></script>
    <script src="js/mvc.js"></script>
    <script src="js/app.js"></script>
</head>
<body>

<div class="ui container">
    <h1>基于jquery的休闲娱乐信息展示系统</h1>

    <div class="ui raised segment">

        <div class="condition-cont">
            <dl class="condition-area">
                <dt>分类：</dt>
                <dd class="unlimited"><a data-type="">不限</a></dd>
                <dd>
                    <a data-type="food">美食</a></dd>
                <dd>
                    <a data-type="movie">电影</a></dd>
            </dl>
            <p class="viewtypes">
                <a data-view="list"><i class="large teal list layout icon"></i>列表模式</a>
                <a data-view="grid"><i class="large teal grid layout icon"></i>大图模式</a>
                <a data-view="map"><i class="large teal marker icon"></i>地图模式</a>
            </p>
        </div>

        <div class="products">
            <p class="total">共找到 <span class="count"></span> 个结果</p>

            <div class="ui items" id="itemlist"></div>

            <div id="mapContainer"></div>

            <div class="pager">

            </div>
        </div>

        <div id="modalContainer"></div>
```

```
        </div>
    </div>
</body>
</html>
```

20.3.2 开发控制器类的文件

Controller.js 文件位于项目的\web\js\es6\目录下,主要内容为控制器类。该类主要实现的方法含义如下。

(1) ndex():显示产品列表。
(2) set type():切换不同类型的产品。
(3) set viewModel():切换视图模式
(4) viewDetail():显示商品详细信息。
(5) Map():以地图的方式显示商品信息。

Controller.js 文件的代码如下:

```
class Controller{
    constructor(model, view, type){
        this._view = view;
        this.model = model;
        this._type = type;
    }

    /**
     * render index page
     * @param integer page current page number
     * @param string type
     */
    index(page){
        var self = this;
        if(self._view.name == 'map'){
            if(this._type){
                self.model.findType(this._type).then(function(data){
                    self._view.display(data, false);
                });
            }else{
                self.model.findAll().then(function(data){
                    self._view.display(data, false);
                });
            }
        }else{
            self.model.find({page:page,type:self._type}).then(function(data){
                self._view.display(data, false);
            });
        }
    }
```

```javascript
    set type(val){
        this._type = val;
    }

    /**
     * change view model. list or grid or map.
     * @param view
     */
    set viewModel(view){
        var self = this;
        this._view = view;
        if(self._view.name == 'map'){
            self._view.init();
            if(this._type){
                self.model.findType(this._type).then(function(data){
                    self._view.display(data, false);
                });
            }else{
                self.model.findAll().then(function(data){
                    self._view.display(data, false);
                });
            }
        }else{
            this._view.display(this.model.cache.last, false);
        }
    }

    get viewModel(){
        return this._view;
    }

    viewDetail(id){
        var self = this;
        var model = self.model.findById(id);
        if(model){
            this._view.detail(model);
        }
    }

    map(type){
        type = type?type:this._type;
        var map = new MapView();
        if(type){
            map.addMarks(this.model.cache[type]);
        }else{
            map.addMarks(this.model.cache.all);
        }
    }
}
```

20.3.3 开发数据模型类文件

Model.js 文件位于项目的\web\js\es6\目录下，主要内容为数据模型类。该类主要实现的方法含义如下。

(1) findAll()：返回所有商品的数据信息。
(2) findType()：返回指定类型的商品数据信息。
(3) Find()：根据条件返回数据，并把数据裁剪成 pagination 中定义的 pageSize 的数量。
(4) findById()：根据给定 ID 返回一条数据。

Model.js 文件的代码如下：

```javascript
class Model{
    constructor(pagination){
        var self = this;
        self.data_file = 'data.json';
        self.pagination = pagination;
        self.data = $.getJSON(self.data_file);
        self.cache = {};
        self.cache.last = null; //last found items, pagination pageSized items.
        self.cache.all = null;
        self.cache.food = null;
        self.cache.movie = null;
    }

    _paginationCut(data, condition){
        var self = this;
        self.pagination.totalCount = data.length;
        self.pagination.page = condition.page;
        console.log('self.pagination.page:', self.pagination.page);
        console.log('self.pagination.offset:', self.pagination.offset);
        var pagination = self.pagination;
        console.log('pagination.offset:', pagination.offset);
        data = data.slice(pagination.offset, pagination.offset+pagination.limit);
        self.cache.last = data;
        return data;
    }

    find(condition){
        var self = this;
        var defer = $.Deferred();
        if(condition.type){
            this.findType(condition.type).then(function(data){
                data = self._paginationCut(data, condition);
                defer.resolve(data);
            });
        }else{
            this.findAll().then(function(data){
                data = self._paginationCut(data, condition);
```

```
            defer.resolve(data);
        });
    }
    return defer;
}

findAll(){
    var self = this;
    var defer = $.Deferred();
    if(self.cache.all){
        self.pagination.totalCount = self.cache.all.length;
        defer.resolve(self.cache.all);
    }else{
        self.data.done(function(data){
            var items = data.items;
            self.cache.all = items;
            self.pagination.totalCount = self.cache.all.length;
            defer.resolve(self.cache.all);
        });
    }
    return defer;
}

findType(type){
    var self = this;
    var defer = $.Deferred();
    if(self.cache[type]){
        self.pagination.totalCount = self.cache[type].length;
        defer.resolve(self.cache[type]);
    }else{
        self.data.done(function(data){
            var items = data.items.filter(function(elem, index, self) {
                return elem.type == type;
            });
            self.cache[type] = items;
            self.pagination.totalCount = items.length;
            defer.resolve(self.cache[type]);
        });
    }
    return defer;
}

findById(id){
    var self = this;
    var result = self.cache.all.filter(function(element, index, array) {
        return element['id'] == id;
    });
    // console.log('findById:', result);
    if(result.length>0)
        return result[0];
```

```
        else
            return false;
    }
}
```

20.3.4 开发视图抽象类的文件

AbstractView.js 文件位于项目的\web\js\es6\目录下，主要内容为视图抽象类。该类主要实现的方法含义如下。

(1) Detail()：以 modal 窗口显示详细信息。
(2) displayTotalCount()：显示一共找到多少条满足条件。
(3) displayPager()：显示翻页按钮。
(4) replaceProducts()：删除前一页内容，显示当前页内容。
(5) Display()：公共方法。该方法调用方法 displayTotalCount().appendProducts() 和 displayPager()。
(6) _models2HtmlStr()：抽象方法。根据当前页的数组对象返回 html 字符串。

AbstractView.js 文件的代码如下：

```
/**
 * 该类是视图的抽象类. ListView , GridView 继承该类.
 */
class AbstractView{
    constructor(pagination, options){
        this.settings = $.extend({
            listContainer:      '#itemlist',
            mapContainer:       '#mapContainer',
            modalContainer:     '#modalContainer',
            pagerCountainer:    '.pager',
            totalCount:         '.total .count'
        }, options||{});
        this.pagination = pagination;
        this.name = 'abstract';
    }
    static get noSearchData(){
        return `<li class="no-data">当前查询条件下没有信息,去试试其他查询条件吧! </li>`;
    }

    /**
     * 以 modal 窗口显示详细信息.
     */
    detail(model){
        var self = this;
        $(self.settings.modalContainer).empty().append(
            `<div class="ui modal">
                <i class="close icon"></i>
                <div class="header">
```

```
                ${model.name}
            </div>
            <div class="image content">
                <div class="ui medium image">
                    <img src="${model.img}">
                </div>
                <div class="description">
                    <div class="ui header">${model.name}</div>
                    <p>
                        <span class="priceLabel">价格：</span>
                        <span class="price">${model.price}</span> 元
                    </p>
                </div>
            </div>
            <div class="actions">
                <div class="ui black deny button">
                    关闭
                </div>
                <div class="ui positive right labeled icon button">
                    付款
                    <i class="checkmark icon"></i>
                </div>
            </div>
        </div>`
    );
    $('.ui.modal').modal('show');
    $('.ui.modal').modal({onHidden:function(event){
        $(this).remove();
    }});
}

/**
 * 显示一共找到多少条满足条件
 */
displayTotalCount(){
    console.log('this.pagination.totalCount:',this.pagination.totalCount);
    $(this.settings.totalCount).text(this.pagination.totalCount);
}

/**
 * 显示翻页按钮
 */
displayPager(){
    var $pages = this._pageButtons();
    $(this.settings.pagerCountainer).empty().append($pages);
}

_pageButtons(){
    var $container = $('<div>').addClass('ui pagination menu');
    var pagerange = this.pagination.pageRange;
```

```javascript
            for(var i = pagerange[0]; i <= pagerange[1]; i++){
                var $btn = $('<a>').addClass('item').text(i+1);
                if(i == this.pagination.page){
                    $btn.addClass('active');
                }
                $container.append($btn);
            }
            return $container;
        }
        /**
         * 删除前一页内容，显示当前页内容
         * @param array items 当前页的数组对象
         */
        replaceProducts(items){
            var self = this;
            $(self.settings.listContainer).empty().removeAttr('style');
            var htmlString = this._models2HtmlStr(items);
            if(htmlString)
                $(self.settings.listContainer).html(htmlString);
            else{
                $(self.settings.listContainer).html(this.constructor.noSearchData);
            }
            window.scrollTo(0,0);
        }
        /**
         * 保持前一页内容，在前页内容的后面继续添加当前页的内容
         * @param array items 当前页的数组对象
         */
        appendProducts(items){
            var self = this;
            var htmlString = this._models2HtmlStr(items);
            if(htmlString)
                $(self.settings.listContainer).append(htmlString);
        }

        /**
         * public 方法，该方法调用 displayTotalCount()、appendProducts()和displayPager()
         * @param items 当前页的数组对象
         * @param append 默认保留前一页内容，在前一页后面继续添加当前页内容
         */
        display(items, append=true){
            $(this.settings.mapContainer).empty().removeAttr('style');
            this.displayTotalCount();
            if(append){
                this.appendProducts(items);
            }else{
                this.replaceProducts(items);
            }
            this.displayPager();
```

```
    }
    /**
     * 抽象方法,根据当前页的数组对象返回 html 字符串
     * @param array models 当前页的数组对象
     * @private
     */
    _models2HtmlStr(models){

    }
}
```

20.3.5 项目中的其他 js 文件说明

由于篇幅限制,这里不再对每个 js 文件进行详细说明,读者可以参照源文件进行查看即可。除了上述 js 文件以外,还有以下几个比较重要的 js 文件。

(1) ListView.js:定义列表视图类,继承抽象视图类。

(2) GridView.js:定义大图视图类,继承抽象视图类。

(3) MapView.js:定义地图视图类。

(4) Pagination.js:定义翻页功能类。

(5) generateData.js:用于生成 data.json 数据文件,该文件用 nodejs 执行,注意该文件不能在浏览器上直接运行。

(6) gulpfile.js:定义如何把 ES6 文件转换成 ES5 文件,并把多个 js 文件合并成一个 js 文件,以及把 less 文件编译成 CSS 文件。

(7) mvc.js:将 Model.js、AbstractView.js、ListView.js、GridView.js、MapView.js 和 Pagination.js 最后合并到 mvc.js 文件里。